矿区修复生态学理论与实践

李海东　马伟波　胡国长　等 / 著

中国环境出版集团・北京

图书在版编目（CIP）数据

矿区修复生态学理论与实践/李海东等著. —北京：中国环境出版集团，2022.9

ISBN 978-7-5111-5163-6

Ⅰ. ①矿… Ⅱ. ①李… Ⅲ. ①矿区—生态恢复—研究—中国 Ⅳ. ①X322.2

中国版本图书馆 CIP 数据核字（2022）第 088129 号

出 版 人 武德凯
责任编辑 丁莞歆
责任校对 薄军霞
封面设计 岳 帅

出版发行 中国环境出版集团
（100062 北京市东城区广渠门内大街 16 号）
网 址：http://www.cesp.com.cn
电子邮箱：bjgl@cesp.com.cn
联系电话：010-67112765（编辑管理部）
010-67147349（第四分社）
发行热线：010-67125803，010-67113405（传真）

印 刷 北京中科印刷有限公司
经 销 各地新华书店
版 次 2022 年 9 月第 1 版
印 次 2022 年 9 月第 1 次印刷
开 本 787×1092 1/16
印 张 16
字 数 320 千字
定 价 118.00 元

序 一

矿山生态破坏与环境污染是影响区域生态安全的主要因素之一。多年来，我国矿山生态修复取得了显著成效，但仍存在针对性不强、修复目标不明确和监管标准缺失等问题。因此，亟须加强矿山生态修复与污染治理的协同性、生态修复的功能性和可持续性研究，破解矿山生态环境治理投入和效益产出难题。

李海东博士及其研究团队长期从事生态环境协同治理研究，在矿区生态环境调查、生态功能修复和环境污染治理等方面拥有良好的研究积累，经过多年的思考与不懈努力，获得了国家自然科学基金项目“协同治理视角下矿区生态修复目标与监管标准研究”资助，完成了专著《矿区修复生态学理论与实践》，实属不易。该专著基于“区域生态学”原理，从生态供体-受体视角重新界定了矿区范围，认为矿区生态修复范围应包括生态破坏区和环境污染直接影响区，其边界远大于传统意义上的矿界范围；提出了矿区综合体的概念，包括自然资源子系统、生态环境子系统和社会经济子系统，这一观点为研究揭示矿区生态修复与污染治理的协同性及关键影响因素奠定了科学依据。进而，结合协同治理理论和山水林田湖草生命共同体理念，阐释了矿区生态修复目标的定义与内涵，包括矿区综合体、生态系统和场地三个尺度，地方政府和矿山企业两个责任主体，即“三尺度两主体”。在此基础上，结合长期工程实践和生态修复典型案例研究，凝练总结了四大类矿区生态修复模式，包括景观相似性恢复模式、土地复垦再利用模式、自然公园营造模式和生态环境导向的开发（EOD）模式。这些新的观点和技术方法的建立，从理论与实践层面回答了矿区生态修复如何科学制定修复目标、如何协同生态环境治理与区域可持续发展等长期困扰的问题，可为推进矿区社会-经济-自然复合生态系统一体化修复提供理论依据和技术支撑。

该专著基于长期的矿山生态修复工程实践和环境污染治理成果，内容丰富，具有很好的科学理论基础和很强的应用价值，提出的矿区修复生态学理论是对生态学学科体系的完善和发展，具有一定的前瞻性和创新性。同时，该书在矿区生态修复与环境污染协同治理方面提出的新观点、新思路和新技术，不仅对当前矿山生态修复和区域可持续发展具有重要的科学价值和实践指引，而且可以进一步丰富矿区绿色转型发展和生态产品价值实现路径，对推进区域生态文明建设和资源环境承载力提升具有重要意义。

我相信，该专著的出版一定能够更好地服务于矿山生态修复和环境污染治理，实现矿区生态环境协同治理和绿色转型发展。

是为序。

生态环境部卫星环境应用中心

2022 年 8 月 20 日

序 二

矿产资源开发深刻影响着蓝色星球的地形地貌和生态系统稳定，是人居环境健康和生物栖息地安全的重要风险源。中华优秀生态文化从“道法自然”“天人合一”的古老智慧到“绿水青山就是金山银山”的时代选择，系统辩证地启迪我们要从区域与可持续发展的视角来思考和应对国土空间生态破坏和环境污染问题。因而，现代生态学的研究视野趋向于整体性、系统性和综合性，侧重于从区域尺度去解决绿色发展问题，着眼于实现人与自然和谐共生。

多年来，李海东博士带领团队一直从事生态修复与污染治理协同控制理论与技术创新研究，研究成果得到业内人士的高度认可与关注。欣闻海东博士将以往成果凝练成《矿区修复生态学理论与实践》一书出版，倍感欣喜和振奋。阅读样书后，深感所阐述的矿区综合体和生态环境多要素协同治理的理论、方法和技术，不仅有着扎实的理论和实践基础，更充满了作者对矿区生态环境协同治理与区域可持续发展的生态情怀。该专著是作者多年对矿山生态修复实践与思考的结晶，该书的出版标志着矿区修复生态学学科的内涵、理论框架和方法体系的形成，更顺应生态科学发展规律和矿山生态环境治理的现实需求。作者以创新的精神和求实的态度系统阐述了矿区修复生态学的研究目标、对象、内容和范畴，阐明了矿区修复生态学的内涵和学科特点，并通过地面调查、高光谱遥感、激光雷达等先进技术和方法，剖析了长江经济带、黄河沿线、嘉陵江流域、“锰三角”等典型矿区生态修复成效和关键测度，为矿区修复生态学理论的深入发展和实践应用提供了参考范例。

矿区修复生态学是现代生态学的新内容和新方向，是区域生态学、恢复生态学和生态经济学相互延伸并融合发展的产物，其以破解地质灾害防治、土地复垦、植被恢复、水土流失治理等单一要素治理局限性为出发点，揭示了矿界范围与生态介质影响区之间的物质循环、能量流动及自然资源子系统、生态环境子系统和社会经济子系统的耦合关系，既顺应了区域生态文明建设的时代要求，也体现了“绿水青山就是金山银山”生态经济发展的现实需求。这些新思想和新技术必将对国土空间生态修复和生态环境协同治理发挥积极的指导作用。可以看出，矿区修复生态学产生于实践，上升为理论，又服务于实践，是科学性和实践性的结合，具有很强的培育性和前瞻性。

生态兴则文明兴，相信《矿区修复生态学理论与实践》一书将进一步丰富和发展恢复生态学和生态经济学理论，为矿区生态文明建设和可持续发展提供重要的指导作用。

南京林业大学

2022年9月10日

序　三

2014年，我主持开展了国家科技基础性工作专项重点项目（A类）——“西部重点矿区土地退化因素调查”。该项目历时5年，采用野外调查、实验测定、遥感监测、信息挖掘等方法将西部12个省（区、市）划分为5个调查片区进行一般性调查，并选择37个重点煤矿、金属矿山和非金属矿山作为典型矿区进行重点调查。李海东博士和马伟波博士分别是“西部重点矿区土地退化因素调查”课题的负责人和项目骨干，在金属和非金属矿区土地损毁的差异性、土壤重金属污染的风险辨识等方面做了大量的调查与研究工作，迅速成长为矿区生态环境修复领域成绩突出的青年科技创新人才。

李海东博士长期从事生态修复和污染治理协同控制研究，并结合生态环境管理需求，与时俱进、善于思考，完成了专著《矿区修复生态学理论与实践》，读来感到十分欣慰。该专著面向矿区生态环境修复和区域可持续发展提出了矿区修复生态学，阐释了其研究目标、对象、内涵和学科范畴，是对恢复生态学理论和实践的丰富与发展。其研究团队先后赴西藏、青海、新疆等10多个偏远金属和非金属矿区及长江经济带和黄河沿线100多个典型矿区开展矿山生态环境保护与恢复治理成效考察，结合相关技术标准和管理政策研究，分析与掌握了我国矿山生态破坏与环境污染、生态保护修复状况和生态环境管理的第一手数据资料。该专著阐释的新理论、新观点和新技术，从理论上深化了我们对矿区生态环境演替规律的认知水平，从实践上对推进我国矿山生态环境治理工程设计、修复目标制定和区域主导生态功能提升具有直接的指导意义；同时，其成果对支撑资源型城市生态保护修复和“绿水青山就是金山银山”的实践创新亦大有裨益。该专著强调矿区生态修复与污染治理的整体性、协同性、功能性和可持续性，进而将高光谱遥感、激光雷达等先进遥感技术应用于生态修复成效评估，提升了矿区生态修复理论研究的水平，创新了矿山生态修复的技术路径。

作为多年从事矿山生态环境修复研究的一名科技工作者，我相信该专著对从事矿区土地复垦、植被恢复和生态环境协同治理领域的研究生、科技工作者、现场技术人员具有重要的参考价值。同时，希望青年科技工作者能像李海东、马伟波同志一样，不畏艰苦、深入调研、善于思考、勤于总结，多出高质量的研究成果，为推动我国矿区生态文明建设和可持续发展多做贡献。

中国矿业大学

2022 年 9 月 26 日

前言

矿山生态修复是《全国重要生态系统保护和修复重大工程总体规划（2021—2035年）》（发改农经〔2020〕837号）和《关于鼓励和支持社会资本参与生态保护修复的意见》（国办发〔2021〕40号）中的主攻方向和重点工程之一，而“坚决杜绝生态修复工程实施过程中的形式主义”是生态环境部发布的《关于加强生态保护监管工作的意见》（环生态〔2020〕73号）中提出的原则要求。目前，矿区没有统一的概念。本书从环境边界上重新界定了矿区范围，包括生态破坏区和环境污染直接影响区，远大于传统意义上的矿界范围。从生态介质的流域、风域和资源域属性来定义矿区有利于阐释生态修复目标制定和生态环境协同治理的科学基础，从而为我国矿区生态文明建设提供理论依据。

本书基于“理论阐释—案例研究—协同治理”的思路，综合运用基础理论研究、评估技术研发和典型案例剖析的方法开展矿区生态修复与环境污染协同治理研究。全书分为三篇：第一篇研究阐释了矿区综合体和矿区生态修复目标的内涵，梳理了矿区生态修复的基础理论，提出了矿区生态修复模式与技术，构建了“空地一体、多源多尺度”的矿区生态环境监测技术体系；第二篇综合运用地面调查、多光谱遥感、激光雷达遥感和高光谱遥感等技术方法，开展了典型矿区生态修复成效评估研究，包括黄河沿线铁矿生态修复、“锰三角”花垣县生态修复、生态修复的激光雷达测度、土壤重金属浓度的高光谱识别；第三篇结合长江经济带和嘉陵江尾矿库生态风险研究，分析了中央生态环境保护督察反馈的涉矿问题和我国矿区生态修复存在的问题，提出了生态环境协同治理对策。

本书是作者及其所在团队近10年在生态修复与污染治理协同控制理论技术创新领域的研究结晶，在国家自然科学基金项目“协同治理视角下矿区生态修复目标与监管标准研究”（72174127）的资助下得以出版。第一篇的内容主要依托国家自然科学基金项目“协同治理视角下矿区生态修复目标与监管标准研究”、国家科技基础性工作专项重点项目“西部重点矿区土地退化因素调查”之课题“非金属矿山土地退化因素调查”（2014FY110800）和江苏省市场监督管理局发布的《矿山生态修复工程技术规程》（苏市监标〔2019〕89号，标准编号DB 32/T 4077-2021，2019KY12），第二篇和第三篇的内容主要依托国家重大环境问题决策支持项目“长江经济带生态红线区矿山生态环境问题及修复策略研究”（JCZC2017-3-2）、“长江经济带沿线矿山生态破坏与功能修复研究”（JCZC2018-4-3）和中央级公益性科研院所基本科研业务专项重点项目“矿产资源开发生态保护修复成效评估与监管技术研究”（GYZX190101）。

参与本书各章节撰写的主要贡献人员如下：第1章由李海东执笔；第2章由李海东、王楠、杜涵蓓执笔；第3章由胡国长、朱晓勇、李海东执笔；第4章由李海东、姚国慧、马伟波执笔；第5章由李海东、田佳榕、叶尔纳尔•胡马尔汗执笔；第6章由马伟波、赵立君、李海东执笔；第7章由吕国屏、李海东执笔；第8章由马伟波、赵立君执笔；第9章由马伟波、杜涵蓓、李海东执笔；第10章由李海东、胡国长执笔。全书结构和内容由李海东审定。

值此出版之际，感谢国家自然科学基金委员会和生态环境部科技与财务司在项目立项、成果凝练过程中给予的关心和指导，感谢生态环境部南京环境科学研究所赵克强研究员、刘国才教授、徐海根研究员、李维新研究员、李红兵高级工程师、沈渭寿研究员、燕守广研究员、张龙江研究员，南京林业大学徐雁南教授、中国矿业大学胡振琪教授、南京信息工程大学徐向华教授等在研究过程中给予的帮助。此外，还要感谢中国矿业大学、华东师范大学、原湖南省花垣县环境保护局、江苏省山水生态环境建设工程有限公司、包头钢铁（集团）有限责任公司等在野外试验、数据处理、技术成果推广等过程中给予的支持。

本书的研究内容涉及区域生态学、环境科学、生态经济学、恢复生态学、水土保持学等多个学科，有些理论和技术方法目前在矿区生态修复与环境污染协同治理研究方面仍处于探索阶段，需要结合生态修复和环境治理工程实践需求予以完善。本书的部分研究成果已在国内外期刊发表，但在撰写过程中难免存在一些不足、谬误之处和不严谨的地方，有待在今后深入研究并发展完善，恳请读者予以批评指正。

作　者

2022年2月23日

目 录

第一篇 生态修复基础理论

第三篇 生态环境协同治理

第一篇

生态修复基础理论

Part I　Basic Theory of Ecological Restoration

第1章 绪 论

长期以来，我国矿产资源开发为经济社会发展做出了巨大贡献，但矿山生态环境问题也使“绿水青山就是金山银山”理念受到了一定的威胁。有报道指出，20世纪90年代，浙江省安吉县余村4.8 km^2的土地上分布有1个水泥厂、3个矿山，“一厂三矿”让该村成为安吉县的“首富村”，但也付出了“绿水青山”受到污染和有些村民落下腰疼、肺尘埃沉着病等代价，2003年起这里的矿山被陆续关停。2005年8月15日，时任浙江省委书记的习近平来到安吉县考察，对余村主动关停矿山的做法给予高度评价，提出“绿水青山就是金山银山”的理念。矿山生态破坏与环境污染被认为是影响区域生态安全的一大诱因。采矿活动，尤其是不合理、粗放式的开采方式，不仅严重破坏自然生态系统，诱发地质灾害，而且破坏深层储水结构，造成矿区环境污染（Bian et al.，2012；Hou et al.，2021），影响山水田林湖草自然系统的生态完整性及人类居住环境和人体健康。

1.1 矿区的概念与范围

目前，矿区没有统一的概念。从隶属关系来看，基于行政上或经济上的原因，将邻近的几个矿井划归一个行政机构管理，其所属的井田合起来称为矿区。从开采对象来看，矿区是一个包含地下空间的特殊区域，是开发矿产资源所形成的社会组合（王广成等，2006）。不同学者根据研究目的的差异性，赋予矿区不同的含义。王广成等（2006）和雷冬梅等（2012）认为，矿区是以开发利用矿产资源的大中型矿山企业的生产作业区和职工及其家属生活服务区为核心，辐射一定范围而形成的具有行政职能和经济功能的社区，它可能是依托矿业演替而成的城镇或城镇工业区。徐嘉兴（2013）则认为矿区是指以开发利用矿产资源的生产作业区及其家属生活区为主，在一定范围内对其土地生态环境造成破坏和影响的经济和行政社区，是能够反映矿区生态演变而建成的乡镇、县市，甚至是整个流域。李文银等（1996）则将工程建设区、工厂和矿区统称为工矿区，指出不能仅将其理解为矿产开采企业进行生产活动的场所，而应是国土范围内修筑公路、铁路、水工程，开办矿山、电力、化工、石油等工业企业，以及采矿、取石、挖砂等建设活动的场地。

通常来讲，狭义的矿区可以理解为采矿工业所涉及的地域空间，即埋藏在地下的矿产资源的开采范围和影响范围，具有空间的有限性和连续性；广义的矿区是指以矿产开采、加工为主导产业，因人口聚集并辐射到一定范围而形成的经济和行政社区，具有空间的有限性和不连续性（王广成等，2006；王玉浚，1993）。综合不同概念特征，为更好地突出矿山生态破坏与环境污染的特点，将矿区范围界定为矿山开采、选矿直接形成的生产作业区和生活区，以及因生态破坏或环境污染产生的颗粒物随风力吹扬、流水运移等而形成的间接影响区域，包括矿界范围（指采矿许可证登记划定的范围，包括生产用地、辅助生产用地）及废水、废气和固体废物污染，植被破坏和水资源破坏等生态介质影响区（图1-1）。

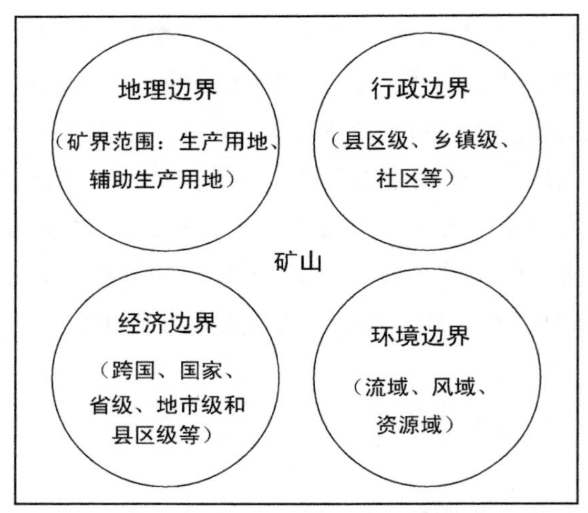

图 1-1 矿山边界示意图

矿山是开采矿石或生产矿物原料的场所，一般包括一个或几个露天采场、矿井和坑口，以及保证生产所需的各种辅助车间（全国科学技术名词审定委员会，2008）。由此可以看出，从环境边界确定的矿区范围不仅包括矿界范围，还包括生态破坏区和环境污染的直接影响区，其边界远大于传统意义上的矿界范围（图1-2）。高吉喜（2015）研究指出，重要生态介质有水、风和资源，分别形成流域、风域和资源域。矿区以水为生态介质形成流域，以空气为生态介质形成风域，以资源为生态介质形成资源域，体现出资源、环境与社会的综合性特征，基于区域生态学的生态供体-生态受体双耦合理论可以认为其是一个区域综合体。矿区综合体是指矿区范围内自然、经济、社会在内的多维组合体，包括自然资源子系统、生态环境子系统和社会经济子系统。

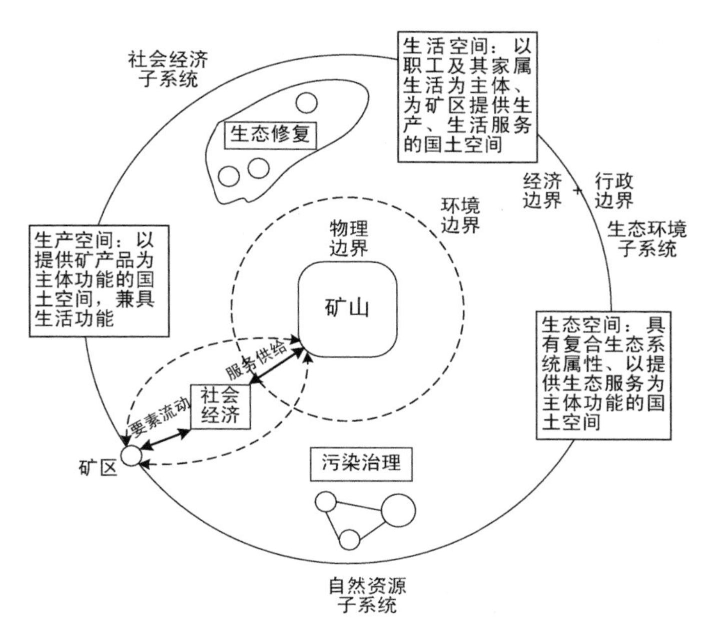

图 1-2 矿区范围、矿山边界与矿区综合体的关系

1.2 生态环境的特点与分类

1.2.1 露天开采和地下开采

根据开采方式，采矿系统可分为露天开采和地下开采两大类。总体来讲，露天开采的地面扰动比地下开采大，地下开采导致的水资源破坏和地面塌陷等危害较露天开采大（李文银等，1996）。

露天开采主要由生产设施（采矿场、选矿厂）、采矿工业场地、行政管理与生活服务设施、公用工程设施、矿区道路（包括运矿道路、运废石道路、至尾矿库道路等）、弃渣场（排土场、尾矿库）和拆迁安置工程等组成（张先明等，2010；张耀阁等，2010）。直接从敞露于地表的采矿场开采出有用矿物，或将矿藏上的覆盖物（岩石、土壤等）剥离，开采显露矿层，这些开采方式会导致开采区域的地形地貌、土壤系统、景观系统和生态系统的完整性等受到不同程度的影响，往往会形成大型的人工剖面和大型排土场。露天开采对生态环境最直接、最严重的影响就是土地损毁（压占、挖损等），它会导致地表自然系统被破坏，水土流失加剧，滑坡、泥石流等地质灾害频发，水体和土壤污染等。

地下开采主要由生产设施（采矿场、选矿厂）、坑口工业场地、行政管理与生活服务设施、公用工程设施、矿区道路、弃渣场（排土场、尾矿库）、拆迁安置工程和地表沉陷区等组成（张先明等，2010；张耀阁等，2010）。该开采方式通常采用立井、斜井和平硐形式从地下矿床开采出有用矿物。地下开采会形成大量采空区，引发地面沉降和塌陷，加之大量疏干排水，易造成矿区地表塌陷、裂隙，地下水位下降，土壤干化等，影响当地群众的生产和生活。此外，尾矿库存在巨大的环境风险。由于大量裸露土地的长期存在，矿区极易产生风蚀和水蚀现象。

1.2.2 矿产资源开发阶段

矿产资源开发包括地质勘探、基本建设、投产至达产、稳产、矿山衰退、闭矿后6个阶段（卞正富，2015）。

1. 地质勘探阶段

地质勘探阶段的主要作业活动包括人员进驻、土地占用、施工准备、设备运输和地质勘探等，主要表现为对土地利用方式的影响和破坏，如作业场地的平整、修建临时道路、垃圾堆放等都会导致一部分土地利用类型发生变化，在地形坡度较大的地点施工可能还会因作业活动而造成严重的水土流失。地质勘探过程对生态环境的影响具有明显的时间性、局地性和可逆性，而且大多为短期影响，随着勘探工程的结束，其对生态环境的影响也随之减小或消失，但如果不对其进行有效防治，有些影响可能是持续有害的（表1-1）。作为矿山开发的前期工作，勘探初期的一个特点就是施工场地不停变动。

表 1-1 勘探工程对生态环境的影响

途　径	对生态环境的影响
人员进驻	使土地破坏、作物受损等
材料和设备运输	对交通、大气环境和居民生活造成影响
人工地震	对地下水环境、水文地质、声环境、动物栖息和繁衍环境等造成影响
钻探	对地下水环境、水文地质、动物栖息和繁衍环境等造成影响

2. 基本建设阶段

在矿山基本建设阶段，道路、水电、通信等基础设施的建设（以下简称基建）对矿区生产生活条件有一定的改善作用，但人口的急剧增加及基建用地量的需求又给矿区生态系统造成很大的干扰，尤其是生活设施的不完善带来消费的激增，这是矿区生态系统受到干扰的一个高峰期（表1-2）。矿山基本建设不仅破坏水资源、压占土地、毁坏植被、降低土地生产力，而且经常诱发塌方、滑坡等灾害，如工程建设中若将产生的废弃渣土和有害物质向河道倾泻，将影响行洪、污染河流水质，而且为山洪、泥石流等的形成提供了物质条件。

表 1-2 矿山基本建设对生态系统的破坏

影响类型	对生态环境的破坏
正效应	交通设施完善，通信更加便利，城市化水平加快，经济高速发展，各类人才进驻
负效应	地表水损失，地下水流失，水质污染，地面破坏或沉陷，表层土壤侵蚀，岩土混合搬运，植被破坏，土地生产力下降，地质灾害增加，水土流失加剧，村庄建筑受损，地面硬化程度增加，粉尘污染，固体废物排放
综合后果	社会经济快速发展，生态系统可持续性降低，依赖统一资源环境的不同产业形成竞争态势

3．投产至达产阶段

这一阶段矿区生态系统基本形成，矿业生产干扰的主要表现形式仍是人口增加、集镇逐步形成，以及一系列商业、服务行业及新产品加工业等的形成。在此阶段，矿区产业结构以采矿为主体，开采活动中排放了大量的固体废物、粉尘和污水，打破了矿区原有的生态平衡，由于人口增多、物质流和能量流增大，对矿区生态系统的干扰持续增大，进而导致生物链断裂。但这个时期矿区生态系统的损伤程度不高，具有较强的自我修复功能。

4．稳产阶段

进入稳产阶段后，矿区生态系统逐渐成熟，这时的主要干扰形式是土地损毁（塌陷、挖损、压占）和“三废”污染。此阶段从事农业生产的人员下降，土地第一性生产力水平下降，与矿产品生产、加工相关的行业应运而生，如煤炭运输业、选矿业、机修、劳保等服务于矿山生产的行业增多，这是矿区生态系统受到干扰的第二个高峰（卞正富，2015）。随着矿区的支柱产业——开采业的形成，矿山的生态功能继续恶化，生态承载力急剧下降进而突破了自身的最低阈值，生态修复能力可能完全丧失。尽管短期内的产业增长促进了矿区繁荣，但生态环境的破坏影响了矿区未来的经济持续增长。此阶段地形地貌改变明显，水土流失加剧，干旱地区的生态系统呈现荒漠化、半荒漠化的状态，尾矿库溃坝，岩溶、采空区塌陷，崩塌、滑坡、泥石流等次生地质灾害频发，地表水、地下水资源受到污染破坏，地下水位下降，矿区缺水现象突出（图1-3）；塌陷、挖损、压占（图1-4）等占用土地资源的问题突出，土壤质量下降，作物产量降低甚至绝产，人地矛盾突出；物种资源急剧衰减，矿区植被覆盖面积下降，生物多样性丧失，自然生态系统物质、能量的转化率降低。

此阶段出现的生态失衡依靠矿区自身的能力恢复已经不可能，即使恢复了一些植被，其生产力水平也是极其低下的，生态治理和维持的成本加大，生态修复需要借助外部力量才能得以实现（李堂军，2000）。

图 1-3 露天开采的水土污染

图 1-4 排土场造成的土地压占

5. 矿山衰退阶段

衰退阶段的特点是从事矿业与农业的富余人员增多，从事矿业的人员需要有接替矿井或接替产业来解决就业问题，从事农业的人员受可耕土地资源量下降的影响，需要通过复垦或兴办可吸纳较多剩余劳动力的农场或企业来解决就业问题，此阶段为矿区生态系统受到干扰、面临选择的一个重要阶段。当出现衰退时，矿区改善其生态环境的能力降低，生态系统的功能要有大量的社会资本参与才可能实现。衰退后，虽然对环境要素破坏的新增量减小，如土地损毁面积、固体废物排放量等均减少，但若不采取有效的防治措施，环境损伤的累积效应将十分明显，且形成不可逆转的趋势。

6. 闭矿后阶段

闭矿表明开采业的结束，但不等于开采业造成的环境损伤结束。除开采期发生的诸如土地利用变化、水土流失、环境污染、人地矛盾、人居环境恶化等问题在延续外，还有一些新的问题产生，如地下水水位逐步上升，开采期间岩层破碎受到水的浸泡引起地下水质改变甚至污染，采空区瓦斯气体受挤压上溢；上覆破碎岩体缓慢压实、地表沉降的问题仍在发生；产业链断裂导致相关产业（包括服务业）萧条、富余人员增多等。

1.2.3 生态环境问题分类

1. 生态破坏

矿山生态破坏可理解为在矿产资源勘探和采选过程中造成的矿区生态系统结构和功能破坏，这种破坏降低了生态系统本身的自我平衡能力，环境系统的发展呈现不利于人类生产、生活甚至生存的趋势。矿山采选活动不仅会破坏原始地貌，导致土地损毁、土壤质量下降、自然生产力降低、生物多样性丧失和景观破坏等后果，还会使矿区的生态系统完整性受损、生态服务与调节功能降低甚至完全丧失。该类型的土地退化主要位于矿界范围内。

首先，矿山开采会引起不同程度的地表下沉、塌陷、岩体开裂、山体滑坡等地质环境问题（Bian et al.，2012；Zhao et al.，2013）。以安徽省为例，截至2011年年底，全省矿山累计占用、损毁土地面积760.89 km^2（其中，井下开采损毁504.13 km^2，露天开采损毁221.01 km^2，尾矿及固体废物占用21.75 km^2），其他地貌景观遭受破坏的土地面积为13.54 km^2；采矿损毁的土地面积以50～60 km^2/a的速度递增，远大于矿山地质环境的治理速度（万伦来等，2014）。

其次，地下采空、矿区排水、地面及边坡开挖会影响山体及斜坡的稳定，易诱发采空塌陷、岩溶塌陷、崩塌、滑坡、泥石流等地质灾害。安徽省现有地面塌陷180余处，影响面积约为479.06 km^2。露天开采矿山带来了一系列的生态环境问题，如破坏地形地貌，摧毁原生自然系统，改变地表水和地下水的分配均衡性，导致边坡失稳，诱发滑坡、崩塌、重力侵蚀等环境问题；占用大量耕地资源；部分矿区河流受尾矿、矿坑废水和生活污水排放的影响，水体污染严重；等等（周春梅等，2010；郭蔚丽等，2014）。

再次，矿山开采过程中不可避免地会占用大量土地。据2010年的统计数据，我国露天矿山有1 507个，煤矿及采煤废弃地占用面积高达200多万hm^2，但复垦再利用率仅为12%，远低于发达国家。露天开采占用的土地一般包括裸露的剥离区、疏松的土壤堆积区、覆土表层、煤矸石堆积区及其他采矿设备运行区等（曹翠玲等，2013）。大量未复垦土地裸荒弃置，给矿区脆弱的自然生态系统带来了严重的环境压力，加速了土地的退化过程。

最后，露天开采大规模地砍伐植物和剥离表土，往往会导致地表植被荡然无存。地下开采导致的地表沉陷和裂缝影响土地耕作和植被的正常生长等（陈三雄，2012）。车辆、机器和人员的频繁碾压也会对矿区植被造成严重破坏。据统计，西藏尼玛县自开采沙金矿以来，被破坏的3 135 hm^{2}天然优质草场中有1 700 hm^{2}来自车辆碾压（陈斌等，

2014）。此外，采矿过程中产生的污染物也会使健康植被受到毒害。

2．环境污染

环境污染是指由于人为因素，环境受到外源性物质的污染，使生物的生长繁殖和人类的正常生活受到有害影响（王永生等，2018）。矿产资源开发造成的环境污染呈“点—线—面”的格局，导致土壤污染、水污染和大气污染，以及土壤质量退化、自然生产力下降（李海东等，2015b）。其中，采矿场、选矿厂及尾矿库、废石场、炸药库、污水处理厂、生活区等呈点状分布；运料道路、对外简易公路、供水工程、尾矿输送管线等呈线状分布；断面开挖、工业“三废”的排放及其影响区等的污染问题呈面状分布（康海成，2013）。该类型的土地退化主要位于矿山采选的影响区。

重金属污染是矿区最为严重的环境问题，尤其是金属矿山。大量重金属元素在风蚀、水蚀的作用下，向四周扩散并在土壤或河流底泥中累积，当达到一定量后就会毒害周边的自然系统，不仅导致土壤质量降低，而且影响自然系统的生产力，以及农作物的产量和品质（余平，2002）。重金属进入土壤系统后通过下渗、地表水径流、地下水迁移、大气飘尘和雨水冲刷等方式向四周扩散（文霄等，2012），在径流和淋洗作用的影响下污染地表水和地下水，使水环境恶化（谢凯等，2015）。研究表明，金属矿区土壤重金属污染比煤矿区更严重（徐友宁等，2011）。金属矿山开采产生的废石、选矿产生的尾矿及冶炼废渣中含有的大量铕（Eu）、铅（Pb）、锌（Zn）、镍（Ni）、砷（As）等有害元素在扩散后会导致周边自然生态系统的功能退化，矿山影响范围可达其实际占地面积的10倍（蒋满元等，2006）。

矿区土壤污染的来源主要有3个方面。①由采矿产生的废渣堆积导致的土壤污染。矿山废弃物中含有大量的酸性、碱性、毒性物质或重金属，通过流水、扬尘等方式逐渐渗入土壤，造成环境污染（Zhao et al.，2013），加之长年累积导致小范围内土壤污染物的浓度增大，往往很难治理。②各类污染物质通过地表径流或渗漏进入地下水体，并随流水输送到远方，这种污染影响范围大且难以控制，会对河流下游的土壤系统造成威胁。矿区废水主要有采矿废水和选矿废水，常含有大量的重金属，若泄漏到环境中会影响生态系统健康（李小虎，2007），表现为沿途污灌导致的自然生产力和自维持能力下降，土壤系统的服务功能降低。③露天开采引起的扬尘及尾矿库矿渣等随风力吹扬、飘散，易对矿区尤其是下风向的土壤环境造成严重影响，或导致酸雨。污染区域与一年内季风的风向、风速有直接关系，污染范围一般呈椭圆形或扇形分布，会对周边自然系统和人体健康造成很大危害（郭伟等，2013）。

3．土地退化

自然侵蚀导致的矿区土地退化按照起主导作用的自然营力可分为水蚀和风蚀两

大类。

水蚀作用下的土地退化包括雨滴击溅产生的溅蚀、片蚀和沟蚀，以及由流水或重力作用引起的各种类型的块体运动（如滑坡、泥石流等），以出现劣地和石质坡地为标志性形态。水土流失是矿区水蚀作用下土地退化的主要形式。露天开采排出大量松散堆积物，由于地表严重压实和非均匀沉降，矿区很容易出现径流的大量汇集，并引起崩塌、滑坡、泥石流等地质灾害，增加了入河泥沙量。井工开采则会引起地表塌陷，使地表变形、坡度加大、侵蚀加重（吕春娟等，2003）。矿区水蚀作用下的土地退化是一种典型的人为加速侵蚀，矿山开采或矿区基建等人类活动造成原土壤环境改变、抗侵蚀能力下降、可蚀性增加，最终使矿区土地质量和自然生产力下降。

风蚀作用下的土地退化包括地表的吹蚀与堆积，以出现风蚀地、粗化地表及流动沙丘为标志性形态。土地沙漠化是矿区风蚀作用下土地退化的主要形式。李智佩等（2010）采用遥感解译、地面调查和GIS技术，监测与分析了大柳塔-活鸡兔矿区近20年来煤炭开采区沙漠化土地与地质环境演化特征，发现自1996年以来出现大面积地面塌陷和裂隙、地下水位下降、泉水流量减少甚至干涸、地表径流减少等现象，但土地沙漠化主要是气候变化和其他人为因素引起的，矿区生态特征和采空塌陷不是主要原因。秦鹏等（2007）分析了神北煤矿区开采初期、中期和近期土地沙漠化的分布特征及变化趋势，认为在煤炭开发初期环境破坏加剧、土地沙化面积增加，但是在矿井正常生产时期土地沙漠化趋势开始逆转。

1.3 现代生态学发展与矿区修复生态学

1.3.1 现代生态学发展

生态学（ecology）一词源于希腊文oikos，意为“住所”或“栖息地”，是关于居住环境的科学，ecology与economics（经济学）为同一词源，有人曾将生态学叫作自然经济学，美国R.E.Richlefs写过一本《自然经济》（*The Economy of Nature*，1976）的书，副标题是“基础生态学教本”（李博，2000）。作为一个学科名词，1866年德国博物学家E.Haeckel在《普通生物形态学》（*Generelle Morphologie der Organismen*）一书中首先提出生态学，并认为其是研究生物在其生活过程中与环境的关系，尤指动物有机体与其他动植物之间的互惠或敌对关系的科学。1956年，美国生态学家E.P.Odum认为，“生态学是研究生态系统的结构和功能的科学。”1987年，《我们共同的未来》报告指出，“经济学与生态学使我们结成了愈加紧密的网络……经济学与生态学在决策立法过程中必须完全结合起来。”1980年，我国生态学家马世骏认为，生态学是“研究生命系统与环境系统之间相互作用规律及其机理的科学”。李博（2000）认为，E.Haeckel的定义是适宜的，即“生态学是研究生物及环境间相互关系的科学”。生态学的形成与发展经历了4个时期，即萌芽时期（公元16世纪以前）、建立时期（公元17世纪至19世纪末）、巩固时期（20世纪初至50年代）和现代生态学时期（20世纪60年代至今）。

基于研究对象的差异性，生态学学科主要有如下划分：

按生物的组织层次（从分子到生物圈）划分，可分为分子生态学（Molecular Ecology）、进化生态学（Evolutionary Ecology）、个体生态学（Autecology）或生理生态学（Physiological Ecology）、种群生态学（Population Ecology）、群落生态学（Community Ecology）、生态系统生态学（Ecosystem Ecology）、景观生态学（Landscape Ecology）与全球生态学（Global Ecology）。

按分类学的类群（如植物、动物、微生物等）划分，可分为植物生态学（Plant Ecology）、动物生态学（Animal Ecology）、微生物生态学（Microbial Ecology）、陆地植物生态学（Terrestrial Plant Ecology）、昆虫生态学（Insect Ecology）等。

按生境类别划分，可分为陆地生态学（Terrestrial Ecology）、海洋生态学（Marine Ecology）、淡水生态学（Freshwater Ecology）、岛屿生态学（Island Ecology）等。

按研究性质划分，可分为理论生态学（Theoretical Ecology）与应用生态学（Applied Ecology）。其中，将生态学原理应用于农业资源管理，又可分为农业生态学（Agricultural Ecology）、森林生态学（Forest Ecology）、草地生态学（Grassland Ecology）等；应用于城市建设，则形成了城市生态学（Urban Ecology）；应用于环境保护与受损资源的恢复，则形成了恢复生态学（Restoration Ecology）、生态工程学（Engineering Ecology）等。

现代生态学诞生于全球生态环境危机的背景下，以生态系统理论为特征，面向生物多样性保护、气候变化应对和可持续发展等。20世纪60年代以后，资源短缺、物种灭绝、气候变暖、土地退化、环境污染等生态环境问题日益突出，引起了广大公众及政治领导人的关注。1962年美国科普作家蕾切尔·卡逊出版了《寂静的春天》，1972年美国德内拉·梅多斯、乔根·兰德斯、丹尼斯·梅多斯等合著了经济学著作《增长的极限》，均引起了西方社会对生态环境危机的极大重视。现代生态学的研究对象在组织层次上向宏观与微观两个方向发展，在研究内容上出现了明显的综合性，研究目标也由机理研究转向服务于可持续发展等（高吉喜，2015）；同时，研究手段也随着野外自计电子仪器、稳定性同位素、遥感与地理信息系统等的发展而与时俱进。

面对资源约束趋紧、环境污染严重、生态系统退化的严峻形势，2012年11月，党的十八大做出“大力推进生态文明建设”的战略决策，努力建设美丽中国，实现中华民族永续发展。2018年5月，第八次全国生态环境保护大会确立了习近平生态文明思想。2021年4月，方精云在《人民日报》理论版发表《构建新时代生态学学科体系》的文章，认为习近平生态文明思想中蕴含的“绿水青山就是金山银山”“山水林田湖草是生命共同体”等重要理念为新时代生态学研究提供了科学指引，并建议设立：①修复生态学，即着重研究受损生态系统修复与治理的理论、技术和方法，主要研究内容包括流域治理、污染水体修复、矿山植被与退化草地恢复、再造林、外来种去除、栖息地改造等；②可持续生态学，即着重研究支撑可持续发展和生态文明建设的生态学理论、方法和实践，主要研究经济社会发展的生态、资源约束和阈值，支撑经济社会可持续发展的生态学原理和实践，以及生态环境对人类行为、健康和福祉的影响等。其中，修复生态学偏向应用生态学分支，主要研究和解决环境污染治理问题；可持续生态学主要研究和解决与生态文明建设相关的生态学问题。随着我国生态文明建设、绿色低碳转型和可持续发展研究的深入推进，从学理上系统阐释“绿水青山就是金山银山”“山水林田湖草是生命共同体”“良好生态环境是最普惠的民生福祉”等重要理念是现代生态学研究的热点问题，也是矿区生态修复和可持续发展亟待回答与解决的难点问题。

1.3.2 矿区修复生态学

1. 基本概念

矿区修复生态学指研究矿界范围和生态介质影响区受损生态系统修复的理论、技术和方法，它是与环境污染协同治理、区域生态文明建设和经济社会可持续发展相关的生态学子学科。

（1）研究目标

矿区修复生态学是在研究矿产资源开发造成的生态破坏与环境污染损害、过程与机理，生态修复与环境污染治理工程、问题和对策的实践中产生的，目的是希望通过对矿区社会-经济-自然复合生态系统深入和全方位的研究，揭示矿区生态环境损害的内在机制，定量评价生态环境治理工程及技术标准制定对资源环境承载力变化过程的调控作用及其效果，并据此借助一定的现代科学技术与手段对矿区生态环境协同治理过程及生态修复成效进行调控和提升。因此，服务于区域生态文明建设和可持续发展、促进矿区生态功能修复和人居环境健康是矿区修复生态学研究的根本目标。

（2）研究对象

矿区修复生态学的研究对象是矿区综合体，包括矿界范围内的生态环境多要素治理、生态介质影响区的协同治理和可持续发展及矿区综合体的资源环境承载力提升。其中，协同治理是指矿区受损生态系统修复和环境污染治理的评估协同、规划协同、区域协同和标准协同；资源环境承载力是指矿区社会-经济-自然复合生态系统的承载力，其承载对象包括主导生态功能、人口数量和产业规模。

（3）研究内容

矿区修复生态学研究主要围绕矿区综合体展开，以生态环境协同治理理论和可持续发展理念为基础，是研究矿区生态环境损害、生态修复目标、生态环境多要素协同治理、生态修复成效评估及资源环境承载力调控的理论、技术和方法，这是矿区修复生态学研究的基础和核心。此外，分析矿界范围内及生态介质影响区的物质循环、能量流动、生态服务转移的规律，研究矿区综合体社会-经济-自然复合生态系统的一体化修复过程与生态环境投入的影响与反馈，评价主导生态功能修复和区域可持续发展能力，也是矿区修复生态学研究的重要内容。

2．研究范畴

作为一门服务于资源型城市和区域可持续发展的学科，矿区修复生态学不仅关注对矿界范围内生态环境协同治理的研究，而且强调对区域资源环境承载力一体化提升路径的研究，寻求的是生态修复、污染治理与经济社会协调共生的策略（图1-5）。其研究范畴如下：

（1）矿区生态环境问题与监管分类

该研究范畴重点分析不同开采方式和不同矿种类型的生态环境损害特点，研究矿区生态破坏和环境污染的特征，构建体现景观型破坏、环境质量型破坏或生物型破坏的矿区生态环境问题分类体系，研究矿山生态环境违法特点，分析自然保护地、生态保护红线、城镇和重要交通沿线的空间管控要求，研究传统单一要素环境治理的作用和问题，构建矿区生态环境监管分类体系。

（2）矿区生态修复与环境污染协同治理

该研究范畴重点剖析矿区生态修复“重地质-轻污染、重植被-轻功能、重局部-轻区域”等生态修复形式的表现特征和生态环境投入情况，调查与评估传统单一要素环境治理的政策依据、标准判定和工程投入-产出效益。从“效果”和“目标”两方面开展生态环境协同治理的案例与实验研究，构建矿区生态修复效果-目标评价指标集和方法模型，揭示矿区生态修复与污染治理的协同性及关键影响因素。

（3）矿区生态修复目标制定和可持续性

该研究范畴重点阐释矿区社会-经济-自然复合生态系统一体化修复的内涵和属性特点，分析生态修复的自然景观相似性和区域可持续发展能力，揭示矿区生态修复目标制定的科学基础，并基于协同控制理论研发矿区生态修复阶段的划分方法和基于分类管理的矿区生态修复目标体系，研究“绿水青山”和“金山银山”的双向转化路径，从“引

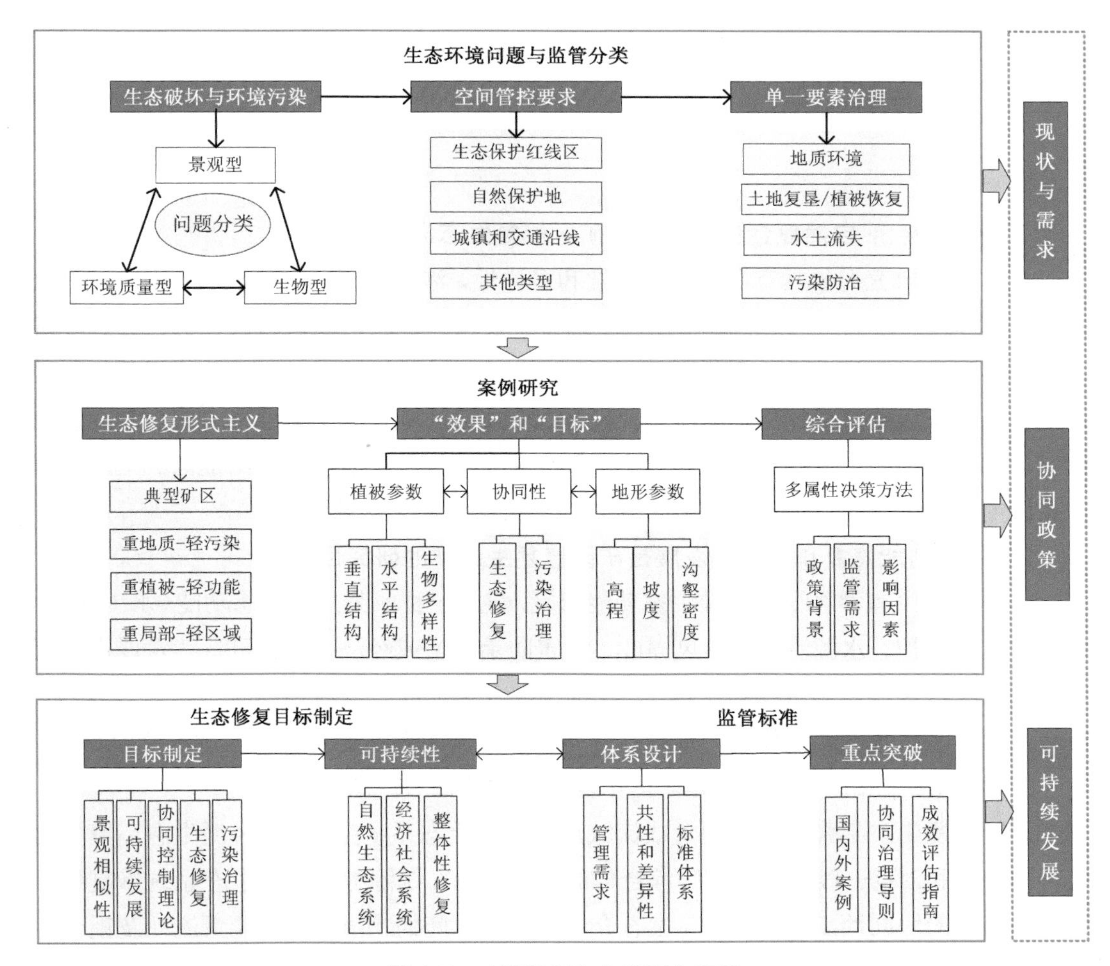

图 1-5 矿区修复生态学研究框架

导”和“提升”两方面阐明矿区生态修复目标实现的产业引导和功能提升路径，兼顾经济和社会效益，提出矿区社会经济系统的整体性和可持续修复模式。

（4）矿区生态修复监管标准

该研究范畴重点分析主导生态功能修复和生态环境协同治理的管理需求，揭示不同类型采矿废弃地生态修复与环境污染治理的共性及差异性，研发基于“体系设计”与“重点突破”的矿区生态修复标准体系，研究自然保护地、生态保护红线等重要生态空间涉矿生态环境破坏的典型案例，设计与编制矿区生态修复与环境污染协同治理技术导则、矿区生态修复成效评估指南，以支撑涉矿生态环境监管。

1.4 矿区修复生态学的内涵与学科特点

1.4.1 内涵

1. 社会-经济-自然复合生态系统是矿区修复生态学的研究对象

生态学的研究对象具有高度的复杂性和多样性，涉及不同研究层次、不同时空尺度和不同生物类群。社会-经济-自然复合生态系统是指在矿区内以人为主体的社会、经济系统和自然生态系统通过物质循环、能量流动等协同作用而形成的复合生态系统。矿区修复生态学不仅研究受损生态系统修复，而且更关注区域资源环境承载力调控对经济社会发展的支撑能力。因此，其研究对象可划分为自然资源子系统的供给能力、生态环境子系统的修复与主导功能调节能力、社会经济系统的可持续发展能力。

2. 生态功能修复和可持续发展是矿区修复生态学的研究目标

矿区修复生态学着眼于主导生态功能修复，将某一种或某几种生态功能（水土保持、生物多样性保护、水源涵养、防风固沙、灾害防治等）或经济、社会可持续发展作为研究目标，重点关注矿界范围及其与生态介质影响区之间的生态系统完整性和社会-经济-自然复合生态系统一体化修复，最终目标是实现矿区生态功能修复和区域可持续发展。

3. 协同治理和区域综合体是矿区修复生态学的核心理念

矿区修复生态学强调区域观念或流域尺度上的生态系统完整性，遵循生态环境多要素协同治理和“点—线—面”矿区综合体的核心理念，统筹考虑受损生态系统修复和环境污染治理的协同性，矿界范围与生态介质影响区之间的物质循环、能量流动及耦合关系，目的是实现生态环境安全和人居环境健康。

1.4.2 学科特点

1. 研究目标的导向性

矿区修复生态学的最终研究目标是实现矿区生态功能修复和区域可持续发展，与区域生态学一样，都要落实到具体的空间上，这是由矿区修复生态学的研究对象所决定的。矿区修复生态学强调矿界范围和生态介质影响区在物质循环、能量流动和时间结构上的合理配置，在功能导向上的相互匹配，以及在经济发展与生态环境保护上具有的协调性和统一性。基于不同生态区自然禀赋本底的地带性、矿产资源开采方式和开发阶段的差异性，生态功能修复与可持续发展的目标和评价标准也不同，因此矿区修复生态学的研究目标就是要剖析不同矿种的生态环境问题及危害，揭示矿区生态修复目标制定的科学基础。

2．研究内容的综合性

矿区修复生态学是区域生态学、恢复生态学和经济学相互延伸并融合发展的产物，是“绿水青山”和“金山银山”双向转化的客观要求。矿区修复生态学将生态学家强调的生态系统理论与公共管理领域的协同治理理论相结合，全方位地考虑矿区生态环境损害、生态修复与污染治理、生态环境投入与修复成效、生态修复目标与可持续发展等研究内容。其研究不是把各种生态修复或污染治理进行简单、机械的交叉，而是关注矿区综合体的区域一体化和生态环境多要素协同控制，强调经济社会的可持续发展。随着生态文明建设的持续推进，矿区修复生态学的综合性特点将进一步凸显，尤其是社会-经济-自然复合生态系统各维度的影响及反馈将有力助推资源型城市的可持续发展。

3．研究对象的实用性

矿区修复生态学是要解决生态破坏、环境污染、土地退化等矿产资源开发导致的生态环境问题，探寻主导生态功能修复、环境污染治理和区域可持续发展的协同控制技术创新。一方面，矿区修复生态学的研究范畴、学科内涵、基础理论和方法体系都是在解决矿区生态环境问题和服务区域可持续发展需求的实践中产生和提炼的，随着实践与探索的不断深入，其研究对象与学科内涵也将不断发展和完善；另一方面，矿区修复生态学的研究直接服务于生态环境治理工程和环境管理决策支持，其目的是为改善矿区生态环境质量、提升区域资源环境承载力、实现经济社会可持续发展、平衡生态环境投入和生态环境效益提供理论依据。

1.4.3 与相关学科的关系

矿区修复生态学与恢复生态学、区域生态学、生态经济学、可持续生态学等学科关系密切、相互交融且相互促进，是相互延伸并融合发展的产物。恢复生态学和区域生态学是矿区修复生态学的重要基础理论，矿区修复生态学集成与发展了生态经济学和可持续生态学的方法论。从词源上讲，生态学和经济学为同一词源，只是随着研究对象的变化，经济学偏向于研究生产的末端——经济利益，而忽视了前端——自然系统的支撑能力；生态学则偏向于对物种与自然环境的关系研究。两者的分离在一定程度上造成了生态环境保护与经济发展的对立。矿区修复生态学研究“绿水青山”和“金山银山”双向转化，需要多学科的有机融合。

“绿水青山就是金山银山”理念强调经济发展与生态环境保护具有协调性和统一性。矿区修复生态学的提出和发展丰富了生态学理论，是“绿水青山就是金山银山”双向转化的实践创新，也是矿区生态文明建设的客观要求，为现代生态学研究提供了新的方向。

第2章 生态修复目标与基础理论

矿山地质环境恢复治理和地质灾害防治工作是国土空间生态修复的重点之一。随着对矿区生态修复认识的深入，"矿山地质环境恢复治理"已提升至"国土空间生态修复"，强调全要素统筹和系统性治理，突出"山水林田湖草是生命共同体"理念。在生态文明建设的背景下，矿区生态修复以生态功能修复和可持续发展为前提，基于"绿水青山就是金山银山"理念和基于自然的解决方案（Nature-based Solution，NbS），按照"保证安全、恢复生态、兼顾景观"的先后次序，因地制宜地实施矿山地质环境治理与国土空间生态修复。同时，由于大量土地资源被占用，还应统筹生态环境治理与社会经济发展，对矿区土地资源进行科学、合理、高效的再次利用。本章辨析了矿山地质环境治理和生态修复的相关概念，阐释了矿区生态修复目标的内涵，梳理了国土空间生态修复的基础理论，以期为矿区生态环境协同治理提供依据。

2.1 生态修复目标

2.1.1 矿山地质环境治理

根据《矿山地质环境保护与恢复治理方案编制规范》（DZ/T 0223—2011）、《土地复垦质量控制标准》（TD/T 1036—2013）和2016年12月原国土资源部发布的《矿山地质环境保护与土地复垦方案编制指南》，矿山地质环境是指采矿活动所影响的岩石圈、水圈、生物圈相互作用的客观地质体。相关概念如下：

- 矿山地质环境问题：指受采矿活动影响的地质环境破坏现象，主要包括矿区地面塌陷、地裂缝、崩塌、滑坡、含水层破坏、地形地貌景观破坏、水土环境污染等。
- 地形地貌景观（地质遗迹、人文景观）破坏：指因矿山建设与采矿活动而改变原有的地形条件与地貌特征，造成地质遗迹、人文景观等破坏现象。
- 土地损毁：指人类生产建设活动造成土地原有功能部分或完全丧失的过程，包括土地挖损、塌陷、压占和污染等损毁类型。

- 土地挖损：指因采矿、挖沙、取土等生产建设活动致使原地表形态、土壤结构、地表生物等直接损毁，土地原有功能丧失的过程。
- 土地塌陷：指因地下开采导致地表沉降、变形，造成土地原有功能部分或全部丧失的过程。
- 土地压占：指因堆放剥离物、废石、矿渣、粉煤灰、表土及施工材料等，造成土地原有功能丧失的过程。
- 排土场：指堆放剥离物的场所，其中建在露天采场以内的称为内排土场，建在露天采场以外的称为外排土场。
- 塌陷地：指因地下开采引起围岩的位移和变形，造成地表下沉、变形和塌陷的场地。
- 废石场：指矿山采矿剥离、排弃物集中堆放的场地。
- 尾矿库：指通过筑坝拦截谷口或围地构成的用以贮存金属或非金属矿山进行矿石选别后排出的尾矿的场所。
- 水土环境污染：指因矿山建设、生产过程中排放污染物，造成水体、土壤原有理化性状恶化，使其部分或全部丧失原有功能的过程。
- 土地复垦：指对生产建设活动和自然灾害损毁的土地采取整治措施，使其达到可供利用状态的活动。

矿山地质环境破坏类型划分及主要表现形式见表2-1。

表 2-1　矿山地质环境破坏类型划分及主要表现形式

类型划分	主要表现形式
资源破坏	土地与植被压占、疏干排水破坏地下水均衡系统、地表水量减少、地质遗迹破坏、地形地貌改观、人文风景景观破坏
地质灾害	崩塌、滑坡、泥石流、地面塌陷、地裂缝、地面沉降、水土流失、土地沙化、尾矿库崩坝等
环境污染	地表水污染、地下水污染、土壤污染、大气污染及其环境效应等

2.1.2　山水林田湖草生态保护修复

根据《山水林田湖草生态保护修复工程指南（试行）》（自然资办发〔2020〕38号），山水林田湖草生态保护修复工程是指按照“山水林田湖草是生命共同体”理念（图2-1），依据国土空间总体规划，以及国土空间生态保护修复等相关专项规划，在一定区域范围内为提升生态系统自我恢复能力、增强生态系统稳定性、促进自然生态系统质量的整体改善和生态产品供应能力的全面增强，遵循自然生态系统演替规律和内在机制，对受损、退化、服务功能下降的生态系统进行整体保护、系统修复及综合治理的过程和活动。

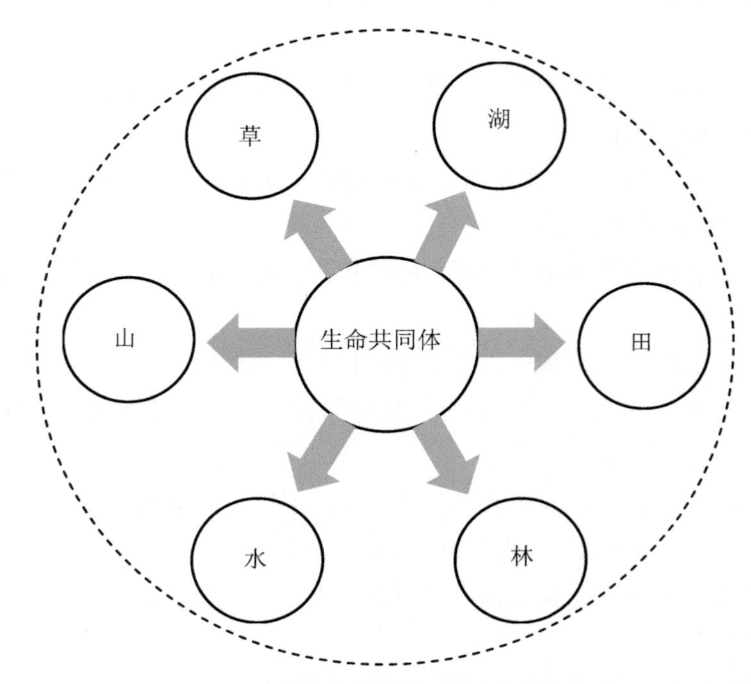

图 2-1 “山水林田湖草是生命共同体”理念

基于自然的解决方案：指根据世界自然保护联盟（International Union for Conservation of Nature，IUCN）的《IUCN 基于自然的解决方案全球标准》，对自然的或已被改变的生态系统进行保护、可持续管理和修复行动，这些行动能够有效地、具有适应性地应对社会挑战，同时为人类福祉和生物多样性带来益处。

生态系统结构：指生态系统的生物和非生物组分因保持了相对稳定的相互联系、相互作用而形成的组织形式、结合方式和秩序。

生态过程：指区域（或流域）中生态系统内部和不同生态系统之间物质、能量、信息的流动和迁移转化过程的总称，其具体表现是多种多样的，包括植物的生理生态、动物的迁徙和种群动态、群落演替、土壤质量演变和干扰等在特定范围中构成的物理、化学和生物过程，以及人类活动对这些过程的影响。

生态系统功能：指生态系统整体在其内部和外部的联系中表现出的作用和能力。随着能量和物质等的不断交流，生态系统也会产生不断变化和动态的过程。

生态系统质量：指在特定的时间和空间范围内，生态系统的总体或部分组分的质量，具体表现为生态系统的生产服务能力、抗干扰能力及对人类生存和社会发展的承载能力等方面。

生态系统服务：指生态系统结构、功能和过程为人类生产生活提供的产品和服务，是人类通过直接或间接的方式从生态系统中获得的惠益，包括供给服务（如提供食物和水）、调节服务（如控制洪水和疾病）、文化服务（如精神健康和娱乐）和支持服务（如维持养分循环）。

生态产品：指维系生态安全、保障生态调节功能、提供良好人居环境的自然要素，包括清新的空气、清洁的水源和宜人的气候等。

参照生态系统：指一个能够作为生态恢复目标或基准的生态系统，通常包括破坏前的生态系统、未因人类活动而退化的本地生态系统，以及能够适应正在发生的或可预测的环境变化的生态系统。

生态破坏：指人类不合理开发、利用导致森林、草原等自然生态环境遭到破坏，从而使人类、动物、植物的生存条件发生恶化的现象。

生态修复：也称生态恢复，指协助退化、受损的生态系统进行恢复的过程。生态修复的方法包括自然恢复、辅助再生、生态重建等，目标可能是针对特定生态系统服务的恢复，也可能是针对一项或多项生态服务质量的改善。

自然恢复：指对生态系统停止人为干扰以减轻负荷压力，依靠生态系统的自我调节能力和自我组织能力使其向有序的方向自然演替和更新恢复的活动。一般为生态系统的正向演替过程。

辅助再生：也称协助再生，指充分利用生态系统的自我恢复能力，辅以人工促进措施，使退化、受损的生态系统逐步恢复并进入良性循环的活动。

生态重建：指对因自然灾害或人为破坏导致生态功能和自我恢复能力丧失，生态系统发生不可逆转的变化，以人工措施为主，通过生物、物理、化学、生态或工程技术方法，围绕修复生境、恢复植被、生物多样性重组等过程，重构生态系统并使生态系统进入良性循环的活动。

2.1.3 国土空间生态修复

根据《自然生态空间用途管制办法（试行）》（国土资发〔2017〕33号），国土空间是指国家主权与主权权利管辖下的陆地国土和海洋国土空间，一般包括生态空间、农业空间、城镇空间、采矿空间等。国土空间不仅具有政治含义，还应包含国土要素和空间尺度两大特性。

国土空间规划是我国政府部门统筹安排的对国土资源开发和调控的经济社会发展手段。2019年5月，《中共中央　国务院关于建立国土空间规划体系并监督实施的若干意见》（中发〔2019〕18号）发布，提出建立“全国统一、责权清晰、科学高效”的国土空间规划体系（图2-2）。

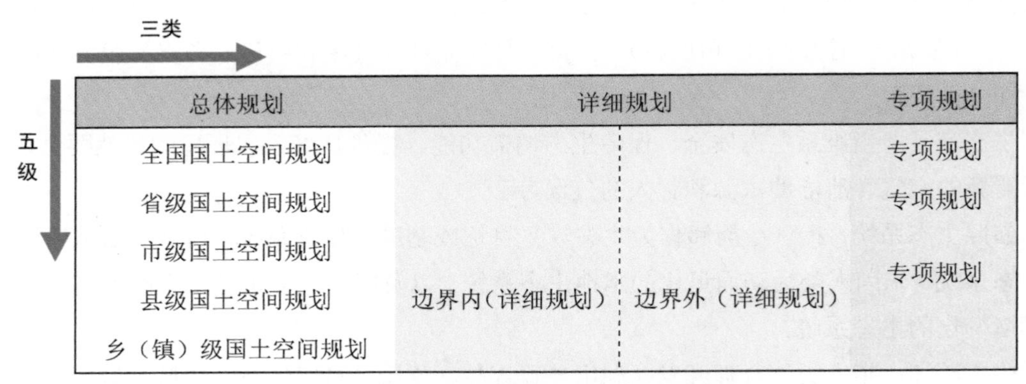

图 2-2　国土空间规划体系总体框架

1. 土地整治

根据《土地整治术语》（TD/T 1054—2018），土地整治是为满足人类生产、生活和生态功能的需要，对未利用、不合理利用、损毁和退化土地进行综合治理的活动。党的十八大将生态文明建设纳入中国特色社会主义事业“五位一体”总体布局，要求“把生态文明建设放在突出地位，融入经济建设、政治建设、文化建设、社会建设各方面和全过程”，推动土地整治持续健康发展，生态型土地整治项目是必然趋势（邱宇洁，2019）。当前，土地整治向国土综合整治与生态保护修复转型，强调提升国土空间品质，关注国土空间全要素，以空间结构调整优化国土空间功能，以资源高效利用提升国土空间质量，以生态系统修复打造美丽生态国土，以整治修复制度体系建设筑牢美丽国土根基（图2-3）。

2. 生态修复

生态修复主要是针对区域范围内严重受损、退化、崩溃的生态系统。表2-2给出了生态修复与生态恢复的概念辨析。有学者认为，矿山生态修复可分为逐层递进的5个部分（图2-4）：①地貌重塑；②土壤重构；③植被重建；④景观重现；⑤生物多样性重组（白中科等，2018）。推进国土空间生态修复应当处理好矿山地质环境治理、土地复垦、植被恢复、水土流失治理等相关活动的继承与发展，明确矿区生态修复阶段、对象和目标，确定功能维、逻辑维和时间维的基本逻辑，深刻认识从土地整治向国土空间生态修复的变化。表2-3给出了退化土地生态修复技术体系。

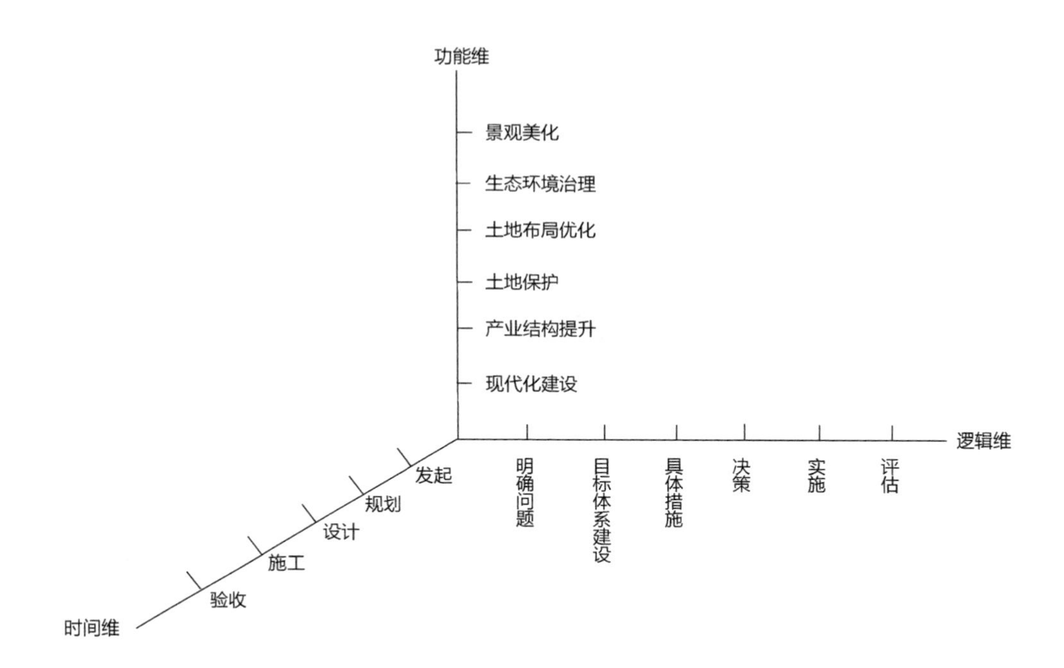

图 2-3 土地整治管理体系结构

表 2-2 生态修复与生态恢复概念辨析

类型	生态修复	生态恢复
目标	与现在生态恢复的目标一致	随着恢复生态学的发展，生态恢复的目标已不再强调完全恢复到干扰前的状态。在实践中是运用恢复生态学的理论分析、调查，类比相邻和相似的生态系统，使被恢复的生态系统成为健康、完整和可持续生态系统
人为干预程度	无论是生态恢复还是生态修复都要施加人为干预，修复更强调在外在因素的驱使下修复对象被动地发挥作用	在语感上，生态恢复对象在演替规律方面更具主动性
对象	生态修复的对象可以是生态系统，也可以使用生态学的方法对单一生态因子或环境要素进行修复，两者涉及的对象有时可能有差别	生态恢复的对象是退化、受损或毁坏的生态系统，其损害的程度可能会有很大的差别，恢复的方式和手段也可能会有很大的差别
目的	生态修复和生态恢复的共同目的是解决人类的环境问题，但是两者依据的理论基础和技术方法有所不同	

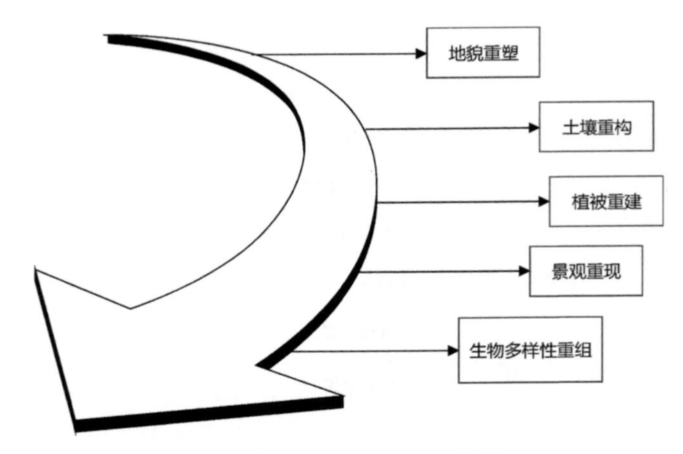

图 2-4 矿山生态修复的 5 个部分

表 2-3 退化土地生态修复技术体系

技术体系	技术类型
土壤肥力恢复技术	少耕、免耕技术，绿肥与有机肥施用技术，生物培肥技术，化学改良技术，聚土改土技术，土壤结构熟化技术
水土流失控制技术	坡面水土保持林草技术，生物篱笆技术，土石工程技术（小水坑、谷坊、鱼鳞坑等），等高耕作技术，复合农林牧技术
土壤污染防治与修复技术	土壤生物自净技术，施加抑制剂技术，增施有机肥技术，移土客土技术，深翻埋藏技术，废弃物的资源化利用技术

3. 生态重建

生态重建是指对已破坏的生态系统进行规划、设计，实施生态工程，加强生态系统管理，使其恢复健康，创建和谐、高效、可持续发展的生态环境系统。针对受损极为严重的生态系统，生态重建应当因地制宜，根据不同的自然地理条件和社会经济发展阶段进行不同土地利用的生态组合，并利用系统工程、景观生态等相关理论，通过安排生态链中各要素间的衔接取得生态、经济和社会效益的最大化。图2-5给出了国土空间生态恢复、生态整治与生态重建的关系辨析。

4. 植被恢复

植被恢复是指以植物种植、配置为主，恢复或重建植物群落，或天然更新恢复植物群落的过程。结合《裸露坡面植被恢复技术规范》（GB/T 38360—2019），植被恢复也指在裸露坡面上，通过技术措施在重建或改善植物生境的基础上重建植被，或通过促进植物繁殖体繁衍使坡面达到设计的植被覆盖状态的过程。

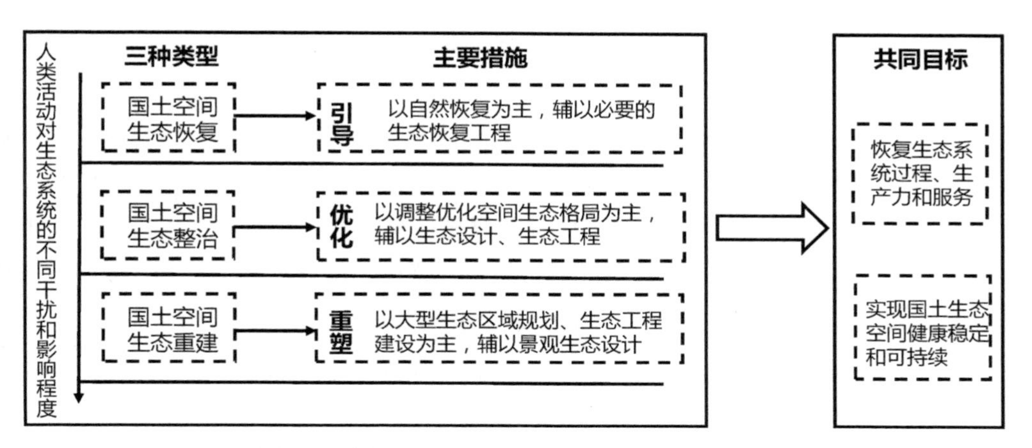

图 2-5　国土空间生态恢复、生态整治与生态重建关系辨析（曹宇等，2019）

5. 生物多样性

根据《中国生物多样性保护战略与行动计划》(2011—2030年)，生物多样性是指生物（动物、植物、微生物）与环境形成的生态复合体，以及与此相关的各种生态过程的总和，包括生态系统、物种和基因三个层次。生物多样性是人类赖以生存的条件，是经济社会可持续发展的基础，是生态安全和粮食安全的保障。根据《区域生物多样性评价标准》(HJ 623—2011)，生物多样性也指所有来源的活的生物体中的变异性，这些来源包括陆地、海洋和其他水生生态系统及其所构成的生态综合体等，包含物种内部、物种之间和生态系统的多样性。

6. 水土保持

根据《水土保持术语》(GB/T 20465—2006)，水土保持是指防治水土流失，保护、改良与合理利用水土资源，维护和提高土地生产力，减轻洪水、干旱和风沙灾害，以利于充分发挥水土资源的生态效益、经济效益和社会效益，建立良好的生态环境，支撑可持续发展的生产活动和社会公益事业。其中，水土流失是指在水力、风力、重力及冻融等自然营力和人类活动的作用下，水土资源和土地生产能力的破坏和损失，包括土地表层侵蚀及水的损失。

2.1.4　矿山生态修复

2018年国务院机构改革之后，原国土资源部调整为自然资源部，并成立了国土空间生态修复司，“矿山生态修复”一词得到了广泛应用。矿山生态修复是指通过科学、系统的修复工程对地质灾害隐患、环境污染等问题进行治理，并采取生态抚育措施使已关闭的矿山环境功能逐步得到恢复，使自身生态环境得以可持续的良性发展（周连碧等，2010）。

矿山生态修复在以往矿山土地复垦和矿山地质环境治理恢复的基础上进一步提升，按照完整的自然生态系统统一考虑，高度重视矿区生态系统和生态功能修复（郭冬艳等，2021）。

近年来，国家及各部委相继从规划管控、系统修复、资源利用、土地供应及保障机制等方面对矿山生态修复提出了相应要求（图2-6）。2019年10月22日，自然资源部发布《关于建立激励机制加快推进矿山生态修复的意见（征求意见稿）》，提出需遵循“谁修复、谁受益”原则，通过赋予一定期限的自然资源资产使用权等奖励机制，吸引各方投入，推行市场化运作、开发式治理、科学性利用的模式，加快推进矿山生态修复。

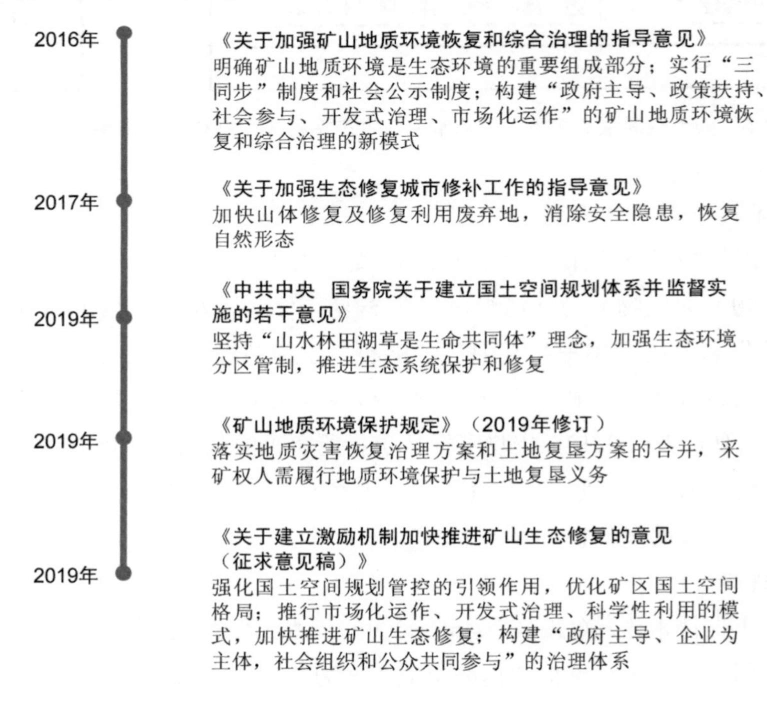

图 2-6　矿山生态修复相应要求

2.1.5　协同治理

协同治理（Synergistic Governance）理论起源于20世纪70年代德国物理学家赫尔曼·哈肯创立的协同学（2005）。“协同”的概念于1971年提出，用于反映复杂系统的子系统间的协调合作关系，1976年又系统地论述了“协同理论”，发表《协同学导论》（马丽，2015）。无论是作为一种公共事务治理方式，还是作为理论研究的一个术语，协同治理都是全新的，对其含义的理解仍存在一定的分歧（田玉麒，2017）。在学术研究层面，协同治理作为一个独立术语最早于1978年出现在教育杂志*Theory into Practice*的文章中，用于指代在职教育和教学中心的新结构。协同治理强调公共管理主体的多元化和主体间共同参与的自愿平等与协同性，最终目标是促使公共利益获得最大化（黄思棉等，2015）。

协同控制是指具有物质的协同效果的控制措施（胡涛等，2012）。其中，控制措施是指所有可贡献于排放物控制的措施，不仅包括具体生产过程中各环节有利于污染物减排的工程技术措施（前端控制措施、生产工艺改进、末端治理措施、综合措施等），也包括战略规划措施（行业部门的结构与规模调控措施等）。近年来，生态环境领域的协同控制主要体现在大气污染和温室气体协同增效技术研究与管理政策的制定方面（胡涛等，2004；田春秀等，2012）。

协同增效是协同效应的重要内容，也是生态环境协同治理和协同控制的目的。联合国政府间气候变化专门委员会（IPCC）第三次评估报告将协同效应定义为在因各种理由而实施相关政策的同时获得的各种收益（胡涛等，2004）。协同效应包括协同增效和互斥效应。例如，当某一污染物减排措施可使所有污染物都减排，则是协同增效，以货币化的价值来衡量协同效果的大小就是协同效应；当某一污染物减排措施可使一类污染物减排而另一类污染物增加，则是互斥效应，以货币化的价值来衡量互斥效果的大小就是互斥效益。换句话说，互斥效果/益是负的协同效果/应（胡涛等，2012）。

2.1.6 矿区生态修复目标

根据《管理科学技术名词》中的定义，目标是指在一定时期内，个人、小组或整个组织争取达到的状态或期望获得的成果，具有主观性、方向性、现实性、社会性及实践性等特征；生态修复指将由开采矿物资源带来的环境污染和生态平衡的破坏修复到生命系统（动物、植物和微生物）和环境系统之间处于相对平衡状态的整治活动（全国科学技术名词审定委员会，2019）。当前关于生态修复目标的研究较少（董哲仁，2005；彭涛等，2010；吴建寨等，2011；彭建等，2021），在矿山生态修复的目标与方法方面，曾有网站报道："矿山生态修复绝不只是恢复自然生态系统，还必须考虑恢复与自然生态系统相匹配的经济和社会制度，这两种制度必须是相互关联和不可分割的。""矿山生态修复不能刻意盲目地追求特定的恢复状态，必须根据矿山的面积、位置和生态适宜性来确定生态恢复的目标。"（西施生态，2020）

有学者研究指出，矿区生态环境综合治理作为一项综合而又系统的工程项目，需要从多角度考虑治理计划和主要方法策略，有效地修复生态环境，实现矿区经济发展与生态环境的平衡，开展治理协同机制与对策研究（付薇，2010）。李海东等（2018）以长江经济带重点生态功能区为例，结合划定并严守生态保护红线的要求，剖析了矿山生态修复存在的主要问题，提出基于"山水林田湖草是生命共同体"理念，克服矿山地质环境治理、土地复垦/植被恢复、污染防治等传统单一要素的治理模式，制定矿山生态修复目标管理技术体系，明确不同主导生态功能的矿山生态修复目标，做到区域生态功能的整体性修复，并初步划分了矿山生态修复阶段及目标组成：地质环境治理—土地复垦/植被恢复—生物多样性重建—区域生态功能修复。从协同机制来看，治理协同包括形成机制、实现机制及约束机制（付永光，2020）。其中，形成机制表示治理行为中涉及的任何系统所追求的目标与治理目标在整体上要保持一致性；实现机制是治理协同的基本过程，涉及协同时机识别、要素协同评价、信息沟通、要素整合、信息反馈等环节；约束机制作为实现治理协同的重要手段贯穿于整个过程中（付薇，2010）。

根据《山水林田湖草生态保护修复工程指南（试行）》，山水林田湖草生态保护修复目标的设定要综合考虑社会发展情况，相关规划、标准，区域生态功能定位，生态现状，生态问题识别与诊断结果并参照生态系统属性等，根据不同保护修复尺度、层次和限制性因素阈值，设定生态保护修复的总体目标和具体目标，确定生态保护修复标准，提出分级分期的约束性指标和引导性指标，实现目标定量化。其中，约束性指标主要围绕工程建设中的绩效指标来确定，数据要求有来源、可测算；引导性指标在生态系统和区域（或流域）尺度上提出，为中远期目标，应当服务于生态系统的稳定性和生态空间结构的多样性，它包括3个尺度目标和标准，即区域（或流域）尺度、生态系统尺度和场地尺度。

基于生态环境协同治理理论和“山水林田湖草是生命共同体”的理念，我们认为，矿区生态修复目标是指地方政府以矿区为单元开展生态破坏和环境污染的协同治理，综合考虑生态修复与污染治理、复合生态系统、主导生态功能和生态环境投入，科学制定矿区综合体“社会-经济-自然复合生态系统”一体化修复总体目标、具体目标（图 2-7）和管理技术体系，兼顾经济和效益，采用基于自然的解决方案或人工良性干预措施等实现矿区经济社会可持续发展；矿山企业根据地质环境治理、土地复垦/植被恢复、污染防治等相关政策和标准，实施生态系统尺度和场地尺度的生态环境工程，采用人工良性干预措施，推进矿区生态功能提升和人居环境改善，实现生态系统稳定和生态产品价值实现。矿区生态修复目标包括矿区综合体、生态系统和场地 3 个尺度。

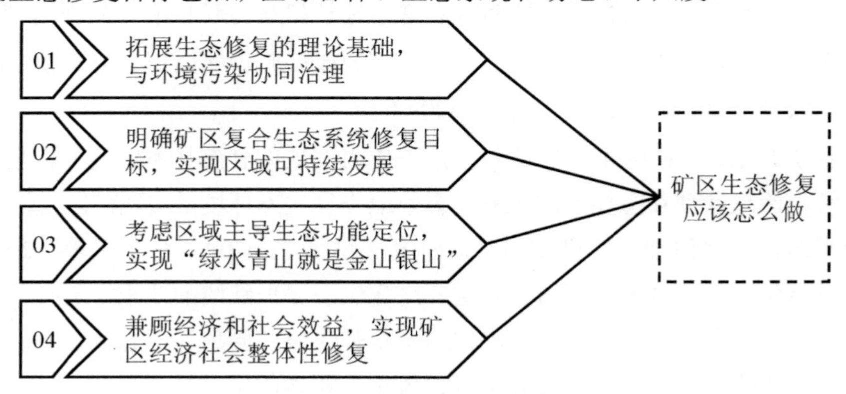

图 2-7　矿区综合体生态修复目标制定

2.2 基础理论

矿区生态修复理论包括系统工程理论、区域生态学理论、生态经济学理论、恢复生态学理论、景观生态学理论、水土保持学理论等，体现了矿区综合体生态修复的核心理念，是矿区生态环境协同治理的基础理论（图2-8）。

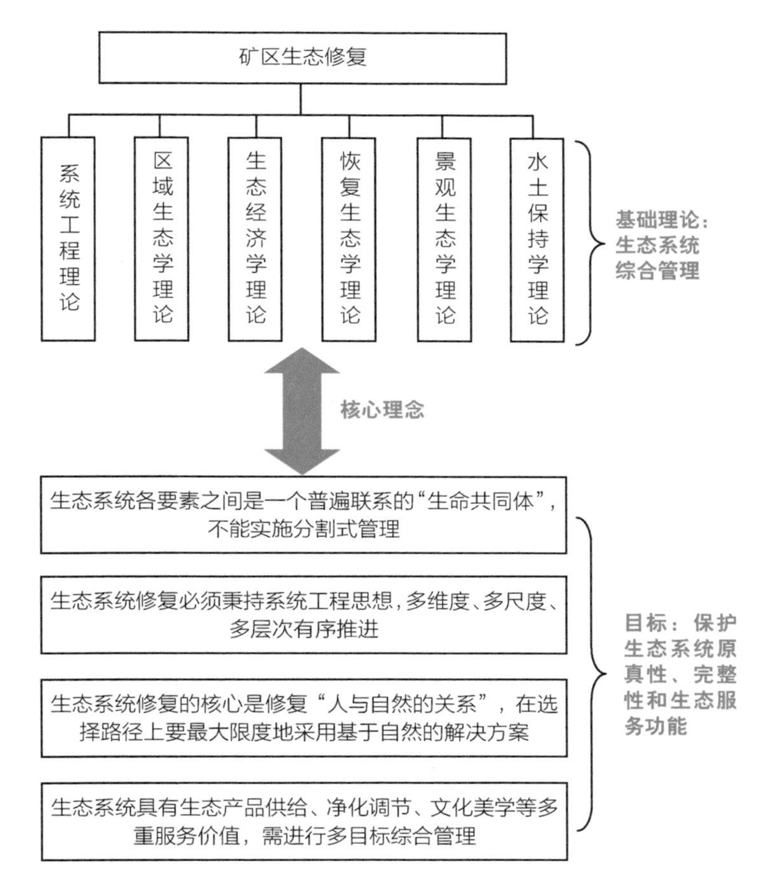

图 2-8　矿区生态修复理论组成

2.2.1 系统工程理论

系统科学是20世纪40年代以后发展起来的一个新的学科部门。它的产生和发展在认识上标志着人类的科学思维由以实物为中心逐渐过渡到以系统为中心，在实践上大大加速了现代科学技术和社会生产的发展过程（付薇，2010）。根据一般系统论的观点，系统工程理论具有以下特征：

一是系统整体性。它强调要素和系统之间是不可分割的，系统整体功能大于各孤立部分之和，整体具有不同于各组成部分的新性质或功能，只有整体、系统地分析问题才能更为全面。

二是动态性与最优化原理。系统内部各要素之间、要素与外部环境之间彼此相互联系、相互影响。在环境允许的前提下，整个系统对时间、空间、物质、能量及信息的利用率最高。

三是层次性与可控性。系统具有不同的等级和层次，不同层次的系统具有不同的性质，并遵守不同的规律，各层次之间存在着相互联系、相互作用且层次之间可以相互转化的关系。外部环境与系统内部的能量、物质、信息交换人为可控，并体现出系统的反馈功能和可调节特征。

四是系统开放性。系统与外界环境之间不断进行着物质、能量和信息的交换，各要素之间、要素与环境之间是开放、相通的。

山水林田湖草是由各类生态系统之间高度的能量流动、物质循环和信息传递构成的有机整体（曹宇等，2019）。针对复合生态系统管理，需要从整体、全局出发，根据生态修复对象、阶段和受损程度，在一定尺度空间内将各生态环境要素串联成一个既相互独立又彼此联系、互为依托的整体，并通过生态修复工程对生态系统结构和功能进行修复。若仅对某一特定类型进行管控，或仅对全域系统各组成部分进行单独治理，则将难以实现全局的既定预期，甚至可能适得其反，造成生态环境投入大、效果差的不利后果。国土空间生态修复不同于过去相对单一的生态修复工程，国土空间生态系统是一个完整的生命系统，应站在国土空间尺度上看待生态系统的完整性与连续性（高世昌，2018）。此外，生态系统的恢复并不是各类技术手段或工程措施的简单“加法”，还需考虑社会、经济、环境等因素，从大气、水、土壤、生物等维度出发，通过生态修复工程实现生态系统服务功能的有效恢复，采用多维度、立体式推进等方式，达到“点—线—面”区域生态修复的效果。

因此，国土空间生态修复需要系统整合不同学科的理论与方法，综合交叉地理学、生态学、环境科学、土壤学、保护生物学、生态经济学、区域生态学等自然科学及相关的人文社会科学知识，通过对区域范围和矿山拐点坐标内生态环境要素的“优化”与“调理”，提升区域生态系统服务及社会经济可持续能力。

2.2.2 区域生态学理论

区域生态学是研究区域内部的生态结构、过程和功能，以及区域间生态要素耦合和相互作用机理的生态学子学科（高吉喜，2015）。服务于人类可持续发展，促进区域生态系统与社会经济系统之间的协调发展，是区域生态学的根本目标。作为一门新兴交叉学科，区域生态学研究的核心是区域与区域之间的协调发展，以及人与自然的和谐共存。其基本理论如下：

一是生态供体-生态受体双耦合理论。生态供体是生态域中提供生态服务的生态功能体，生态受体是生态域中接受生态服务的生态功能体。生态供体-生态受体双耦合理论是基于生态供体与生态受体的地-地耦合和人-地耦合的双耦合关系的理论。其中，地-地耦合指生态域中生态供体与生态受体在空间上的耦合，人-地耦合指生态域内经济社会系统与自然生态系统的耦合。

二是生态格局-过程-功能三位一体理论。生态格局是指生态域内不同生态功能体的空间组合形式；生态过程是指构成生态域的各类生态要素和功能体之间通过介质发生联系并相互影响、相互作用，进而影响生态域内物质循环和能量流动的过程；区域生态功能是指生态域内生态供体提供产品和服务的能力。三者之间相互影响、互为因果。生态域内只有实现生态供体与生态受体之间的生态格局完整、生态过程连续、生态功能匹配，才能实现真正意义上的区域间协调发展和区域生态安全。

三是生态承载力与区域发展相适宜理论。区域生态承载力包括区域内各种生态系统的自我维持与自我调节能力、区域内各种资源与环境子系统的供容能力及区域内经济社会子系统的发展能力。生态承载力与区域发展相适宜的基础是人居和产业结构、布局和规模与资源环境禀赋相适宜。生态承载力的维系与提升直接关系到整个生态域的可持续发展，但在实际发展过程中，过快的经济社会发展常导致资源环境子系统的巨大破坏，从而影响生态与经济的协调与可持续发展。

此外，区域生态安全格局构建与区域生态恢复是区域生态学研究的重要目标。区域生态安全格局由各类生态功能体、关键生态系统、廊道等共同构成，是对维护区域生态安全起关键作用的空间框架。区域生态恢复主要通过研究生态系统健康恢复、生态安全关键区建设和生态修复目标转变，实现从以生态问题为导向到以生态功能为导向，以恢复和提升区域生态功能与生态服务能力。区域生态学的组织尺度介于景观与全球之间，空间尺度应以中观尺度和局地尺度为重点。目前来看，尺度问题仍是区域生态学研究的难点（高吉喜，2018）。

2.2.3 生态经济学理论

生态经济学是20世纪50年代产生的由生态学和经济学相互交叉而形成的一门边缘学科，它是从经济学角度研究生态经济复合系统的结构、功能及其演替规律的一门学科，为研究生态环境和土地利用经济问题提供了有力的工具。20世纪80年代，我国生态经济学研究开始起步，1982年11月，全国第一次生态经济讨论会在南昌举行（付薇，2010）。其基本理论如下：

一是生态适宜性理论。生态经济系统都具有明显的地域性。在区域资源开发利用之前必须开展全面而又系统的调查研究，查明各种资源的地域分异规律，有针对性地制定与实施生态经济规划及相关政策。

二是循环转化论。物质循环与能量转化是生物有机体内部有规律可循的两种运动形式。能量在生态系统各部分成分间消耗、转移及分配，所有物质合成与分解、生物生长与繁殖都伴随着能量转化与物质循环。

三是系统阈值理论。生态系统通常具有内部自我调节能力，以保持平衡和稳定，当生态系统中某个组成部分因受到外界的干扰而使系统受到的伤害超过这个临界值时，生态系统的自我调节功能就不再起作用，并会进一步引起系统功能退化，最终导致生态系统的溃乱与经济系统的衰落。

四是生态平衡理论。生物和环境在长期互相适应的过程中，生物与生物、生物与环境成分建立起相对稳定的结构，使整个系统始终处于能够发挥最佳功能的状态。

传统经济学将自然资源视为无穷无尽、没有稀缺性，作为免费的公共物品而存在。现在我们认为，自然资源具有稀缺性，并非取之不尽、用之不竭的。稀缺性是自然资源成为自然资产的最基本条件，自然资源因此就具备了纳入市场经济、进行市场化运作的条件。“绿水青山就是金山银山”理念所蕴含的经济学学理向世人塑造了正确的“自然资源稀缺观”，让自然资源“耗竭式利用”的现象得以显著遏制，让美好生态的宝贵价值得以突出体现，让保护生态环境与实现经济发展两大目标得以和谐统一。

生态经济学理论在能够为社会经济发展提供重要的理论指导的同时，也为分析生态环境治理与保护提供了重要的理论基础。生态经济学理论认为，当前的资源环境问题，如土地退化、土壤污染、自然灾害频繁等，均是不合理的土地利用使生态环境遭到破坏所致。因此，人类利用资源时必须有一个整体观念、全局观念和系统观念，要考虑到生态经济系统内部和外部的各种相互关系，做到生态效益与经济效益并重，不能因单纯追求经济的增长和利润而忽视了生态效益。

2.2.4 恢复生态学理论

恢复生态学是研究生态系统恢复的科学，在应用生态学的基础上衍生而来，属于其范围的一个分支，主要研究在自然灾变和人类活动的压力条件下，受到破坏的自然生态系统的恢复和重建问题。生态系统的演替理论和干扰理论是国土空间生态修复的基础理论之一，恢复生态学对修复受损的生态系统结构、生物多样性恢复及持续性发展具有重大意义（王晓安，2019）。其基本理论如下：

一是演替理论。有研究表明，物种多样性的丧失与增加都会影响生态稳定性及生态系统功能和服务的可持续性，当生物多样性较低时，它能够增加整体生态系统的稳定性，而当生物多样性较高时则会削弱稳定性。通过人为手段对恢复过程加以调控，可以缩短恢复时间或改变演替方向，使受损生态系统的演替轨迹回到正常的方向上，从而节省生态环境投入、提升生态系统稳定性。

二是干扰理论。该理论是生态学中的重要组成部分，指在外来干扰的作用下，生态系统的功能和基本结构将发生改变，其根本原因是受到不同尺度、性质和来源的干扰，生态恢复便属于一项积极的干扰行为。根据不同分类原则，干扰可以分为自然干扰和人为干扰，内部干扰和外部干扰，物理干扰、化学干扰和生物干扰，局部干扰和跨边界干扰。常见的干扰类型包括火干扰、放牧、践踏、外来物种入侵、森林采伐、矿山开发及道路建设等。

恢复生态学的理论框架是自我设计理论和人为设计理论。自我设计理论强调生态系统的“自我恢复”，认为只要有足够的时间，退化的生态系统就将根据环境条件合理地组织自己并最终改变其组分；人为设计理论强调通过工程和植物重建措施进行恢复，恢复的类型是多样的。国土空间生态修复作为极具系统性、整体性和科学性的一项生态干扰活动，应遵循相关恢复生态学的基本理论和原理，把生态系统的自我能动性及人为活动的积极干预作用充分发挥出来。

2.2.5 景观生态学理论

景观生态学是一门在宏观尺度上研究景观类型的空间格局、景观单元的类型组成、景观生态过程的相互作用及其动态变化特征的学科（傅伯杰等，2001）。自然等级理论、尺度效应、整体性原理、格局-过程-服务理论及景观生态规划，可为国土空间生态修复提供重要支撑。其基本理论如下：

一是自然等级理论。该理论强调不同的生态学组织层次（如物种、种群、群落、生态系统、景观、区域等）分别具有不同的生态学结构和功能特征，等级是由若干个单元组成的有序系统，等级系统中的每一级组成单元相对于低层次表现出整体特性。

二是尺度效应理论。该理论强调生态平衡在一定程度上是自然界表现出的对研究对象与尺度（包括空间和时间尺度）相关的协调性，生态学系统的结构、功能及其动态变化在不同时空的尺度上表现不同，也会产生不同的生态学效应。

三是整体性原理。该原理强调景观是由不同生态系统和景观要素通过生态过程而联系形成的功能整体，一个健康的景观系统具有功能上的整体性和联系性。

四是格局-过程-服务理论。该理论强调生态系统空间格局与生态系统内物质、能量、信息的流动和迁移过程之间的相互作用关系，将直接影响生态系统服务功能的发挥与人类福祉的裨益。

五是景观生态规划。该规划强调研究景观格局与生态过程，以及人类活动与景观的相互作用，在景观生态分析、综合及评价的基础上，提出景观最优利用方案和对策及建议。

国土空间生态修复需要统筹考虑恢复生态系统的整体性、等级结构、时空尺度、格局与过程关系、地域分异规律及景观相似性，首要目标是在一定的在人为干预下，使具有一定景观生态关联的受损生态系统（如露天采场、排土场、矸石山等）实现系统的自我演替与更新（武泉等，2019；牛最荣等，2019）。根据不同类型的生态系统、地带性景观、区域、流域和资源域特征，考虑不同的空间尺度（对应于村镇、市县、省级、全国等），通过优化调控格局（空间结构）—过程（生态功能）—服务（人类惠益）关系，构建国土空间生态安全格局和生态功能修复技术体系，提高生态系统的稳定性，提升区域资源环境承载力和可持续发展水平。

2.2.6 水土保持学理论

水土保持是劳动人民在长期防治水土流失、发展农业生产的实践中发生和发展起来的一门科学，它研究地表水土流失的形式、发生和发展的规律及控制水土流失的技术措施、治理规划和治理效益等，以达到合理利用水土资源，为发展农业生产、治理江河与风沙、保护生态环境服务的目的（张金池等，2008）。水土保持学理论以经济学为基础，分析区域生态特征和生态经济优势，以期获得最大的生产力和最多的生态经济效益（徐海鹏等，1999）。生态系统控制理论就是通过水土系统实现生态恢复或使生态系统达到平衡（何昉等，2013）。研究水土资源的生态系统控制理论，一是从资源的景观生态学研究出发，对生态与非生物组分之间的相互作用进行研究，研究其结构功能类型，为水土保持规划服务；二是从生态经济学研究出发，研究人类经济活动与自然生态系统的相互关系。国土空间生态修复是通过自然恢复和人类活动的作用，统筹经济、社会及生态环境各方面的因素，综合考虑生态系统的结构和功能，从而实现生态系统的良性循环。水土保持的农业技术措施（等高耕种、沟垄种植、蓄水聚肥耕作、套种复种等）、林草措施（封山育林、退耕还林、人工促进天然林更新等）、工程措施（坡面治理工程、沟道治理工程、小型水利工程等）可为国土空间生态修复的目标制定和分类管理提供技术依据。

2.3 内涵、原则与存在的问题

2.3.1 内涵

国土空间生态修复是为了实现国土空间格局优化、生态系统稳定和功能提升的目标，按照“山水林田湖草是生命共同体”理念，站在更宏观的空间尺度上，针对不同空间尺度范围内因长期受到高强度国土开发建设、矿产资源开发利用及自然灾害等的影响而造成生态系统严重破损退化、生态产品供给能力不断下降的重要生态区域，进行的工程、化学与生物等综合性整治的措施。生态修复的内涵包括3个层面：

一是理论要素。以“山水林田湖草是生命共同体”理念为指导，实现国土空间和受损生态系统的“整体保护、系统修复与综合治理”。

二是基础认识。加强对区域生态保护和修复工作、生态破坏与环境污染现状的调查，明确人为活动、土地损毁、环境污染、栖息地丧失、景观破碎、生态退化等形式的扰动，做到实现源头控制至末端治理的全生态环境要素的认识和功能修复。

三是原则理论。具体包括综合性、系统性、协调性、创新性原则，以及系统工程、生态经济学、景观生态学、恢复生态学、水土保持学等基础理论，实现生态优先、绿色发展。

2.3.2 原则

根据“山水林田湖草是生命共同体”理念和生态环境协同治理理论，综合运用系统的、整体的、协调的、综合的方法，做好山、水、林、田、湖、草等自然资源和生态环境的调查、评价、规划、保护、修复和治理等工作。生态修复过程应遵循以下原则（图2-9）：

一是系统性修复原则。不能实施分割式管理，要充分尊重山、水、林、田、湖、草等的系统性，将系统修复理念与整体保护理念深入贯彻到修复工作中，运用系统论的方法管理自然资源和生态系统，全面、系统地开展生态修复与污染治理。

二是综合治理修复原则。生态修复工作要从全局角度出发，处理好生态系统中局部和整体的关系，加强顶层设计，整合部门举措，形成工作合力，以问题为导向，对生态退化及环境污染严重的区域展开综合治理，提高生态修复的技术和整体水平。

三是互补协调修复原则。结合山、水、林、田、湖、草等一体化保护和修复的实际情况，按照生态系统的耦合原理进行有序的治理与保护，加强多个领域之间的互补连通，提升社会经济发展与生态环境治理之间的协调性。

四是创新型修复原则。协同推进山、水、林、田、湖、草等生态保护修复与污染治理，正确处理生态环境投入与区域可持续发展的关系，建立健全长效管护机制，有效提高生态环境保护并恢复治理水平。

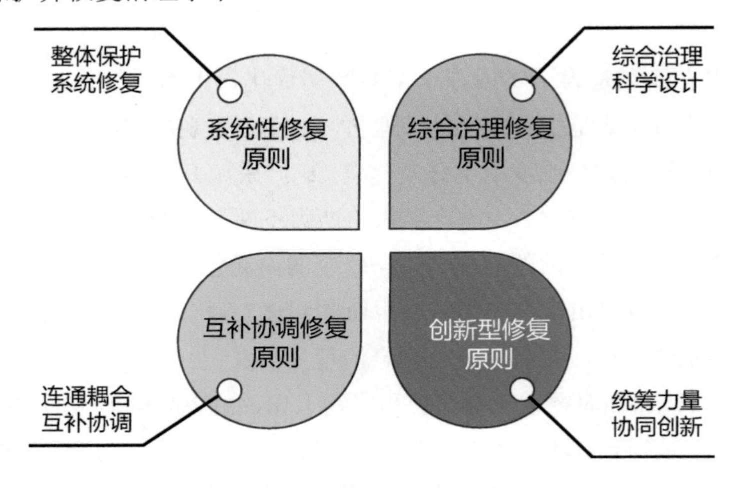

图 2-9　生态修复的原则

2.3.3　存在的问题

国土空间生态修复是一个复杂的系统性工程，涉及自然、社会、经济、工程等诸多方面，虽然在政策和项目落实方面已有一些研究和探索，但仍存在一些问题。

一是对生命共同体理念的认知和实践有待深入。“山水林田湖草是生命共同体”理念是对生态系统整体性与系统性的高度概括，需全要素整体保护、系统修复、综合治理（邹长新等，2018；吴钢等，2019）。现在各地开展的国土空间生态修复存在的问题（图2-10）是，忽略了构建国土空间生态修复的整体性，没有站在国土尺度上进行整体、全面的修复工作，也没有抓住修复应解决的关键问题；缺乏国土空间生态修复系统观，对构建生态系统结构、等级层次、环境污染和区域可持续发展的认识不足；缺乏国土空间生态要素统筹修复意识，对修复要实现的目标与各子系统、各要素协同发挥作用的关系研究不够（吴次芳等，2019；胡振琪等，2021）。

二是生态修复目标不明确。一方面，缺乏国土空间生态修复的战略性目标，各地没有确立5年、10年、20年、30年等的生态修复项目，国土空间生态修复存在一定的短期行为。国土空间生态修复应该是一个持续推进的动态过程，是一个由低级向高级不断推进的长期过程（高世昌，2018）。另一方面，缺乏国土空间生态修复的量化性目标。

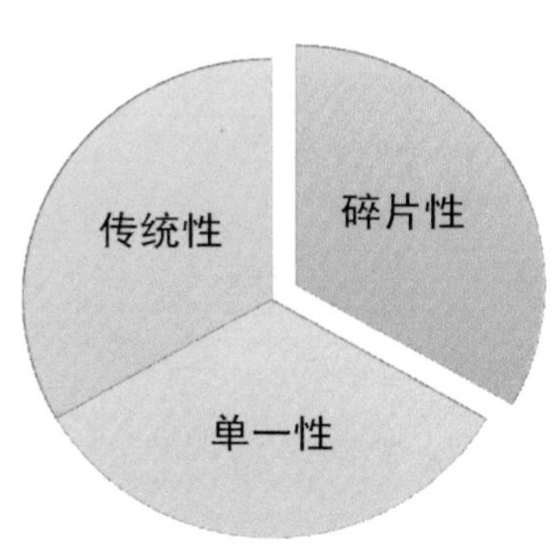

图 2-10　生态修复存在的问题

三是生态修复技术标准和规范不完善。生态修复技术是以生态工程修复对象为基础，提出适合当地生态环境修复与可持续发展的工程模式与支撑技术，重建可持续发展的新生态系统。目前，我国生态修复技术标准和规范不完善，缺乏国土空间生态修复规划设计规范、生态修复实施方案编制规范，以及国土空间生态修复技术标准与管理规范等，不利于落实“山水林田湖草是生命共同体”理念下的国土空间生态修复工作的开展。

四是生态修复技术的创新性不足。首先，缺乏先进的检测与监测设备，难以快速准确地识别大尺度、全域性国土空间的生态问题；对修复后的工程也缺乏持续的监测设备与分析技术。其次，缺乏生态型修复材料与装备，生态修复大多采用传统的建筑材料，一些地方因大量使用混凝土导致生态系统被分割。最后，缺乏生态修复先进技术，亟须研发一批生态修复与污染土地、水环境治理及减污降碳、固碳增汇等领域的协同治理关键技术。

五是生态修复体制机制不完善。一方面，国土空间生态修复概念目前尚无统一认识，缺乏生态环境全要素协同治理；另一方面，各个部门的管理不统一，没有统一协调起来，不同部门重复投入资金，没有达到预期的生态修复效果，造成资源和资金的浪费。

第3章　生态修复模式与技术

近年来，生态修复理论在国际上不断完善，修复对象从自然要素转向社会-生态要素，目标从生态系统结构与功能优化转向人类生态福祉提升，尺度从局地生态系统健康改善转向多尺度生态安全格局塑造等（Budiharta et al.，2016；Lorite et al.，2021）。我国学者通过大量实践提出地貌重塑、土壤重构、植被重建、景观重现、生物多样性重组与保护的"五元共轭论"，以指导矿山生态修复实践（白中科等，2018）。恢复生态系统功能不是简单地进行土地复垦/植被恢复，而是强调已经被破坏或者退化的生态系统功能的整体提升。然而在协同治理视角下，矿区生态修复不仅要考虑主导生态功能和国土空间规划约束下自然生态系统的修复，还要考虑与区域经济社会系统的匹配问题（李海东等，2018）。本章结合前期的工程实践研究提出了矿区生态修复模式，从地形整治与防护、边坡与崖壁植被恢复、露天采场整治与利用、植被恢复方法、生态修复方向确定及质量控制要求等方面构建了矿区生态修复技术体系，以期为矿区生态环境协同治理和区域可持续发展提供技术支撑。

3.1　生态修复模式

3.1.1　景观相似性恢复模式

该模式以恢复与重建植被为主，是常用的生态修复模式，主要用在重要交通干线两侧可视范围内、河流湖泊周边、自然保护地及风景名胜区周边。其主要目标是通过植被恢复提高植被覆盖度，改善生态环境，消除视觉污染（图3-1）。该模式的特点是工艺技术单一（基于地带性景观相似性进行生态复绿或将其恢复为地带性景观）、见效快、投资相对较低，技术措施包括挂网客土喷播、鱼鳞坑（种植槽）穴植、植生袋、藤蔓植物攀爬、苗木补植等。

图 3-1 南京市青龙山废弃矿山生态修复效果

对于土质贫瘠、坚硬，边坡坡度较大（一般＞35°）的基岩边坡，通过削坡、降坡和清坡消除危岩及崩塌灾害隐患。在边坡≤55°且坡面平顺的情况下，采用挂网客土喷播，并可结合苗木补植；在边坡＞55°或坡面地形复杂时，则采用鱼鳞坑（种植槽）穴植、植生袋、藤蔓植物攀爬等方法。

对于土质较好或坡度较小（一般≤35°）的基岩边坡，清坡后一般采用普通喷播或苗木补植。

自然景观恢复模式一般采用混播、混种、栽植等形式进行生态复绿。复绿后的第一年，种植的草种可快速成坪；第二年后，混播的花草、灌木及乡土树种生长旺盛、根系盘结，生态防护作用显著；第三年后，逐步形成一个乔、灌、草混交的近自然植物群落，生态效益突出。通过对边坡进行复绿，使原有裸露的山体得到有效的防护，不仅可以防止水土流失和滑崩灾害的发生，而且地表景观迅速复绿可以减少视觉污染（图3-2）。

（a）复绿前的原貌

（b）复绿后的效果

图 3-2 生态复绿前后对比

3.1.2 土地复垦再利用模式

采矿废弃地以土地复垦和利用为主，结合地域分异规律及不同生态区特点，按照“宜农造田、宜渔开塘、宜林植树、宜牧养殖、宜工建厂、宜居建房”的原则进行采矿废弃地复垦，或使其恢复到可供利用的状态，成为国土空间综合开发利用的组成部分（图3-3）。

图 3-3 露天矿山生态修复工程

一是土地复垦。根据《土地复垦质量控制标准》，复垦目标为林地、草地、人工水域与公园、建设用地、耕地和园地。采矿废弃地土地复垦需要因地制宜，可作为经济林、果树、苗圃、鱼塘等用地，以最大限度地发挥土地复垦的经济效益。

二是适度开发利用。根据国土空间总体规划、《土壤环境质量 建设用地土壤污染风险管控标准（试行）》（GB 36600—2018）等，结合区域社会经济发展需要，明确采矿废弃地开发利用思路，对能适度开发利用的在规划许可的条件下适度开发利用，建设成厂房、休闲度假区、居民区等。

三是土地置换、出让或储备。基于国土空间和自然资源保护利用规划、土地利用规划等，将原采矿废弃地复垦、验收合格后纳入农用地管理，作为建设用地置换指标；或将国有采矿废弃地整治为建设用地，纳入政府土地储备，通过土地出让或捆绑出让、土地储备、复垦置换为建设用地指标，吸引民间资本投资进行矿区生态环境治理。

四是综合整治。结合城市规划、旅游规划、新农村建设规划、土地利用现状与土地利用规划等相关规划，实施边坡生态复绿、废弃地土地复垦、景观营建、旅游开发及产业发展等，减少项目二次建设，节省资金、缩短工期，创造良好的生态、经济与社会效益。

3.1.3 自然公园营造模式

1. 园林景观模式

该模式主要用于城市建设规划区或居民集中居住区，包括地质灾害治理、地形地貌改造、景观生态修复、配套设施营造4个步骤。主要方法是利用采矿遗留的地形地貌，在消除崩塌、滑坡、塌陷等地质灾害隐患，确保安全稳定的前提下，通过园林景观设计进行地形地貌改造，通过植被恢复和生态功能提升进行景观生态修复，辅以廊、亭、道、泉、摩岩石刻等景观元素，形成以主题公园、文化游憩广场等为主要形式的景观节点，在提升生态环境质量的同时，改善周边的人居环境（图3-4）。该模式的特点是以景观建设为主，工艺相对复杂、投资相对较高。

图 3-4 苏州市高景山生态修复前后

2. 湿地公园模式

湿地公园是指拥有一定规模和范围，以湿地景观为主体，以湿地生态系统保护为核心，兼顾湿地生态系统服务功能展示、科普宣教和湿地合理利用示范，蕴含一定文化或美学价值，可供人们进行科学研究和生态旅游，应予以特殊保护和管理的湿地区域。该模式是针对采煤塌陷地治理所采取的景观再造模式。塌陷地治理主要在稳沉区，治理措施是采用分层剥离、交错回填、煤矸石充填等方式对“田、水、路、林、村”进行综合治理（图3-5）。相关标准有《国家湿地公园建设规范》（LY/T 1755—2008）和《土地复垦质量控制标准》等。

图 3-5 徐州市潘安湖国家湿地公园

3. 绿色矿山模式

依据自然资源部发布的《绿色矿山评价指标》《绿色矿山遴选第三方评估工作要求》（自然资矿保函〔2020〕28号），以及原国土资源部发布的《关于贯彻落实全国矿产资源规划发展绿色矿业建设绿色矿山工作的指导意见》（国土资发〔2010〕119号）和《国家级绿色矿山基本条件》等相关要求，开展绿色矿山建设。通过园林绿化与景观营造，达到“矿区环境优美”的要求，营造良好的生产、生活环境。该模式以生态环境保护为目标，着重于矿区园林绿化建设，提高植被覆盖度，以景观营造步道及运动休闲广场，结合和谐社会建设、企业文化建设，促进矿山企业的可持续发展。矿山地质环境治理是绿色矿山建设的一项重要内容。

4. 地质遗迹保护模式

地质遗迹是地球历史的物证，是现今生态环境的重要组成部分，是一种特殊的自然资源，是人类的宝贵财富。地质遗迹是一种不可再生的资源，切实保护好珍贵的地质遗迹资源对促进国民经济发展、改善人民生活和生态环境具有重要的意义。采矿揭露的地质景观、典型地层、岩性、化石剖面或古生物活动遗迹等是不可再生的地质遗产，具有特殊的地学研究意义。该模式的景观营造要求如下：

一是必须突出地质公园主题，从公园整体到局部都应围绕公园主题安排（图3-6）；

图 3-6　江苏六合国家地质公园

二是景点必须以地质自然景观为主，突出科技情趣、自然野味，以人文景观做必要的点缀，起到画龙点睛的作用，矿山地质环境治理、设置人造景点应以不破坏地质遗迹景观与总体相协调为前提条件；

三是静态空间布局与动态序列布局紧密结合，处理好动与静的关系并使之协调，构成一个有机的艺术整体；

四是景点的连续序列布局沿山势、河流水系、道路、疏林、草地等自然地形、地物设置展开，正确运用断续、起伏曲折、反复、空间开合等手法构成多样统一的鲜明、连续的风景节奏。

5．矿山公园建设模式

矿山公园是以展示矿业遗迹为主体，建成集矿业文化、地质环境保护、娱乐、游览、休闲、科普教育于一体，可供人们游览观赏、科学考察的特定的空间地域（图3-7）。矿山生态修复与景观改造利用矿山多位于山区且周围多林木、奇石、秀水等特点，将矿山环境建设成为符合国家标准、与周围环境相和谐的景观游览地。这是谋求人与自然和谐相处的一种有益尝试，是矿山生态环境治理和保护的最高境界。

矿业遗迹包括地质遗迹、开发史籍、生产遗址、活动遗迹、矿业制品及有关活动的人文景观。现存的矿业遗迹已成为人类文明发展的重要标志，矿山公园合理利用宏伟壮观的矿区地形地貌现状，揉和地域文化特色，突出对现有地质环境的利用及对矿业文化的感知（图3-8）。矿山公园建设可以充分展示人类社会发展的历史进程和人类改造自然的客观轨迹，宣传和普及科学知识，使游人寓教于乐、寓教于游。

图 3-7　象山国家矿山（地质）公园

图 3-8　南京冶山国家矿山公园

3.1.4 生态环境导向的开发模式

根据生态环境部办公厅、国家发展改革委办公厅、国家开发银行办公厅印发的《关于推荐生态环境导向的开发模式试点项目的通知》（环办科财函〔2020〕489号），生态环境导向的开发（Ecology-Oriented Development，EOD）模式以习近平生态文明思想为引领，以可持续发展为目标，以生态保护和环境治理为基础，以特色产业运营为支撑，以区域综合开发为载体，采取产业链延伸、联合经营、组合开发等方式，推动公益性较强、收益性差的生态环境治理项目与收益较好的关联产业有效融合，统筹推进，一体化实施，将生态环境治理带来的经济价值内部化。这是一种创新性的项目组织实施方式。

根据《关于同意开展生态环境导向的开发（EOD）模式试点的通知》（环办科财函〔2021〕201号）和《关于同意开展第二批生态环境导向的开发（EOD）模式试点的通知》，目前矿区生态修复类EOD试点项目已资助9个（表3-1）。EOD模式通过科学制定矿区生态修复目标，将生态环境治理项目与资源、产业开发项目有效融合，着力解决生态环境治理缺乏资金来源渠道、总体投入不足、环境效益难以转化为经济收益等“瓶颈”问题，以期推动实现生态环境资源化、产业经济绿色化，提升区域可持续发展能力。

表3-1 生态环境导向的开发模式试点项目

序号	项目名称	年份	省份
1	阜新市百年国际赛道城废弃矿区综合治理项目	2021	辽宁
2	马鞍山市向山地区生态环境导向的开发项目	2021	安徽
3	唐山市东部开平采煤沉陷区生态环境导向的开发项目	2022	河北
4	辽源市北部采煤沉陷区生态环境导向的开发项目	2022	吉林
5	信阳市上天梯非金属矿山生态修复与绿色矿业开发项目	2022	河南
6	韶关市曲江区生态环境导向的煤矸石综合利用项目	2022	广东
7	个旧市有色金属矿区生态环境导向的开发项目	2022	云南
8	海西州大柴旦行委矿山综合治理生态环境导向的开发项目	2022	青海
9	第十二师西山新区生态环境导向的开发项目	2022	新疆

马鞍山市向山地区EOD项目的试点目标，从近期（3～5年）来看，要求环保问题得到整改、矿山环境得到修复、水质得到净化，人居环境稳步提升，产业配套不断完善，产业基础基本形成，矿山修复和绿色矿山、智慧矿山建设成效显著，在两河源头水环境治理、绿色矿山生态修复、耕地复垦、空气治理、矿区整治、人居环境、基础设施、产业发展等方面取得一定成效。具体包括完成采石河、慈湖河源头环境综合整治，显著提

升生态系统功能，有效改善马鞍山市的城市人居环境；完成笔架山铁矿、凹山铁矿、大王山丁山矿区等矿山生态修复工程，改善向山地区整体生态环境，助力打造特色产业文旅基地；完善马鞍山公共基础设施布局，打通交通“瓶颈”，发挥交通优势，为区域经济发展提供基础保障；推进尾矿资源开发利用，解决生态治理资金不足等问题。加快马鞍山城区产城融合，强化科技支撑，建设优质产业园区，实现产业聚焦与多元化；打造马鞍山山水林田湖草一体化保护和修复示范样板。从远期（5～25年）来看，要求构筑马鞍山市“城镇集聚美丽、环境宜居宜业、矿区生态修复、产业融合发展”的生态文明新格局，将马鞍山地区大生态带打造成“山青、水绿、林郁、田沃、湖美”的生命共同体；推动实现生态环境资源化、产业经济绿色化，提升环保产业可持续发展能力，促进生态环境高水平保护和区域经济高质量发展；将马鞍山市建设成全国矿区生态修复示范区、长江支流源头水环境综合整治示范区、长江经济带资源型城市转型发展示范区、长三角绿色转型发展示范区。图3-9展示了马鞍山市向山地区的生态环境现状。

（a）水土流失

（b）废弃采矿场

（c）林草植被恢复

（d）修复后的采矿场

图 3-9　马鞍山市向山地区生态环境现状

3.2 生态修复技术

根据矿区土地损毁类型和生态环境特点，结合《生产建设项目水土保持技术标准》（GB 50433—2018）、《土地复垦质量控制标准》和《矿山生态环境保护与恢复治理技术规范（试行）》（HJ 651—2013）等，矿区生态修复包括以下技术要点。

3.2.1 地形整治与防护

矿产资源开发改变了原有的地质环境结构，地形整治不仅可以使边坡稳定并同周边地表景观相协调，而且能为生态修复工程提供植物生存的基础。

1．边坡削方

坡率法在露天开采边坡环境治理中应用较普遍，它是指通过采用填方、挖方（削方）及设置安全平台等技术措施，控制边坡的高度和坡度，达到边坡自身稳定的治理方法。坡率法适用于整体稳定条件下的岩质或土质边坡，采用该方法时应尽可能结合坡顶与坡面的削坡减载及陡立坡脚的回填压脚。边坡削方（图3-10）的具体方法如下：

（1）土质边坡的最终坡度角一般控制在≤35°，当边坡高度超过一定高度（8 m）时，其下部边坡坡度一般≤30°，高度超过12 m的边坡，一般应设置安全平台；

（2）填石边坡结合填石种类、特征及物理力学性质确定其最终坡度，边度高度一般不超过12 m，坡度一般控制在40°～45°，高度超过12 m的边坡，一般应设置安全平台；

（3）岩质边坡削方的最终坡度应综合考虑水文地质条件、边坡高度、施工方法等因素，岩石种类、风化和破坏程度也是决定坡率的主要因素，当边坡高度大于20 m时，应设置安全平台，平台的宽度不宜<2 m，并应考虑施工机械作业需要。

图 3-10 边坡削方

为满足坡面植被恢复的需要，最终坡度角一般≤55°，对于软石、强风化岩石、节理发育、外倾结构面及顺层边坡，应通过边坡稳定性分析计算确定最终坡度。

2. 边坡防护

在无法进行边坡削方施工时，为保证边坡的稳定性、防止边坡崩塌和滑坡，可采用锚杆、格构进行边坡防护，以服务边坡植被恢复（图3-11）。具体方法如下：

（1）锚杆支护。钻孔孔径一般为90～150 mm，按2.0 m×2.0 m～4.0 m×4.0 m的间距布置，全黏结构造，锚杆穿过滑面（或潜在滑面），入射角度一般为15°。根据锚杆杆体的抗拉强度、锚杆锚固体的抗拔强度进行计算，确定锚杆直径、长度等。锚杆放入钻孔前，应检查其防腐措施是否到位，安放杆体时应防止扭压和弯曲。注浆管要随杆体一同放入钻孔，杆体放入角度应与钻孔保持一致，并不得损坏防腐层。注意锚杆清洁，若钢筋在搬运过程中粘泥，则必须进行清洗。

（2）格构。一般主要用于连接锚杆，一般间距为2～3 m，格构梁尺寸一般为300 mm×300 mm，梁内设置纵向受力钢筋、箍筋。格构梁一般每20 m宽设置一伸缩缝，缝宽2～3 cm，缝内填塞沥青麻筋或沥青木板。

（3）灌浆：锚杆头部的灌浆体要进行清理，要用细石混凝土将灌浆体接入梁体内50 mm，以保证面层与锚杆头部的密封。保证钢筋保护层的厚度、钢筋的搭接长度、钢筋的间距。混凝土浇筑时要保持表面平整、湿润光泽，无干斑及滑移流淌的现象。混凝土终凝后洒水养护7天。

图 3-11 边坡防护

3. 抗滑桩

抗滑桩一般用于边坡滑坡防治。根据滑坡体的最大推力进行抗滑桩结构设计。施工工序包括施工准备、桩孔开挖、地下水处理、护壁、钢筋笼制作与安装、混凝土灌注、混凝土养护等。桩孔一般以人工开挖为主，开挖前应平整孔口，做好施工区的地表截、排水及防渗工作，孔口应加筑适当高度的围堰（图3-12）。具体方法如下：

（1）采用间隔方式由浅至深、由两侧向中间的顺序施工。孔口做锁口处理，桩身作护壁处理。一次开挖深度一般在自稳性较好的可塑-硬塑状黏性土、稍密以上的碎块石土或基岩中为1.0～1.2 m，在软弱的黏性土或松散、易垮塌的碎石层中为0.5～0.6 m，在垮塌严重的地段应先注浆后开挖。每开挖一段应及时进行岩性编录，核对滑面（带）情况，发现异常及时向建设单位和设计人员报告，并及时变更设计。挖出弃渣应立即运走，以防止诱发次生灾害。

（2）在桩孔开挖过程中应及时进行钢筋混凝土护壁，单次护壁高度根据一次最大开挖深度确定，建议为0.5～1.0 m。护壁后的桩孔应保持垂直、光滑。

（3）对露出地表的抗滑桩应及时用麻袋、草帘加以覆盖，并浇清水进行养护。在混凝土灌注过程中，应取样做混凝土试块。水下灌注时，导管应位于桩孔中央，底部设置性能良好的隔水栓，导管直径宜为250～350 mm。导管使用前应进行试验，检查水密、承压和接头抗拉、隔水等性能。

图 3-12　抗滑桩

4．排水系统

坡面排水工程应结合工程地质、水文地质及降雨条件设置。坡面排水的合理工程设计应有利于将水流直接引离边坡，并通过坡内排水设施截走地下水（图3-13）。坡面排水工程一般均应在坡顶、坡面、坡脚和平台设置排水措施。其中，设置坡顶截水沟的目的是为保证上部集水面积的汇流不对边坡露采面形成冲刷，边坡上应设置平台排水沟、纵向排水沟。同时，为避免水流方向的突然改变，一般在坡面上应设置急流槽，或设置多级跌水等。

图 3-13　排水系统

注意事项如下：

（1）排水沟渠纵坡坡度和出水口间距应使沟内水流的流速不超过沟渠最大允许流速，超过时应对沟壁采取冲刷防护措施；

（2）坡脚排水沟可采用浆砌块石砌筑，坡顶及坡面排、截水沟宜采用钢筋混凝土浇筑，以保证沟体有足够强度以承担水流冲刷；

（3）为防止沟渠淤塞，沟底纵坡坡度一般不宜＜0.50%；

（4）沟渠的顶面高度应高出设计水位0.10～0.20 m；

（5）排水沟砌筑前，基础应平整密实，沟体材料及施工质量应符合相关标准，对边坡上的裂隙及溶洞等可能发生涌水的区域，采用暗管或暗沟引离坡面。

3.2.2　边坡与崖壁植被恢复

在消除边坡地质灾害隐患、确保边坡稳定的前提下开展植被恢复，使治理后的效果与周边自然环境相协调，应因地制宜、量力而行、综合治理，突出生态效益和社会效益，并兼顾经济效益。

1．土壤和肥料

在植被恢复前，应按照相应的土壤环境质量分类和标准分级对边坡土壤进行检测，如出现不适宜的种植土，则应进行改良或更换处理。表土设置应尽可能选用含腐殖质及物理性能良好的土壤。在植被生长的基础期和后期施用的肥料，应结合植物种类的生物特性进行选择。

2．适生植物种

应优先考虑能适应陡峻地形、贫瘠土壤、困难立地等生境条件。基于生态学特点和立地条件要求，适生植物种筛选应遵循以下原则：

（1）适应当地的气候条件；

（2）选择生长快、再生能力强、易繁殖、固氮能力强，适应当地的土壤条件（水分、pH、土壤性质等）；

（3）以地带性植被、乡土树种为主，抗逆性强（包括抗旱、热、寒、贫瘠、病虫等），采用多年生草本植物、藤本植物与小灌木等浅根性植物进行配置；

（4）地上部分较矮，根系发达，生长迅速，能在短期内覆盖坡面；

（5）适地适树（草），越年生或多年生；

（6）适应粗放管理，能产生适量种子；

（7）种子易得且成本合理；

（8）适当引进外来植物。

3．植物群落构建

边坡植物群落应起到防止水土流失（抗侵蚀）、加固边坡的作用，同时应具有易繁殖的特性，有利于实现正向生态演替、景观美化及生态功能提升的效果。植物群落设计应结合困难立地的实际情况和适生植物种筛选，基于地形特点建立适宜的植物群落。适宜植物群落的构建，应与周边自然相协调，并具备以下基本条件：植物的生物学、生态学特性适应于自然；植物群落所具有的功能近似于自然；植被的景观近似于自然。植物群落配置模式包括草、草-灌、草-灌-乔等。一般情况下，高陡岩质边坡首先以建立草本型或草灌型植物群落为宜。

3.2.3 露天采场整治与利用

1．场地整治与覆土

露天采场的整治和覆土方法应根据场地的坡度来确定。水平地和15°以下的缓坡地可采用物料充填、底板耕松、挖高垫低等方法；15°以上的陡坡地可采用挖穴填土、砌筑植生盆（槽）填土、喷混、阶梯整形覆土、安放植物袋、石壁挂笼填土等方法。

2．植被恢复

非干旱地区的露天采场边坡应恢复植被。边坡恢复措施及设计要求应符合《生产建设项目水土保持技术标准》的相关要求。位于交通干线两侧、城镇居民区周边、景区景点等可视范围内的采石宕口及裸露岩石，应采取挂网喷播、种植藤本植物等工程和生物措施以进行恢复。

3．恢复利用

平原地区的露天采场应在平整、回填后进行生态恢复，并与周边地表景观相协调，位于山区的露天采场可保持平台和边坡。露天采场回填应做到地面平整，充分利用工程前收集的表土和露天采场风化物覆盖于表层，并做好水土保持与防风固沙措施。恢复后的露天采场进行土地资源再利用时，在坡度、土层厚度、稳定性、土壤环境安全性等方面应满足相关用地要求。

3.2.4 植被恢复方法

植被恢复一般采用穴植和播种的方法。穴植法又分带土球栽植、客土造林、春整春种、秋整春种等几种栽植方法。其中，带土球栽植即实生苗带着原来的生植土种植；客土造林即在每穴中都换成适于植物生存的土壤后种植树种；春整春种即春季造林时整地与植苗同时进行，造林时间宜早不宜迟；秋整春种即在造林前一年的秋季提前整地，翌年春季造林。

1. 挂网客土喷播法

该技术是一种适合在贫瘠土及石质边坡上进行植被建植的新技术，即将客土（生育基础材料）、纤维（生育基础材料）、侵蚀防止剂、缓效性肥料及种子等按一定比例配合，加入专用搅拌设备中，充分混合后通过泵、压缩空气喷射到坡面，形成所需的基层厚度，从而实现绿化的目的。客土可以由机械拌和，挂网实施容易，因此施工的机械化程度高、速度快，且植被防护效果良好，基本不需要养护即可维持植物的正常生长。该技术已逐步在废弃的露天开采矿山岩质边坡绿化中得到广泛应用。其要点如下：

（1）边坡条件：一般用于稳定的土质边坡及较陡的岩质边坡和废矿堆场边坡，岩质边坡坡度角≤55°，边坡较高的坡面宜设置台阶，台阶高度以不超过20 m为宜，以免由于承载过重造成镀锌铁丝网撕毁或脱落。

（2）施工季节：施工宜在春季和秋季进行，应尽量避免在夏冬季，特别是寒冷季节施工，以保证种子的发芽率及苗木的成活率。

（3）坡面清理：主要清理片石、碎石、杂物，刷平坡面，为铺平铁丝网打好基础。坡面的凹凸度最大不超过±300 mm。对于光滑岩面，需要通过加密锚杆或挖掘横沟或打植生孔等措施进行处理，以免客土下滑。对于个别反坡，可用草包土回填。

（4）铺挂铁丝网：采用≥14号的镀锌铁丝，网眼边长≤50 mm，网面须向坡顶延伸0.5～1.0 m，开沟并用桩钉固定后回填土或埋入截水沟中；坡顶固定后，自上而下铺设，网与网之间采用平行对接（图3-14）。

（5）锚杆：按0.50 m间距布置，孔向与坡面基本垂直。将锚杆埋入锚孔后用水泥砂浆灌注孔穴，以牢固锚杆。

（6）固网：网边搭接以平行连接为好，用边缘网眼左右挂入锚杆并扎紧，左右两片网之间重叠宽度≥100 mm，重叠处锚钉间距为200～300 mm，两网之间的缝隙需用铁丝

图 3-14　铺挂铁丝网

扎牢。对于表层为碎石土的边坡，在平整压实的情况下，锚杆锚入下部稳定层（基岩）的深度≥0.20 m。

（7）喷混材料：喷混材料主要由土壤、有机质、化学肥料、保水材料、黏合剂、pH 缓冲剂等组成，混合后的有机物含量宜为40%～50%，碳含量宜低于30%（图3-15）。

（8）喷播：一般厚度≥10 cm，应分两次进行。先喷射不含种子的混合料，厚度为 80～100 mm，再喷射含有种子的混合料，厚度为20～30 mm（图3-15）。

图 3-15　喷射基质和种子

（9）初期养护：覆盖无纺布、草帘或遮阳网，在喷射后覆盖无纺布可以防止雨水冲刷和阳光暴晒；在种子损失严重的情况下，实施补播；喷灌时水要喷透，但不能产生水土流失和坡面径流，以防止基底材料被冲垮；由于常绿乔、灌木种子发芽率较低，在喷播结束后应及时进行常绿品种乔、灌木苗木的补栽，密度为8～12株/m^2，苗木高度约为1 m。

2．鱼鳞坑种植法

鱼鳞坑整地一般先将表土堆于坑的上方、心土放于下方筑埂，然后再把表土回填入坑。坑与坑多排成三角形，以利于保土蓄水，由于形似鱼鳞，故称“鱼鳞坑”。鱼鳞坑的大小随地表径流而定。

鱼鳞坑整地既可用于造林，又是一种简单的坡面水利工程措施。鱼鳞坑从造林开始就可以控制水土流失，并为幼林生长创造有利条件。鱼鳞坑整地不受地形限制，适用于各种条件的地区，在地形复杂、支离破碎的沟壑及石质山地都可以采用（图3-16）。在边坡岩体裂隙较多、坡面平整度较差、岩质疏松、沟槽面积较大或陡坡下部的平台区域，以2 m×2 m左右的密度开凿或砌筑鱼鳞坑，其内覆土种植乔木、灌木、藤本植物等。一般坑穴面积约为0.50 m^2（直径约为0.80 m），坑深在0.60 m以上。砌筑结束后，应及时做好墙体水泥凝固期内的养护工作。

图 3-16　修筑鱼鳞坑

3．种植槽复绿法

该方法适应于高陡崖壁、无法进行鱼鳞坑种植的坡面。具体步骤是，首先对坡面进行清坡修整，消除崩塌隐患，清除浮石、悬石；然后沿水平方向按一定密度锚入锚钉，锚钉与坡面成45°并加横筋，形成种植槽的钢筋框架；最后在钢筋框架下垫一块模板，制作现浇种植槽，要求种植槽与岩面完全密封（图3-17）。

将营养土填入槽内时，应按一定株距栽种选定的苗木并撒播草种。按上下间距1 m，每隔40 cm用Φ 30钻头与坡面成45°钻孔，孔深为500 mm。在钻孔内锚固Φ 20螺纹钢材（作为主筋），外露500 mm，并用1︰2水泥砂浆进行锚固。然后，用Φ 8光圆钢材加横筋（作为分布筋）用铁丝扎牢。用C20混凝土现浇种植槽，种植槽的规格为厚80 mm，质量要求横平竖直。

图 3-17 种植槽复绿法

4．液压喷播法

该方法又称水力播种法，即将草籽、肥料、种子黏着剂、土壤改良剂等按一定比例在混合箱内配水搅匀，通过机械加压喷射到边坡坡面的一种建植草坪的新技术。由于不需挂网，施工简单、速度快（一台喷播机可植草坪5 000～10 000 m^2/d），防护效果好（60天内基本覆盖、1年生态成型），工程造价相对较低。液压喷播法适用于边坡＜45°、岩层表面较粗糙且凹凸不平的岩面。

利用自然降雨或人工洒水进行平衡，平衡后分阶段进行植被恢复工作。第一阶段以速生的先锋植物为主，主要选择阳性、抗逆性强的草本、豆科植物，迅速固土蓄水，遮阴防晒、改良土壤；第二阶段根据总体生长情况、成活效率补种其他耐性植物，以形成相对稳定的植物群落，逐渐实现自然演替。

3.2.5 生态修复方向的确定

1．露天采场

对于深度＜1.0 m的不积水浅采场，在天然状态下或人工修复后可满足地表水、地下水径流条件时，经过削高垫洼，可复垦成耕地。对于不积水露矿深挖损地（含薄覆盖层的深采场、厚覆盖层的浅采场和厚覆盖层的深采场3种），适于复垦为林地。对于浅积水露天采场，可进一步深挖、筑塘坝复垦为渔业（养殖业）用地；若位于城镇附近，可复垦为人工水域和公园；积水在3 m以上，可复垦为渔业（含水产养殖）或人工水域和公园。当露天采场用于建设用地时，应进行场地地质环境调查，查明场地内崩塌、滑坡、断层、岩溶等不良地质条件的发育程度，确定地基承载力、变形及稳定性指标。

2．取土场

对于大型取土场，生态修复可参照露天采场执行。对于小型取土场，能够回填恢复的，应参照国家有关环境标准尽量利用废石、垃圾、粉煤灰等废料回填：复垦为耕地时，表土厚度≥50 cm；复垦为园地时，表土厚度≥30 cm；复垦为林地、草地时，表土厚度≥30 cm。

3．废石场

新排弃废石应立即进行压实整治，形成面积大、边坡稳定的复垦场地。对于已有风化层的废石场，层厚在10 cm以上、颗粒细、pH适中的可进行无覆土复垦，直接种植植被；风化层薄、含盐量高或具有酸性污染时，应经调节pH至适中，覆土厚度在30 cm以上。对于不易风化的废石场，覆土厚度应在50 cm以上。具有重金属等污染时，如果复垦为农用地应铺设隔离层，再覆土50 cm以上。废石场的配套设施应有合理的道路布置，排水设施应满足场地要求，设计和施工中应有控制水土流失措施，特别是控制边坡水土流失的措施。

4．工业场地

不再使用的厂房、堆料场、沉沙设施、垃圾池、管线等各项建（构）筑物和基础设施应全部拆除，并进行地表景观和植被恢复。转为商住等其他用途的，应开展污染场地调查、风险评估与修复治理。地下开采的矿山闭矿后，应将井口封堵完整，采取遮挡和防护措施，并设立警示牌。

3.2.6 质量控制要求

1．林地

林地的有效土层厚度应＞20 cm，西部干旱区等生态脆弱区可适当降低标准；确无表土时，可采用无土复垦、岩土风化物复垦和加速风化等措施。

林地道路等配套设施应满足当地同行业工程建设标准的要求，林地建设满足《生态公益林建设　规划设计通则》（GB/T 18337.2—2001）和《生态公益林建设　检查验收规程》（GB/T 18337.4—2008）的要求。

3～5年后，有林地、灌木林地和其他林地的郁闭度应分别高于0.3、0.3和0.2，西部干旱区等生态脆弱区可适当降低标准；定植密度应满足《造林作业设计规程》（LY/T 1607—2003）要求。

2．草地

复垦为人工牧草地时，地面坡度应＜25°。

草地的有效土层厚度应＞20 cm，土壤具有较好的肥力，土壤环境质量符合《土壤环境质量　农用地土壤污染风险管控标准（试行）》（GB 15618—2018）规定的土壤环境质量标准。

配套设施（灌溉、道路）应满足《灌溉与排水工程设计标准》（GB 50288—2018）、《人工草地建设技术规程》（NY/T 1342—2007）等当地同行业工程建设标准要求。

3～5年后，复垦区单位面积产量应达到周边地区同土地利用类型中等产量水平，牧草有害成分含量符合《粮食卫生标准》（GB 2715—2005）。

3．人工水域与公园

露采场、沉陷地等损毁土地用作人工湖、公园、水域观赏区时，应与区域自然环境协调，有景观效果，其水质符合《地表水环境质量标准》（GB 3838—2002）中Ⅳ类、Ⅴ类水域标准。

排水、防洪等设施应满足当地标准。沿水域布置树草种植区，以控制水土流失。

4．建设用地

场地地基承载力、变性指标和稳性指标应满足《建筑地基基础设计规范》（GB 50007—2011）的要求；地基抗震性能应满足《建筑抗震设计规范》（GB 50011—2016）的要求。

场地基本平整，建筑地基标高应满足防洪要求。

场地污染物水平降至人体可接受的污染风险范围内。

5．耕地

旱地田地面坡度不宜超过25°。复垦为水浇地、水田时，地面坡度不宜超过15°。

有效土层厚度＞40 cm，土壤具有较好的肥力，土壤环境质量符合《土壤环境质量　农用地土壤污染风险管控标准（试行）》规定的土壤环境质量标准。

配套设施（包括灌溉、排水、道路、林网等）应满足《灌溉与排水工程设计标准》和《高标准基本农田建设标准》（TD/T 1033—2012）等标准，以及当地同行业工程建设标准要求。

3～5年后，复垦区单位面积产量达到周边地区同土地利用类型中等产量水平，粮食及作物中的有害成分含量符合《粮食卫生标准》。

6．园地

地面坡度宜＜25°，有效土层厚度＞40 cm，土壤具有较好的肥力，土壤环境质量符合《土壤环境质量　农用地土壤污染风险管控标准（试行）》规定的土壤环境质量标准。

配套设施（包括灌溉、排水、道路等）应满足《灌溉与排水工程设计标准》等标准及当地同行业工程建设标准要求。有控制水土流失措施，边坡宜进行植被保护，满足《水土保持综合治理技术规范》（GB/T 16453—2008）的要求。

3～5年后，复垦区单位面积产量达到周边地区同土地利用类型中等产量水平。

第4章　矿区生态环境监测技术

矿山地质环境是生态环境的重要组成部分。矿区生态环境监测是开展矿山地质环境治理和生态修复成效评估的技术基础，可为生态环境协同治理提供多源数据支撑。作为一种受人类活动高强度干扰的复合生态系统，矿区生态修复成效评估是表征矿界范围、生态破坏和环境污染影响区“点—线—面”尺度效应的客观需要，需要高精度和多维度的数据支撑。本章结合传统的地面调查，分析了多光谱遥感、高光谱遥感和激光雷达遥感的技术原理，以期利用不同平台、不同传感器的总体优势克服单项传感器表征探测能力不足的问题，研究构建“空地一体、多源多尺度”矿区生态环境监测技术体系，从而动态掌握矿区高精度地形参数、植被水平结构和垂直结构参数、土壤表层重金属浓度等，为科学评估矿区生态修复成效提供依据。

4.1　地面调查

4.1.1　技术规范

矿区生态环境调查与监测技术规范主要来自国家标准、环境标准及各相关行业建议执行的标准，标准执行对象包括土地、土壤、水体、固体废物、温室气体、生物、地质及其他共八大类，涉及的规范行为涵盖调查、分类、分级、处置、管控与评价多方面（表4-1）。

表4-1　矿区生态环境调查与监测技术相关规范

类别	序号	技术规范	编码/年份
土地	1	《国土调查数据库标准（试行修订稿）》	国土调查办发〔2019〕8号
土壤	2	《土壤环境质量　农用地土壤污染风险管控标准（试行）》	GB 15618—2018
	3	《土壤侵蚀分类分级标准》	SL 190—2007
	4	《土壤环境质量　建设用地土壤污染风险管控标准（试行）》	GB 36600—2018

类别	序号	技术规范	编码/年份
土壤	5	《土壤环境监测技术规范》	HJ/T 166—2004
	6	《中国土壤分类与代码》	GB/T 17296—2009
	7	《场地环境调查技术导则》	HJ 25.1—2014
	8	《场地环境监测技术导则》	HJ 25.2—2014
	9	《污染场地风险评估技术导则》	HJ 25.3—2014
	10	《矿山土地复垦土壤环境调查技术规范》	DB41/T 1981—2020
水体	11	《地表水和污水监测技术规范》	HJ/T 91—2002
	12	《区域地下水污染调查评价规范》	DZ/T 0288—2015
	13	《地下水环境监测技术规范》	HJ 164—2020
固体废物	14	《工业固体废物采样制样技术规范》	HJ/T 20—1998
	15	《一般工业固体废物贮存和填埋污染控制标准》	GB 18599—2020
	16	《固体废物处理处置工程技术导则》	HJ 2035—2013
	17	《固体废物鉴别导则（试行）》	2006
	18	《国家危险废物名录（2021 年版）》	2020
温室气体	19	《煤层气（煤矿瓦斯）排放标准（暂行）》	GB 21522—2008
	20	《工业企业污染治理设施污染物去除协同控制温室气体核算技术指南（试行）》	2017
生物	21	《环境影响评价技术导则　生态影响》	HJ 19—2022
	22	《生物多样性观测技术导则　陆生维管植物》	HJ 710.1—2014
	23	《生物多样性调查与评价》	2007
	24	《微生物菌种资源调查规范（试行）》	2007
	25	《全国植物物种资源调查技术规定（试行）》	2007
	26	《全国动物物种资源调查技术规定（试行）》	2007
	27	《全国微生物资源调查技术规定（试行）》	2007
	28	《全国生态状况调查评估技术规范——生态系统遥感解译与野外核查》	HJ 1166—2021
	29	《全国生态状况调查评估技术规范——生态系统格局评估》	HJ 1171—2021
	30	《全国生态状况调查评估技术规范——生态系统质量评估》	HJ 1172—2021
	31	《全国生态状况调查评估技术规范——生态系统服务功能评估》	HJ 1173—2021
地质	32	《矿山地质环境调查评价规范》	DD 2014—05
	33	《地质灾害危险性评估规范》	DZ/T 0286—2015
	34	《矿山地质环境监测技术规程》	DZ/T 0287—2015
	35	《区域生态地球化学评价规范》	DZ/T 0289—2015

4.1.2 土地调查

土地是指地球表面具有一定范围的地段，包含垂直于它上下的生物圈的所有属性，是由近地表气候、地貌、表层地质、水文、土壤、动植物，以及过去和现在人类活动的结果相互作用而形成的物质系统。土地调查主要是根据土地管理部门的土地现状调查、土地利用规划及地类划分成果（包括土地利用现状图、规划图等）了解矿山占用土地情况，一般将土地利用现状图“套合”矿山工程布局，以此了解在采矿权范围内、外区域，矿山挖损、压占、污染损毁的土地面积、地类，以及各类型所占的百分比，进而掌握通过矿山生态修复、治理恢复的地类面积，以及各类型所占的百分比，为管理部门提供矿业开发政策的制定、生态修复、修复效益评估及矿山生态环境监管的依据。

1. 土地分类

土地分类是基于特定目的、按一定的标准对土地进行不同详细程度的概括、归并或细分，区分出性质不同、各具特点的类型过程，主要有土地类型分类、土地植被分类、土地利用分类、土地利用适宜性或土地潜力分类、土地规划用途分类、土地权属分类等。

2. 损毁土地

矿区土地调查可分为原状土地、已损毁土地和拟损毁土地调查。原状土地调查是指矿山开采活动进行前的土地利用现状调查，主要根据县市土地利用现状与规划，结合矿山布局生成“矿山土地利用现状图”，标记出矿业活动所占面积与位置，以及各地类面积与区块位置。已损毁土地调查一般为现状调查，是指矿山开采活动对土地损毁现状的地点、面积、地类、程度等的调查。拟损毁土地调查是指随着矿区开采计划，预测将要损毁的土地的位置、类型与程度，为编制矿山总体修复设计方案或制定“边开采、边修复”方案提供依据。

4.1.3 土壤调查

土壤是指在地球表面生物、气候、母质、地形、时间等因素综合作用下形成的能够生长植物、具有生态环境调控功能、处于永恒变化中的矿物质与有机质的疏松多孔物质层及其相关自然地理要素的综合体。我国矿产资源丰富、类型多样、分布广泛，因此矿业活动和矿山生态修复基本涉及所有的土壤类型。矿山土壤调查是通过对矿区土壤分布地段的调查、对平面及剖面的采样分析，查明土壤类型、赋存规律、土壤质量及土壤可剥离量。对于新建矿山，主要进行土壤现状的调查，重点调查土壤类型、质量及可剥离量；对于在生产矿山，除上述几个方面外，已剥离表土的留存情况、保护措施及矿山土壤破坏情况等也是调查内容；对于生态修复中的矿山，需要外来土壤时应对外来土壤的质量，尤其是是否受到污染进行调查，严禁将污染土壤作为修复时的覆土。

1．土壤分类

现行土壤基本采用国家技术质量监督局和国家标准化管委会1988年发布、最新版本为2009年修订的《中国土壤分类与代码》进行分类。矿山生态修复原则上可采用此分类系统。

2．土壤分布

土壤分布调查主要是调查矿山土壤类型随地理位置、海拔高度变化的规律，即土壤的水平分布和垂直分布规律。调查内容包括对成土因素的研究，如气候、地形、土壤母质、植物、水文地质、生产活动情况等，以及对土壤剖面形态的观察记载，采取代表性土样并送有资质的实验室进行分析化验。

3．土壤污染

矿山开采产生的"三废"，若处置不当就会造成环境污染。污染物通过多种途径进入土壤，造成土壤的强酸污染、有机毒物污染与重金属污染。开展矿山土壤污染调查，查明污染范围和污染程度，进行人体健康的风险评估，制定和实施污染修复措施，是矿山生态修复的一项重要工作。

通过布点采样、实验室监测获取土壤污染物含量，当其低于风险筛选值时，土壤污染风险较低，一般可以忽略；当其高于风险筛选值时，表明可能存在土壤污染风险，应加强土壤环境监测；当其超过管制值时，说明土壤污染风险较高，原则上应当采取禁止种植、退耕还林等严格管控措施。

4.1.4 生物调查

矿山开采活动易导致矿区生境碎片化，使生物多样性遭到巨大损失，植被被破坏、动物的栖息地被完全破坏，动物因受惊或生态环境改变而逃离矿区，土壤中的微生物赖以生存的环境被改变，微生物活性降低。矿山所在区域的生态系统在采矿活动前基本处于原生自发演替状态，采矿活动会使之发生次生异发演替，生物数量和种类减少，生态平衡遭到严重破坏。矿山生物多样性的恢复是矿山生态环境恢复的重要内容之一。矿山生物调查在以往矿山生态环境调查中往往被忽视，但生物多样性调查中的动物、植物及其所组成的生态系统的多样性和变异性是矿山生态修复设计的重要依据。矿区的生物多样性调查主要涵盖以下3个方面。

1．植物

矿山开采对土地的损毁破坏，无论是挖损、塌陷损毁，还是压占损毁，都不可避免地给土地上生长的植被带来破坏性的影响，造成地表植被覆盖度大幅减少。植物是生态系统中最主要的生产者，在矿山生态修复中，无论是林草地修复、耕地修复，还是湿地修复、矿山公园修复，植被的恢复与重建都占据关键地位。在生态修复全过程中，对于矿山植物及植被的调查，掌握当地植物群落的属性、特征及演替显得尤为重要。

矿山植物调查的主要内容包括矿山及周边地区的植被类型、分布、面积、覆盖度、生长情况等，有无国家重点保护、稀有、受危害或作为资源的野生植物，主要的生态系统类型（森林、草原、沼泽、荒漠等）及现状，特别要调查当地的乡土物种、优势植物品种。对存在污染风险的金属矿山地区，还应有针对性地调查耐性植物和超富集植物的品种。

对已实施生态修复工程治理的部分矿区，应调查治理工程的时间、措施类型、植被生长、原始及残留植被、自然恢复植被等。

2. 动物

在矿山湿地生态修复中，在湿地生境中生存的脊椎动物及某些在湿地内占优势或数量很大的无脊椎动物，包括鸟类、两栖类、爬行类、兽类、鱼类、贝类和虾类，也是生态系统的重要组成部分。

动物调查应选择在动物活动较为频繁、易于观察的时间段内，野外调查方法分为常规调查和专项调查。常规调查是指适合大部分调查种类的直接计数法、样方调查法、样带调查法和样线调查法，对于那些分布区域狭窄而集中、习性特殊、数量稀少、难以用常规调查方法调查的种类，应进行专项调查。

3. 微生物

微生物一般是指个体难以用肉眼观察的一切微小生物，包括细菌、病毒、真菌和少数藻类等。矿山生态修复过程中的微生物主要是指矿山土壤微生物，在作物生长最好的土壤里有大量放线菌、氮素分解菌、光合成菌，这些菌类数量越多、其他杂菌的数量越少越好。微生物中，表层土壤微生物（细菌）的数量和种类较多，其虽个体小，但生物活性强，可积极参与土壤物质转化，在土壤形成、肥力演变、植物养分有效化、土壤结构的形成与改良、有毒物质降解及净化等方面起着重要作用。

土壤微生物调查主要是通过室内试验的方法，步骤主要包括样本采集及处理，培养基的配制，浓度梯度菌液的制备、接种，优势菌的判定及分离纯化，菌种的分类鉴定等。土壤微生物调查的主要目的是了解微生物类群的分布，反映土壤环境，寻找对土壤调控能力强的根际微生物，从而为矿山生态修复提供新的途径。

4.1.5 “三废”调查

1．扬尘

排土场大风起尘为矿区扬尘排放的主要部分，其中露天矿排土场堆放量可能是采矿量的数十倍（崔克强等，2017）。在矿区挖掘、运输及排土场堆放的过程中都会产生自然扬尘和生产性扬尘。若不及时采取覆盖等控制措施，会对矿区和周边地区的空气质量造成影响，被扬尘覆盖的植被吸收养分越发困难，从而使矿区植被的存活率降低、长势差，更严重的可能会造成群落结构单一、植物物种丧失（高原等，2016）。矿区扬尘排放量受到多方面因素的影响，包括但不限于矿区开采的模式、矿区土壤类型、土壤粒径大小、土壤湿度、摩阻风速等因素。

扬尘的地面调查主要采用距离抽样调查法或网格布点法，即根据扬尘风积物厚度沿顺风方向的变化情况每隔一定的距离选取一个样地，在每个样地内测量地表覆盖的扬尘风积物的厚度，同时横向等距设置多个植物、水体、大气等其他观测样方，调查并记录样方中的植物种类、高度、覆盖度、生物量、空气质量、水域面积等指标，分析矿区扬尘对周边生态环境的影响程度。

2．温室气体

在全球温室气体排放量中，超过60%的温室气体排放来自化石燃料和工业过程（Hiraishi et al.，2014）。在矿区剥离—开采—运输—排弃的过程中，温室气体的排放分为直接和间接两种。其中，直接排放指化石能源使用、炸药碳使用、煤层气逸散、原煤和煤矸石非受控自燃；间接排放指破坏地表植被和土壤，造成土壤团聚体破坏、有机质分解，以及电力消耗产生的温室气体（杨博宇等，2021）。矿区温室气体调查的主要内容包括温室气体的类型、主要来源及排放量计算。三者不仅可以用于评估矿区当前的温室气体地面通量，还可以为停采后矿区的生态修复、提高碳汇能力提供相关信息。

3．废气

矿山废气主要包括开采过程中产生的大量粉尘和有毒物质，开采机器、运输工具等设备在运行过程中排放的大量有害气体，矿区的浓烟、燃料也会对大气构成污染。矿业活动中产生的最主要的空气污染物有粉尘（TSP）、有毒有害气体CO、SO_2和NO_x等。矿山废气调查是为了解3个方面的情况：①矿山废气排放是否达标，即污染源调查；②矿山开采生产过程中矿区的大气环境质量；③生态修复后矿山影响范围内的大气环境质量是否满足空气质量标准的要求。

4．一般固体废物

矿山固体废物主要包括露天矿剥离和坑内采矿产生的大量废石、采煤产生的煤矸石、选矿产生的尾矿和冶炼产生的矿渣等，还包括少量的生活垃圾和污泥。对固体废物的调查主要包括废弃物本身的物质组成调查，贮存、处置场地的土地占用和污染性调查，以及固体废物的综合利用情况调查。矿山开采设计中一般对固体废物的种类、成分、数量、堆放方式及综合利用方式等均有叙述，可以作为参考。

5. 危险废物

在矿山开采和生产过程中形成的二次排放和相关材料会在矿区及其周围形成危险废物，如在煤矿生产过程中产生的煤焦油、在焦炭生产过程中产生的酸焦油和其他焦油，清洗矿物的油及输送设施过程中产生的烃/水混合物，有色金属矿采选、冶炼过程中产生的尾砂、粉尘和废渣等。这些危险废物具有腐蚀性、易燃性或有毒性中的一种或多种危险特性，通过水循环和大气循环容易扩散至矿区周边甚至更远的区域，对生态系统产生不可恢复的损害。在调查过程中需要明确具体的危险废物类型、来源及排量，针对废物的危险特性，有针对性地进行预防和治理，同时结合大气污染、地下水污染及土壤污染进行调查。

6. 废水

矿山废水指的是在矿山范围内，从采掘生产地点、选矿厂、尾矿库、废石场、排土场等地点排出来的废水，按废水来源可分为矿井水、选矿废水和废石场淋滤水。矿山废水主要含有有机污染物、油类污染物、酸碱污染物和无机污染物，具有利用率低、排放量大、持续时间长、污染范围大、影响地区广、成分复杂、浓度极不稳定等特点。矿山废水调查不仅包括废水的排放量和排放浓度及污染物调查，而且要进行达标调查评价，由于水体运动、污染物迁移和环境影响的复杂性，还要进行矿区地表水和地下水调查。

4.1.6 地质环境调查

矿区地质环境调查指通过定期观测矿山基础建设、生产，以及闭坑后的地质环境和各类矿山地质环境问题在时间、空间上的变化情况，查明矿山地质环境问题的类型、分布及危害状况。

在实施矿山生态修复工程前，须查明矿区的地质环境背景条件，合理布设地质环境监测点，重点监控地质环境问题集中、危害严重、动态明显的区域。根据矿山建设规模、开采方式，确定矿山地质环境调查的级别，再分级别确定监测点的密度、监测频率及监测方法。

对于处于生产阶段的矿山，应主要调查矿山地质环境现状，包括地形地貌景观破坏、不稳定边坡、采空塌陷、地下水环境破坏及土壤环境破坏等。对于处于闭坑阶段的矿山，应重点监测地下水环境恢复、地形地貌景观恢复、土壤环境恢复等。

根据调查内容的不同，采取针对性指标，如地下水温、水流速、地标形变、孔隙水压力、岩土体含水率、土壤矿物质含量、土壤酸碱度、土壤重金属，以及危岩治理体积等具体参数。

4.2 多光谱遥感

4.2.1 技术原理

遥感是一种远距离获取信息的技术，基于电磁波理论，在不与目标直接接触的情况下获取目标辐射、反射的电磁波信息，并进行数据的收集、处理，最终以信号和图（影）像的形式展现。与一般遥感图像相比，多光谱遥感图像具有丰富的地物光谱信息和谱间信息，在地物的识别和分析中具有很大的优势。

在矿区环境遥感中，利用矿区范围内不同地物之间的光谱特征差异，实现对矿山开发过程中可探测的大气、水体、矿山灾害及生态系统特征的探测与识别。因此，从广义来说，矿区环境遥感是指利用遥感技术探测、研究和分析矿业活动区及其周围矿产资源开发的地质背景、利用现状，以及矿山环境状况和污染的时空分布、性质、发展动态、影响和危害程度，以便采取环境保护措施、制定矿产资源开发和矿山环境恢复治理等规划的遥感活动。在某种意义上讲，它是遥感技术在矿山环境科学研究中的应用。从狭义来说，矿区环境多光谱遥感是指采用多光谱遥感技术探测和研究矿业活动采选冶过程中产生的水体、大气、土壤和植被破坏，以及污染的时空分布、危害程度、性质、发展趋势、影响范围等，以便制定有效的环境保护制度及矿山环境恢复治理措施。地物波谱特征差异是遥感图像分类的主要依据，矿区各环境要素的改变会影响传感器所接收的矿区地表电磁波信息，而遥感图像作为记录地物电磁辐射特征的载体，通过对其分析、分类，可以有效反演矿区环境的实际状况。

4.2.2 遥感图像

遥感图像解译分析过程的特征包括光谱特征、空间特征和时间特征。这些特征包含了以下3类信息：①目标地物是什么，即地物的物理属性特点；②目标地物形态如何，即地物的空间几何特征，包括形状、大小、位置及空间分布情况等；③目标地物有何变化，即地物的时相特征。其中，物理特征主要通过不同波段的假彩色合成，以颜色特征的方式表现；几何特征则主要包括地物的形状、大小、空间关系及图像的纹理信息等。

1. 物理特征

光谱特征：任何地物都具有辐射、反射和吸收电磁波的能力，由于物质组成、表面状态、内部结构等的差异，不同地物的电磁波谱特性不同，而同类地物具有相同或相似的电磁波谱特性，且不同的电磁波段随着波长的变化反映不同的地物特征。光谱特征在灰度图像上表现为色调，而在彩色影像上表现为颜色，它是地物电磁波特性的记录，反映图（影）像的物理性质。

颜色（色调）特征：颜色（色调）指图（影）像的相对明暗程度，在灰度图像上表现为亮度，在彩色影像上表现为颜色。颜色特征刻画了图像上及其相应区域所对应的真实地物表面的性质，它是地物在图像上最直观的标志之一，反映地物的属性、形状和分布情况。颜色特征是由构成图像的具体像素表现出来的，地物本身的属性决定了其波谱特征，进而决定其在图像上的明暗程度。此外，颜色特征还受到时间、传感器、环境及周围其他地物波谱特征的影响，在图像上地物的颜色是图像内该地物及其周围环境中其余地物属性的波谱特征的集体表现。地物颜色特征会因传感器及成像时间的不同而有所变化，因此颜色（色调）不能作为地物在图像上的唯一属性去判定地物类型。

2. 空间特征

形状特征：形状指地物的轮廓和边缘信息，一般用分布特征和边界信息来描述形状特征。遥感图像上，地物的形状及地物的顶面、平面形状也是识别地物的明显标志之一。根据分布情况，可将地物形状归为3类：点状、线状、面状。解译者需要知道的是，形状特征与图像的空间分辨率有关，并非稳定的特征，如足球场在亚米级的高分辨率图像上表现为面状地物，而在低空间分辨率的影像上则表现为点状地物。而某些具有特殊形状的地物则可直接识别，如洪积扇、河流等。

大小特征：大小一般是指地物的尺寸和面积等在图像上的表现，它由地物的真实尺寸和图像的空间分辨率决定，反映了地物目标本身与周围环境出现的其他地物目标的相对大小。大小特征与地物背景有关，如当与周围地物有明显对比时，影像上可观测到宽的线状地物——道路。

纹理特征：纹理是图像内部的微观结构，通过图像颜色和色调的变化频率来表现。在图像上，纹理一般以平滑、粗糙程度来划分，与图像的空间分辨率、成像时间（太阳高度角、方位角）等有关。例如在高分辨率图像上，茂密的植被纹理呈颗粒状，在低分辨率图像上则较平滑。一般情况下，同一地物在高分辨率图像中纹理特征细腻，纹理可量化程度高；在低分辨率图像中纹理特征较粗糙，纹理可量化程度低。

空间关系特征：空间关系特征指地物在图像上的分布位置及其与周围环境其他地物的组合方式，包括地物所处的地点和空间组合关系。解译图像时，在已知某种地物的情况下，空间关系特征主要用于判读与该地物有特殊空间相关性的其他地物类型，是在具有先验知识的情况下进行推测的。例如露天采矿时，采坑与固体废物堆常呈伴生关系，在大冶铁矿铁山采坑附近有很多小山包，其上已生长了植被，依据采坑与固体废物伴生的空间关系特征推断山包为以前的固体废物堆。

3．时间特征

遥感图像在不同时期或时间会表现出不同的特性，如在春夏季节里获取的遥感图像植被信息比较丰富，而秋冬季植被信息则少了很多。冬天成像的遥感卫星数据由于地表植被干扰较小，有利于人眼对地物的观测。不过从另一方面来看，由于这时期某些目标信息与周围地物间的信息差异也可能减少，因而会影响目标信息的识别和提取。所以，我们可以利用多时相遥感图像结合研究对象的季相和农时历分析，判断出某些作物的种类、植被的类别或土地利用类型的变化。例如，不同的农作物有其独特的种植生长过程，在这个过程中，其光谱特征呈现出有规律的变化，依据其生长过程中的光谱特征就可以将其识别。

4.2.3 生态环境要素

地物影像特征是从影像上识别和区分地物类型并准确提取目标要素信息的基础。进行矿山环境遥感监测和评价，必须要通过矿区遥感影像特征区分相应的环境要素，具体包括以下7种。

地形地貌：阴影和纹理是判断地形地貌特征的主要途径。在可见光遥感影像中，通过阴影的方位及形状可以判断地形起伏的大小；在不同尺度的遥感影像中，地表纹理特征可以反映板块运动形成的褶皱、岩层的走向等构造信息。

水体：水体的反射率总体较低，在可见光范围内稍高，但也仅为4%～5%，不超过10%，且随着波长的增加反射率逐渐降低，至近红外波段由于水体的吸收作用，其反射率几乎为0。因此，纯净的水体在遥感影像上一般呈黑色或深蓝色，水陆界限清晰，与植被、土壤等地物的光谱特征差异明显。

植被：植被遥感理论是依赖于植被冠层及植物叶片的电磁辐射特征。植物光谱特征可概括为可见光2个吸收带（蓝波段及红波段）、1个绿色窄反射峰（附近），近红外宽反射峰（波段附近），短波红外1个强吸收带。因此，在假彩色合成影像中，植被为红色，在真彩色合成影像中表现为绿色，且随着植物的生物量越大，颜色越鲜艳。

居民点：居民点在遥感影像上的光谱特征、纹理特征和空间关系特征等是居民点地面综合特征的反映。居民点由不同类型的屋顶、树木、草地、土、水泥及沥青路面等按照某种布局组成。在遥感图像上，主要依据居民点房屋、街道的色调，及其与周围其他地物排布所构成的纹理特征识别。房屋较密集的街区或居民点的形态特征明显，易于识别；房屋较稀疏的街区或居民点之间的空间间距大，有空地或植被间隔，因此其轮廓难以确定；散列式居民点的特点是房屋依天然地势沿山坡、河渠、道路、堤岸建筑，房屋之间不相邻。

交通道路：道路的形状呈长条状，曲率有一定的限制，宽度变化较小，通常不会突然中断，具有相互交叉形成网路的结构特征。矿区道路一端固定在矿山生产区域，另一端通向村庄、城镇居民点等人工设施区域，或通向公路。有时与矿区相关的影像特征，如高架公路及路边树木的阴影可能遮断矿区道路。在影像上，矿区道路呈现线条或带状区域。

土地污染：土壤重金属含量不会直接改变土壤的光谱曲线，因此无法通过土壤的遥感影像监测。但土壤重金属的存在会对植被生理特征造成影响，继而影响植被的光谱特征，因此可以根据矿区植被生理特征改变及其在遥感影像中形成的光谱特征变化，间接监测土壤重金属污染状况。

地质灾害：矿山地质灾害的种类较多，遥感特征也各不相同，其中崩塌和滑坡是最常见的地质灾害类型。崩塌发生于比较陡峭的斜坡，发展中的崩塌面、崩塌体植被覆盖差、基岩裸露，因此在假彩色影像上呈浅色调（如灰白色），而周围的植被区显示为红色，此崩塌体与周围环境的影像特征差异较为明显。另外，崩塌体在崩落过程中主要受重力控制，因此与坡度之间存在密切的关系，崩塌体的物质来源于山体坡度较大的区域，崩塌完成后，崩塌体物质堆放在较为平缓的区域。滑坡在遥感影像中具有特定的形态特征，基本形态要素包括滑坡体、滑坡壁、滑动面、滑动带、滑坡床、滑坡舌、滑坡台阶及滑坡周界等。除此之外，还有些其他滑坡标志，如滑坡鼓丘、滑坡洼地、滑坡裂缝等。滑坡的遥感机制与崩塌类似，二者影像特征的差异在于形状特征和发育坡度的高度。滑坡与崩塌之间有着无法分割的联系，两者时常相伴而生，在一定条件下也可以相互转化。

4.2.4 遥感应用模型

遥感技术与环境科学具体研究领域的相关模型结合反演环境参数形成了具体的应用模型，常用的模型包括温度反演模型、水色遥感定量反演模型、植被指数反演模型、初级生产力遥感应用模型、环境灾害模型（如旱灾、火灾、雪灾、赤潮、油污）、土地利用/覆被变化等。上述与矿山环境相关的较为成熟的遥感应用模型在一定的条件下可用来反演矿山环境要素。

1. 水色遥感定量反演模型与矿山水体污染

水色参数的遥感定量反演内容主要包括叶绿素浓度、悬浮物浓度和黄色物质浓度的反演。主要通过经验统计方法、理论算法及一些特殊算法（包括光谱混合分析法、代数算法、非线性优化算法、主成分方法、神经网络方法、遗传算法、贝叶斯方法、支持向量机、最小二乘法等）建立上述3类物质浓度在遥感图像上的反射率与地面实际观测值之间的函数关系。在矿山水环境监测中，可采用上述理论及算法建立重金属离子浓度、固体悬浮物浓度的遥感定量反演模型。

2. 植被指数反演模型与矿山植被毒害

根据不同的植被指数（归一化植被指数、比值植被指数等）计算值设定阈值，对地表与植被相关的多种下垫面特征进行识别。在高光谱遥感中，通过研究植被的红边特征可以掌握其长势及健康状况。矿山植被的毒害效应包括植被重金属污染、粉尘污染等。植被受重金属污染后，其生理结构发生改变，光谱特征也会相应改变，具体表现为可见光部分反射率总体升高，近红外部分反射率总体下降，红边蓝移。因此，受重金属污染的植被指数及红边指数与正常植被不同，通过指数或红边指数即可识别受重金属污染的植被。采用经验统计方法及其他算法建立重金属污染植被反射率与植被生理特征参数间的函数关系，还可以进一步定量反演植被体内的重金属含量。

3. 环境灾害模型与矿山地质灾害

干旱是常见的环境灾害类型之一。在遭受干旱的植被覆盖区，植被受到水分胁迫，其生长状况的遥感指数会发生相应变化，可通过植被体内含水量的变化反演土壤含水量，进而掌握旱情。在矿山塌陷区，地下水平衡遭到破坏，塌陷区植被也受到水分胁迫，与干旱区植被的水分胁迫类似，可将已有的环境灾害领域植被水分胁迫模型与塌陷参数相结合，监测矿山塌陷灾害的发生、发展。

4. 土地利用/覆被变化与矿山占地

矿山占地是土地利用/覆被变化的重要研究内容，因此相关的变化检测方法，如影像插值法与比值法、相关系数法与统计测试法、变化向量分析法与内积分析法、主分量分析法与典型相关法、特征检测法、可视化分析法，以及常用的分类方法，如人工神经网络分类法、模糊分类法、支持向量机分类法、面向对象分类法等，都可直接用于研究矿山土地的利用变化。

4.3 激光雷达遥感

4.3.1 技术原理

激光雷达（Light Detection and Ranging，LiDAR）由20世纪70年代美国国家航空航天局（NASA）研发，是继GPS以来遥感界的又一项技术革命（郭向前等，2013）。LiDAR通过主动发射激光波束，利用激光测距原理探测目标的空间位置、形状、速度等特征量，属于主动式遥感，具有主动性强、穿透性强、扫描速度快、实时性强、精度高等特点。根据工作波段的不同，LiDAR可分为可见光激光雷达、紫外激光雷达、红外激光雷达；根据功能的不同，可分为测距激光雷达、测速激光雷达、成像激光雷达等；根据搭载平台的不同，可分为机载激光雷达、地基激光雷达和便携式激光雷达。

机载激光雷达（Airborne LiDAR，ALS）包括激光测距系统、位置姿态系统（POS）、控制系统及搭载平台。其优点是速度快且尺度大，扫描定位的绝对精度可达10 cm，最大飞行高度为6 000 m，扫描带宽为1.8 km，视场角为20°～40°（张贺，2015），如加拿大的ALTM3100、美国的ALS50。图4-1展示了以南京幕府山山脊线和道路为边界开展的机载激光雷达扫描工作，截取的经纬度范围为32°07′6.85″～32°07′17.20″N、118°46′33.6″～118°46′34.28″E，平均海拔为80 m，山脊最高处海拔为150 m，采空区最低处海拔为31 m，地形落差近120 m。在对无人机设置飞行航线获取点云数据后，利用专业处理软件通过格网渲染实现地形3D显示。

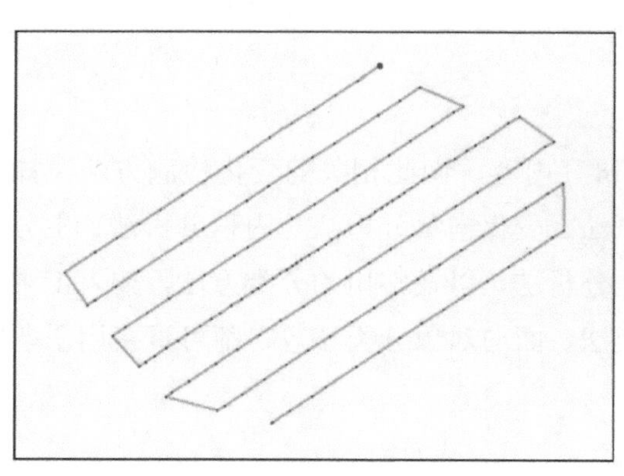

（a）无人机航线设置

（b）研究区TIN格网渲染

图 4-1　ALS 数据获取

地基激光雷达（Terrestrial LiDAR，TLS）可分为固定式和移动式两种，移动式如车载激光雷达，固定式由激光扫描仪、数码相机、笔记本电脑及电源组成。TLS的优点是可以快速采集一定范围内高密度的点云数据，具有良好的野外可操作性，大多数采用脉冲式测距，最大扫描距离可达数百米甚至上千米，扫描精度达到了毫米级，如美国的FARO Laser Scanner Focus^{3D} X 330、中国的HS650高精度三维激光扫描仪等。

便携式激光雷达，又称手持型激光雷达，一般用于测量较小的目标，测距较短，通常不超过10 m，优点是携带方便、测速快，精度可达0.03 mm（李现强，2013）。

虽然目前LiDAR技术在矿区生态环境监测中的应用研究并未广泛展开，但相对于传统的遥感监测技术，其具有如下相对优势：

一是高时空分辨率。LiDAR点云数据具备毫米级别的空间分辨率（张文军，2016），利用ALS、TLS可以对矿区进行多尺度、长时间、周期性的观测，获取矿区开采前期、中期、后期的地表特征。利用LiDAR的穿透性还可以获取地表以下一定深度内的地物特征。这些都是传统的多光谱、高光谱遥感技术手段所不具备的优势。

二是获取垂直结构特征。传统的遥感技术计算数字高程模型（DEM）主要采用可见光立体像对技术，或合成孔径雷达干涉测量技术，计算结果的精度受到原始影像分辨率及算法的影响。而LiDAR技术可以对矿区进行多角度扫描，根据点云数据可直接获取高精度的DEM，并且包括矿区各地物的剖面垂直结构，极大地丰富了矿区生态环境监测的信息源。

三是三维立体成像。LiDAR点云数据的三维成像有助于提取矿山目标结构的几何信息，如长度、面积、体积、重心、结构形变、结构位移及变化关系，可以更加形象地展示矿区内不同区域的空间关系，对理解矿区整体构造、预测潜在的地质灾害起到帮助的作用。

矿山生态环境监测主要包括生态破坏、环境污染和自然侵蚀等几方面的调查指标，结合以上LiDAR技术的优势，可以展开3个方面的应用（图4-2）：①生态完整性损失类指标，包括水平方向的植被覆盖度和植被破坏面积，垂直方向的树高、叶面积密度和冠层高度廓线等垂直结构参数；②土地损毁类指标，包括尾矿库、矸石山、排土场及塌陷地等区域的识别和面积统计；③土壤侵蚀类指标，按照侵蚀类型，水力侵蚀可以提取坡度、坡长、侵蚀深度等参数，风力侵蚀可以提取沙丘高度、沙丘长度、沙坡纹深度及沙丘位移量。表4-2给出了LiDAR技术与传统遥感在这方面的对比。

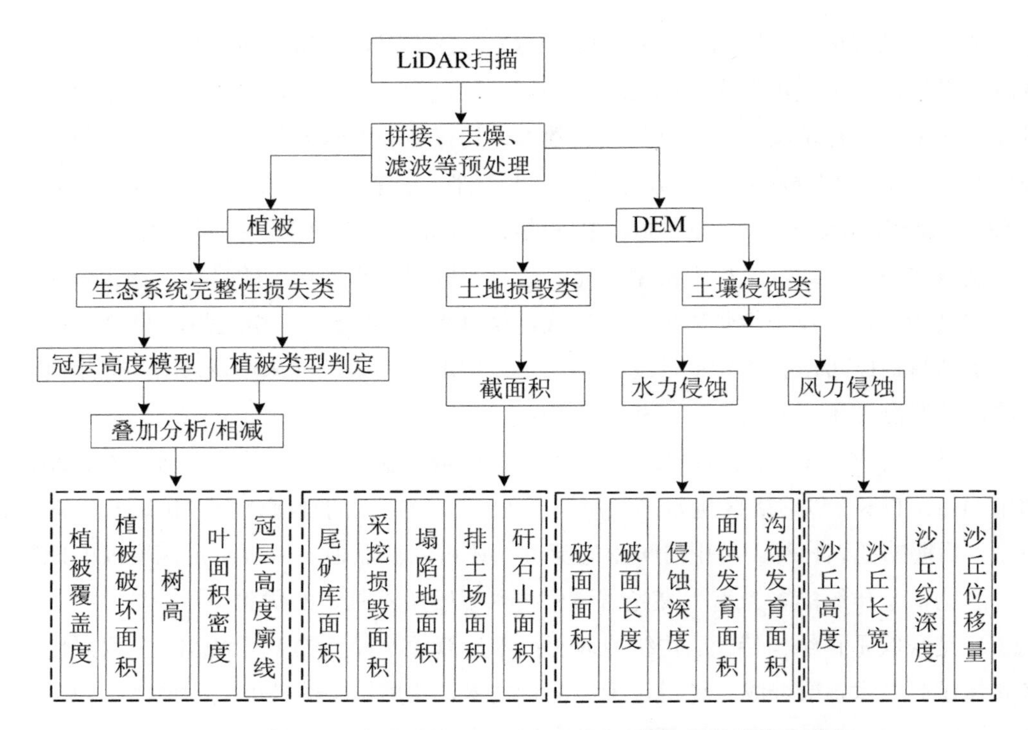

图 4-2 基于 LiDAR 技术的矿山生态环境指标参数信息提取流程

表 4-2 LiDAR 技术和传统遥感在提取矿山生态环境信息中的对比分析

指标类型	调查指标	适用性	
		LiDAR	传统遥感
生态完整性损失类	植被覆盖度	√	√
	植被破坏面积 冠幅 郁闭度	√	√
	垂直结构参数（树高、叶面积密度、冠层高度廓线）	√	×
土地损毁类	露天挖损土地面积	√	√
	地下采空区面积	×	×
	塌陷地面积	√	√
	排土场占地面积	√	√
	矸石占地面积	√	√
	尾矿库占地面积	√	√
土壤侵蚀类	水力侵蚀（坡度、坡长、侵蚀深度、面蚀、沟蚀）	√	×
	风力侵蚀（沙丘高度、长宽、沙波纹深度、沙丘位移量）	√	×

4.3.2 植被覆盖度

基于LiDAR技术提取植被覆盖度有两种方法：一种是利用冠层高度模型（Canopy Height Model，CHM）提取，另一种是将三维点云数据归一化后提取。目前，已有学者利用LiDAR数据成功反演得到森林冠层的覆盖度（张贺，2015）和农作物的覆盖度（Koetz et al.，2006；崔要奎等，2011），取得了较好的效果。李丹（2012）利用TLS三维点云数据进行滤波处理，求得CHM模型，采用统计回归方法从乔木、小树、灌木和苗圃共30块样地中提取出植被覆盖度，乔木的估测精度达83.9%。王安（2013）对CHM模型进行栅格运算获取了冬小麦的覆盖度，与实测数据的一致性较高。

4.3.3 植被破坏面积

仅使用LiDAR数据可以很好地区分植被和非植被，但很难进一步对其他地物进行细分，因此需要将其与传统遥感数据融合（满其霞，2015）。在温带森林树种分类中将ALS与高光谱数据相融合，可以得到较好的结果，与仅使用高光谱数据相比提高了温带树种分类的精度（刘丽娟等，2013）。鉴于矿区生态环境的复杂性，可以考虑使用多时相的ALS与光学遥感数据相结合的方法，以提取林地、草地、农田的分布信息，从而得到矿区的植被破坏面积。

4.3.4 叶面积密度

叶面积密度（Leaf Area Density，LAD）是指在某一高度处、单位群落体积内参与光合作用的叶子单面面积的总和（Myneni et al.，1989），它是表征冠层内部叶面积垂直分布的重要参数（王洪蜀，2015）。LAD可以弥补叶面积指数在垂直方向上的不足，它不仅随高度变化，还受树种、生长阶段和环境因素的影响（赵静等，2013）。LAD的获取方法有两种：一是利用间隙率理论，建立LAD与间隙率之间的关系；二是利用Hosoi和Omasa（Hosoi et al.，2006）提出的冠层分析VCP方法，建立LAD与激光接触每层冠层叶片的概率之间的关系。基于间隙率理论，Takeda等（2007）通过改变TLS发射角度，获取了2个观测天顶角方向上的间隙率，得到日本落叶针叶林LAD的最优化解。Van der Zande等（2008）通过考虑阴影对估测结果的影响将精度提高了10%～20%。

4.3.5 冠层高度廓线

冠层高度廓线（Canopy Height Profile，CHP）表示冠层内所有组分的表面积（包括叶片和木质部分）随高度变化的函数，可通过LiDAR的全波形数据进行提取。全波形数据不仅记录了地面到冠层顶部的激光回波信号，回波波形与冠层垂直分布密切相关，而且完整地记录了冠层组分表面垂直投影的反射，根据这些中间截面的回波可以部分重建林分冠层的垂直结构（赵静等，2013）。利用全波形数据提取CHP主要基于MarArthur-Horn理论，后有学者修正了MarArthur-Horn方法（Lefsky et al.，1999），实现了利用ALS回波信号提取CHP曲线。现已有一些软件支持基于LiDAR数据的植被垂直参数信息提取，如Tiffs和SLICER IMH处理系统等可将LiDAR数据导入，可直接实现LiDAR信号向CHP曲线的转化（赵静等，2013）。

4.3.6 树高

LiDAR获得的数据可分为全波形数据和点云数据，前者可以连续记录光斑回波的波形，后者以离散的形式展示了大量激光反射点的集合，其中光斑直径小于1 m（王蕊等，2015）。基于全波形数据的树高估算，可以通过起始回波信号与最后一个回波信号的差值计算实现（Sun et al.，2006）。基于离散点云数据的树高估算方法主要有以下2种：①直接从点云提取树高参数；②将点插值成栅格得到CHM，从而测得平均树高。CHM是目前广泛应用的一种方法，它可以对获取的三维点云数据进行滤波和内插处理，得到数字地形模型（Digital Terrain Model，DTM）和数字地表模型（Digital Surface Model，DSM），再用DTM减去DSM就可以得到CHM，即平均树高。

4.3.7 土地损毁面积

LiDAR点云数据实现了对矿山高精度的三维建模，使其在矿山土地损毁类指标提取中具有显著的优势。通过对扫描获取的三维点云数据进行拼接、去噪、滤波处理，得到矿区高精度的DEM，在任意高程处对目标物进行截取可以得到截面积（刘强等，2015），从而可以计算尾矿库、矸石山、排土场、塌陷地及露天采场等指标的分布情况。此外，基于两期或多期DEM，还可以实现这些指标参数的动态监测，获取矿山土地损毁类型和面积的变化情况。

但在实际操作过程中，当提取不同类型的土地损毁类指标时，其对应的DEM数据最佳分辨率的差异较大（潘少奇等，2009）。高空间分辨率固然可以实现高精度计算，但是同样会带来较大的数据量及数据处理时间，因此需要结合指标的规模大小适当确定DEM分辨率的级别，避免数据冗余和不必要的计算成本。

4.3.8 土壤侵蚀程度

矿山开采活动造成植被剥离，大量土体、基岩裸露，加速了土壤侵蚀的过程。根据外营力的不同，主要分为水力侵蚀和风力侵蚀，对应的典型形式分别为水土流失和土地沙化。

对于露天开采的矿区，大量松散堆积物在雨水的冲刷下会很快形成径流汇集的现象，长此以往，容易引起崩塌、滑坡、泥石流等地质灾害。对于地下开采型矿区，矿坑的塌陷造成地表形变，使地表变得不规则，产生新的崩塌。以上灾害的预防都需要严格控制边坡的形态，因此需要对边坡进行详细的三维观测。此时，利用LiDAR技术可以生成高精度的矿区DEM及等高线（韩亚等，2014），能够精准地实时提取露天开采和地下开采造成的水土流失情况，包括坡长、坡度、高程、河网密度等信息（潘少奇等，2009；韩亚等，2014）。基于两期或多期高精度的DEM，还可以动态测算水力侵蚀的深度、面蚀（雨滴击溅侵蚀、层状侵蚀、鳞片状侵蚀及细沟侵蚀等）和沟蚀（浅沟侵蚀、切沟侵蚀和冲沟侵蚀等）的发育情况，查明矿山土壤的侵蚀速率、程度和面积等小尺度的侵蚀信息。

对于干旱-半干旱地区的矿区，利用LiDAR技术生成的高精度DEM和等高线数据不仅能够精准地提取高度、长宽、沙波纹深度等沙丘形态参数，还可以利用多期DEM数据动态测算风力侵蚀造成的沙丘位移、体积、沙波纹等参数，并提取沙地植被的水平和垂直结构参数，分析植被变化对沙丘形态的影响。在实际操作中，多次观测要做到统一标定，包括测站和永久性控制标靶布设、扫描坐标系统设置等方面。多期三维点云数据处理时，要以基准点为基础进行拼接和叠加分析，从而可以基于同一个参考面计算出沙化土地的变化信息（张庆圆等，2011）。

4.4 高光谱遥感

4.4.1 技术原理

高光谱遥感（Hyperspectral Remote Sensing）技术最初发展于矿产资源勘查领域（童庆禧等，2016），实质为高光谱分辨率遥感。相对于传统的多光谱遥感，高光谱遥感可以在0.4～2.5 μm波长内提供5～10 nm的光谱分辨率和超过200个光谱波段，这些窄且连续的光谱通道可对地物进行持续的遥感成像（王鑫，2021），具有光谱分辨率更高、波段数量更多、连续性更强的特点。在环境遥感监测中，随着光谱分辨率的增加，特征空间的维数不断增加，区分不同地类的能力也同比增加，如岩矿中的Fe^{2+}、Fe^{3+}和OH^-等离子或离子团在近红外波段因吸收特性而产生相应的光谱特征（梁晓军，2017），使其成为生态环境监测的重要手段之一。根据搭载平台的不同，高光谱遥感可以分为星载高光谱、机载高光谱及近地高光谱遥感。前两者受观测角度的影响，容易受到大气环境的限制，但具备大尺度观测的应用潜力，而后者则可以实现对局部地区更加灵活的精细化观测。

高光谱遥感技术在环境监测中的优势体现在以下4个方面：

一是地物的分辨识别能力大大提高，并且可以区别属于同一种地物的不同类别，这在传统的低光谱分辨率遥感中是不容易实现的。同时，由于成像光谱的波段变窄，可选择的成像通道变多，使“异物同谱”与“同谱异物”的现象减少，只要波段的选择与组合得恰当，一些地物光谱空间混淆的现象就可以得到极大的控制，这无疑为进一步的分析提供了最为可靠的保证。

二是成像通道大大增加，在处理不同应用的分析中光谱的可选择性变得灵活和多样化，这极大地增加了可以通过遥感手段进行分析的目标物的数量，如不同树种的识别、不同矿物的识别，使遥感技术应用的范围扩大。

三是光谱空间分辨率的提高使原先无法进行的应用方向成为可能，如生物物理化学参数的提取，在利用高光谱数据进行有关植被叶绿素a、木质素、纤维素等生化分析方面取得了较好的效果，为遥感技术的应用提供了新的研究方向。

四是使从遥感定性分析向定量或半定量的转化成为可能。传统成像遥感技术的主要应用是以定性化的分析为主，部分定量分析结果的精度并不理想，这显然是与成像传感器的光谱和空间分辨率、大气和土壤背景的干扰等限制有关。高光谱分辨率成像遥感首先突破了光谱分辨率这一限制，在很大程度上抑制了其他干扰因素的影响，这对定量分析结果精度的提高有很大的帮助。

在矿区环境监测中，高光谱遥感技术一是可以实现从矿物识别拓展到矿物形成物理化学条件的定量反演。除了pH，其他物理化学参数，如氧化状态、水化和脱水情况、氧化还原电位（Eh）、湿度和温度等也有可能通过高光谱遥感技术来分析和识别。二是可以实现从短期调查到定期甚至长期的监测。国外通过对矿山开发、关闭和修复阶段的高光谱遥感数据的分析，为进一步比较和分析矿山环境演变提供了重要资料，进而为评价修复治理措施的效果提供了依据，通过技术和数据积累，后期可探索矿山环境自动监测与评价。三是可以实现从航空高光谱向航天高光谱的发展。受数据来源的限制，以往矿山环境高光谱研究以航空高光谱和地面高光谱为主，而航天高光谱数据（如高分五号）的发展使矿山环境快速监测具有更多的潜力。四是可以实现从单个矿山转向成矿区带或大型矿集区的高光谱遥感调查与监测。由于单个矿山面积过小，从更大范围内开展遥感调查可能更有利于发挥遥感技术的优势，也便于通过流域范围系统分析矿山的环境演化。

4.4.2 次生矿物识别

不同类型的次生矿物具有独特的诊断性波谱特征，采用高光谱矿物识别算法可以有效地识别出次生矿物类型，编制次生矿物分布图。在矿山环境定期监测与定量评价过程中，为了提高效率，往往根据标准的矿物波谱数据库开发相关识别算法，以进行矿物的自动识别和提取。为此，国外较早通过实验室光谱测试获得了由含铁硫化物这类矿山废弃物风化所生成的典型次生矿物的光谱曲线（Crowley et al.，2003），并已被收录到美国地质调查局（USGS）的标准光谱数据库中，其中包含施氏矿物、黄钾铁矾和水铁矿等18种酸性矿山地表常见矿物。这些常见矿物光谱库的建立，有力地推动了此类矿山环境的高光谱遥感调查与研究（Riaza et al.，2006）等。

同时，深入分析不同矿山环境系统内的矿物形成与演变规律，尤其是次生矿物在特定地球化学背景下的形成条件和生成次序，将有助于理解矿物波谱特征与次生矿物组成成分之间的内在关系，从而有助于调查与监测污染的类型及程度，正确评估矿山环境的现状。

4.4.3 重金属浓度定量反演

在矿山开发过程中，重金属通过水体、沉积物和土壤向外扩散，造成严重的环境污染和破坏。重金属类型识别与浓度反演主要有两种方法。一种是对重金属含量与光谱特征的对应关系进行统计，分别建立河流沉积物（Choe et al.，2008）、土壤（Kemper et al.，2002）和废弃物（Kopacková et al.，2011）中的重金属成分及其含量与地面反射光谱特征参量之间的统计模型，从而反演重金属的浓度。这种方法需要结合地球化学数据，属于一种经验性的方法，具有一定的局限性，不同矿山环境适用的特征参数也不相同。另一种是通过对重金属元素的来源、扩散和聚积过程进行地质分析，了解其对矿物光谱特征的影响，以此实现浓度反演。高光谱矿物成分反演比较成功的是发生类质同象置换的元素，如铁、镁离子置换铝离子会导致光谱特征出现细微的变化，由此识别出不同元素的含量（Duke，1994）。目前，高光谱遥感可分为高空、低空和近地3种技术途径来实现重金属浓度定量反演，但这方面的研究仍处于试验研究阶段，需要进一步通过光谱特征的挖掘、算法的研发等提升高光谱遥感在重金属浓度反演方面的调查与监测能力（图4-3）。

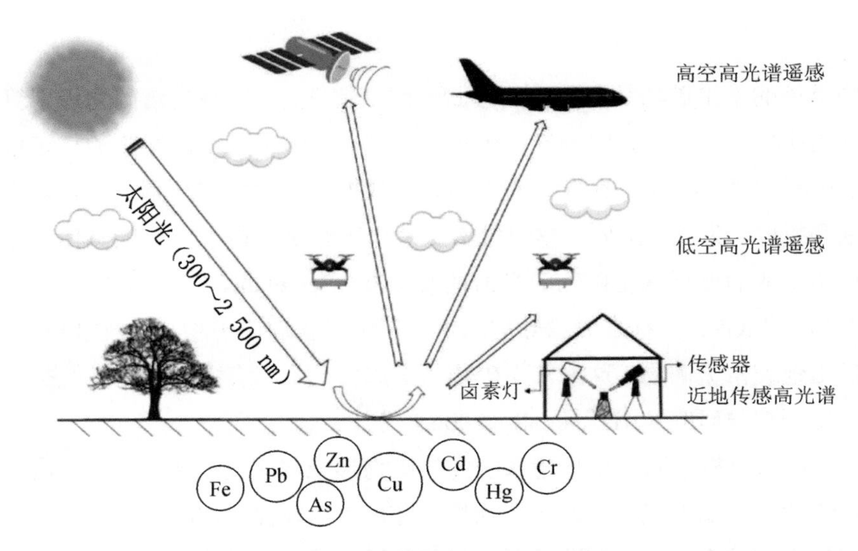

图 4-3　三类高光谱遥感的主要技术示意图（刘彦平等，2020）

4.4.4　pH 定量估算

在矿山环境评价中，pH是一个关键性的技术指标。以往发现在有酸性矿山排水（acid mine drainage，AMD）的矿区，次生含铁硫化物的生成次序具有一定的规律（Swayze et al.，2000；Montero et al.，2005），可通过其诊断性光谱特征来识别，进而根据这些矿物的分布情况来反演其形成的物理化学条件（尤其是pH的估算）。一般认为，含铁矿物沉淀析出的pH大小依次为黄钾铁矾＜3.0，施氏矿物2.8～4.5，水铁矿与施氏矿物混合4.5～6.5，水铁矿或水铁矿与针铁矿组合＞6.5（Bigham et al.，1996；Jonsson，2003）。采用上述模型或类似模型，在西班牙的Sotiel-Migollas矿山（Zabcic et al.，2005；2014）通过独立数据集对研究结果进行检验，发现实际pH与预测值之间的R^2为0.71。Quental等（2013）利用HyMap数据对与AMD有关的物质进行了填图，所生成的预测图表明各种pH指示矿物组合的相关性≥0.8，尤其是正确反映了低pH与污染区的对应关系。

研究表明，利用高光谱遥感技术进行矿山环境pH的估算及制图取得了较好的效果。但高光谱数据仅适用于地表分析，所测量的是地表最上层50 mm范围（Buckingham et al.，1983）。因此，尽管地表与地下样品的相关性可以预料，但对它们的关系仍需进一步研究。

4.4.5 污染植被信息提取

植被的长势、理化特征能够很好地反映矿山的环境特征。目前，已开发出许多从遥感图像获取植被健康状态信息的方法，并在矿山污染、矿山植被修复系统监测等领域得到了广泛应用（Im et al.，2012），如植被光谱特征“红移”“蓝移”等主要吸收特征参数的变化等（刘圣伟等，2004；Noomen，2007）。同时，也偏重识别光谱反射率的红边位置，研究其与叶绿素含量及其季节性变化的关系，以及叶绿素直接反映的植被健康状况。另一种思路是提取植被生物量等信息来进行矿山环境分析，主要方法有统计回归、光谱定位、人工智能和物理模拟等（Im et al.，2008；Tilling et al.，2007），需要结合野外训练样品来估算植被参数（Im et al.，2009）。上述方法都是经验型方法，使用起来相对比较简单，但有一定限制，如与代表性的训练样品关系很大，而且该方法对大气条件、传感器扫视几何形状及遥感数据的空间分辨率都很敏感。同时，每次获取新的遥感数据时都需要对该方法进行适当的修订（Maire et al.，2008）。另外，由于矿山环境许多可见植被的斑块面积都比较小，采用具有更高空间分辨率的高光谱数据进行植被填图的效果可能会更好（Im et al.，2012）。

4.4.6 污染边界划分

边界划分主要指对土地覆盖及利用情况进行填图，以监测矿山目标（如水体、植被、露头和废弃物堆等）的边界扩张或收缩情况，估算其面积并比较逐年变化情况（Paniagua et al.，2009），其中机载和星载高光谱可以实现不同规模的矿山多尺度地物分类与填图。国外学者曾利用HyMap和Hyperion数据进行专门的填图对比研究，探讨了不同空间分辨率图件所遇到的挑战与限制（Riaza et al.，2011）。星载高光谱图像Hyperion数据由于空间分辨率较低、幅宽较机载高光谱数据宽，可提供整个矿山的概貌，适合对全矿区进行分析（Farifteh et al.，2013）；缺点是预处理和大气校正比较复杂。机载高光谱图像空间和光谱分辨率均较高，往往被用于对矿山地物进行精细分类和填图，有利于矿山污染边界的确定。

4.4.7 环境变化分析

在矿山环境要素识别的基础上，需要开展更进一步的矿山环境变化分析，后者对于矿山环境监测和评价具有更大的意义。通过长时间序列高光谱遥感信息的提取，可满足监管部门及时了解和掌握矿山环境动态变化信息的需求。

一般矿山在开发不同阶段的环境变化都较大。根据高光谱技术提取出的矿山环境要素信息可实现对其进行时间序列的定量评价。西班牙Sotiel Migollas矿山在1984—2002年处于近代开采阶段，2002—2006年被关闭，从2006年开始进行初步的治理和修复。为了解该矿山环境的演变规律，并且为评估修复治理效果提供依据，有学者基于1999年5月、2004年5月和2008年8月等多期HyMap高光谱数据，综合采用前述高光谱矿山环境要素识别技术，对矿山环境的演变进行了研究（Paniagua et al.，2009；Zabcic，2008）。该研究结果为了解矿山在开采期、关闭期和修复期的矿物表征、pH和矿山污染分布情况等提供了准确资料，并为矿山环境治理提供了决策支撑信息。为了保证不同阶段结果的准确性与可对比性，最好能得到其他数据及资料（如地面调查）的支持。一般对于最后一个阶段修复期提取的高光谱信息，还应当采用矿物分析与实验室光谱测量的方法进行验证。

4.5 小结

矿区资源开发致使其面临一系列的生态环境问题，监测和分析矿区生态环境各种典型信号和异常成为环境保护、生态修复等工作的重要基础。“十四五”期间，我国将持续推进生态环境突出问题整改，实施尾矿库污染治理工程，加强矿山生态修复，提高矿产资源开发保护水平，发展绿色矿业，建设绿色矿山。

本章围绕矿区生态环境，从空间角度构建了“空地一体、多源多尺度”的矿区生态环境监测技术体系，包括地面调查技术、多光谱遥感技术、高光谱遥感技术及激光雷达遥感技术，以实现对矿区生态环境从微观到宏观的多尺度观测。在技术层面，综合运用多学科知识，全方位解读矿区生态环境特征。在地面调查领域，围绕矿区土壤、生物及污染问题介绍了不同阶段矿区地面调查的行业标准及技术规范。在多光谱遥感、高光谱遥感领域，基于电磁学理论分析了矿区内植被、水体及土壤等污染载体的物理、化学特性，从而实现对比多时相的光谱特征及其相关参数，对矿区潜在的生态环境问题及生态环境治理过程进行防控、监测。在激光雷达遥感领域，围绕矿区的空间结构特征，以植被和地形为研究对象，深度剖析了不同类型的矿区生态环境问题，以及不同阶段的矿区生态修复所具有的结构特征。

以上监测技术与实际的矿区生态环境监测工作是相辅相成的。一方面，根据搭载平台的不同，遥感技术可以快速获取矿区多尺度、多角度的生态环境特征，还可以有针对性地进行周期性观测；另一方面，地面调查技术可以在许多微观领域对遥感调查结果进行补充和验证。这种多学科、多技术层面的融合有助于科学展开矿区生态环境高水平保护与修复。

第二篇

生态修复成效评估

Part II　Assessment of the Effectiveness of Ecological Restoration

第 5 章　黄河沿线铁矿生态修复

我国矿山环境治理和生态修复力度不断加大，但尾矿库历史遗留问题仍比较突出。尾矿库是用于堆存金属、非金属矿山进行矿石选别后排出的尾矿、湿法冶炼过程中产生的废物或其他工业废渣的场所，通常由筑坝拦截谷口或围地构成。尾矿库不仅会占用宝贵的土地资源，而且会形成大面积裸露的库面和坝体边坡，是影响区域生态安全和人居环境健康的风险源。2021年9月，中央第七生态环境保护督查组曝光了内蒙古矿业在未取得草原征、占用手续的情况下不断扩大生产规模，导致废石、尾矿排放量增多，违法占用草原面积增大，对当地草原生态系统造成了严重破坏。随着中央生态环境保护督察反馈的涉矿问题不断曝光，加强尾矿库生态修复与污染治理已成为当前亟待解决的紧迫问题之一。本章以黄河沿线某大型铁矿企业的生态修复为例，研究了尾矿库生态修复区的适生植物种及影响因素，评估了生态修复工程实施的生态系统服务价值，以期为矿山企业落实主体责任、积极开展矿区生态修复提供参考。

5.1　研究区概况

研究区位于内蒙古自治区包头市境内（图5-1），地理坐标为东经109°16′～111°26′、北纬40°40′～42°44′，东西宽约3.2 km，南北长约3.5 km，占地面积约为12 km^2，属内陆半干旱中温带大陆性季风气候，具有春季干旱风沙大、夏季炎热雨集中、秋高气爽日照长、冬季寒冷雨雪少的特点，多年平均气温约为8.0℃，年降水量约为340.2 mm，年均蒸发量为2 100～2 342 mm。研究区尾矿库库内堆存了近1.8亿 t细粉末状的尾矿，是中国较大的尾矿库之一。该尾矿库地处温带草原和荒漠的过渡地带，野生植物以菊科、禾本科、豆科和藜科为主，有少量灌木，周围也有人工栽植的杨树、榆树、柳树和沙枣等。

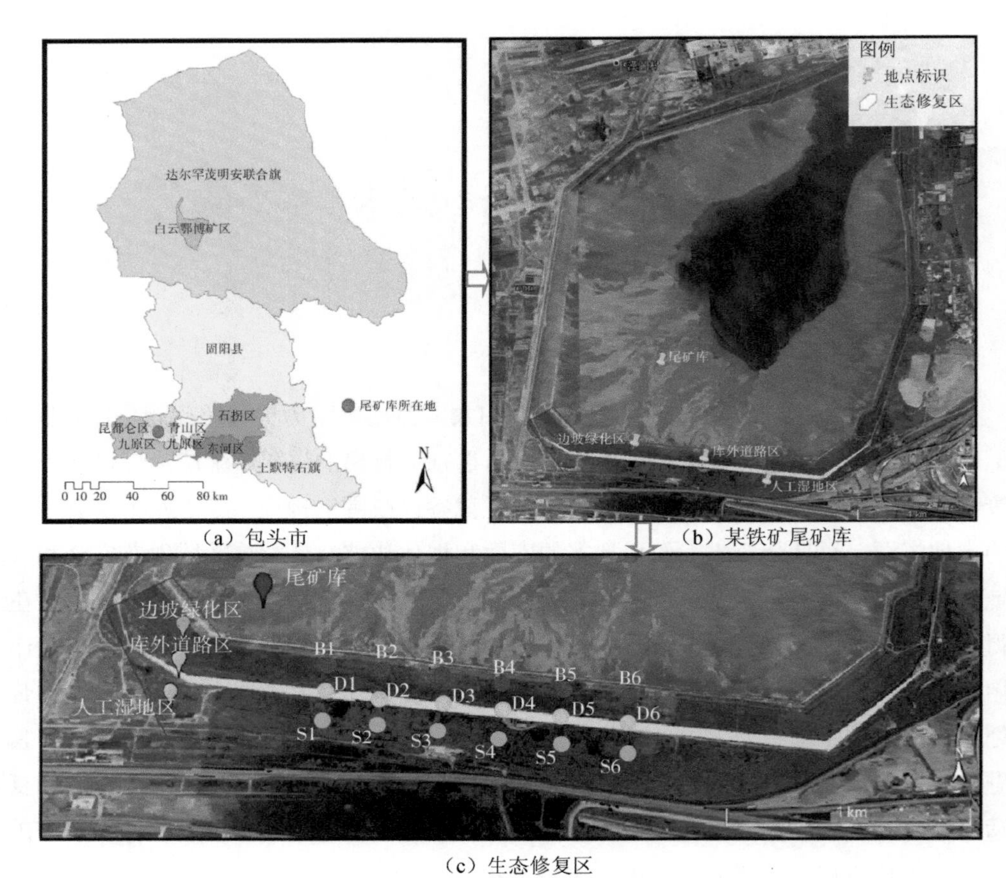

（a）包头市　（b）某铁矿尾矿库

（c）生态修复区

图 5-1　尾矿库生态修复区调查样点布设

生态修复区包括区域A和区域B两个地点，其中区域A位于尾矿库南侧，包括尾矿库边坡绿化区和人工湿地区；区域B为大青山植树造林区（图5-2），位于包头市北部，西起昆都仑公路西侧沟谷，东临包白铁路，南临呼包高速、110国道，北接大青山（表5-1）。

图 5-2　大青山植树造林区遥感影像概况

表 5-1　不同类型生态修复区基本情况

修复类型	2018 年面积/hm^2	植被类型	物种组成
边坡绿化区	40.32	草地、荒漠	秋英、苜蓿、沙冬青、猪毛菜、芨芨草、花棒、白刺、黄芪等
人工湿地区	53.28	森林、草地、湿地	芦苇、灯心草、圆穗苔、香蒲、碱蓬等
植树造林区	98.19	森林、草地、水域	柠条锦鸡儿、胡枝子、大籽蒿、樟子松、杏树等

5.2　研究方法

5.2.1　野外调查

采用以空间代替时间的方法，将边坡、道路和湿地区域与尾矿库生态修复区的植被恢复过程（前期—中期—后期）联系起来。2018年8月，在尾矿库生态修复区按边坡绿化区、库外道路区和人工湿地区3种类型自西向东设置样线和样方，样线长度为2 km，每种类型以300 m的距离等间隔布设6个样方，共18个样方。其中，人工湿地区为S1～S6，库外道路区为D1～D6，边坡绿化区为B1～B6。样方大小为2 m×2 m。调查与记录的内容包括生境描述、植物种类、数量、密度及覆盖度等。

1．物种多样性

根据调查数据计算各样方和不同生境的植物多样性指数（马克平等，1995），包括物种丰富度（S）、α 多样性指数和β 多样性指数。物种丰富度表示出现在样方内的物种数。α 多样性指数计算公式如下：

$$H= -\sum P_i \ln P_i \quad (i=1,\ 2,\ 3,\ \cdots,\ S) \tag{5-1}$$

$$D= 1-\sum P_i^2 \quad (i=1,\ 2,\ 3,\ \cdots,\ S) \tag{5-2}$$

$$J = H/ \ln S \tag{5-3}$$

式中，H—— Shannon-Wiener指数；

D—— Simpson多样性指数；

J—— Pielou均匀度指数；

P_i—— 种i的个体数占群落中总个体数的比例。

β 多样性指数计算公式如下：

$$\mathrm{CD} = 1-[2c/(a+b)] \tag{5-4}$$

$$B = (a+b-2c)/2 \tag{5-5}$$

式中，CD —— 相异性指数；

B —— Cody指数；

a和b —— 2个群落的物种数；

c —— 2个群落的共有物种数。

上述指数中的Shannon-Wiener指数和Simpson多样性指数均可衡量一个群落的物种多样性，其值越大表示该群落中未知因素越多，物种多样性越高（方精云等，2004）。Pielou均匀度指数表示群落中不同物种分布的均匀程度，其值越大表示均匀程度越高。相异性指数CD反映群落间或者样方间物种组成的差异性，其值越大表示差异性越大。Cody指数则反映样方物种组成沿着环境梯度的替代速率，其值越大表示替代速率越快。

2．统计分析

为分析坡度和土壤含水量对植被恢复的可能影响，可将环境因子定性化纳入计算，参照刘世梁等（2003）提出的经验方法，对坡度进行赋值，则上坡位、中坡位、下坡位依次赋值为0.4、1.0、0.8；对土壤含水量进行赋值，则边坡绿化区、库外道路区、人工湿地区依次赋值为0.5、1.0、2.0，值越大代表含水量越高。首先，对物种的出现频数和多样性矩阵数据进行去趋势对应分析（detrended correspondence analysis，DCA），并进行蒙特卡洛检验（5%置信度）。其次，根据分析结果对物种和环境因子矩阵进行典范对应分析（canonical correlation analyses，CCA），并将α多样性指数与环境因子矩阵进行冗余分析（redundancy analysis，RDA）。最后，对生态学群落调查的数据进行汇总，统计内容主要包括各植物种的生活型、科、属、数量比例和覆盖度比例。对各植物种和土壤含水量、坡度间进行CCA分析，对18块样地的物种丰富度、Shannon-Wiener指数、Simpson多样性指数、Pielou均匀度指数与环境因子进行RDA分析，CCA和RDA作图均采用CANOCO 5.0软件。

5.2.2 生态系统服务价值评估

1．数据来源

选取2016年7月、2017年6月和2018年6月时间段的0.5 m分辨率的高清商业卫星影像，6月、7月的遥感影像可以很好地反映植被的生长状况。数据预处理方法包括运用ArcGIS10.2、ENVI5.3等软件对卫星遥感数据进行几何校正、辐射校正、人工目视解译，从而获取2016—2018年3种生态修复区土地利用的动态数据，其他相关数据的统计及生态系统服务价值的计算等均在Excel中完成。

2．评估方法

谢高地等（2015a）将1个标准生态系统服务价值当量因子定义为1 hm^2全国平均产量的农田每年自然粮食产量的经济价值，通过计算得到2010年标准生态系统生态服务价值当量因子的值为3 406.5元/hm^2。结合统计数据、土地利用类型数据计算各土地利用类型的生态系统服务价值，该价值当量系统将农田每年自然粮食产量的经济价值定义为1，其他生态系统服务价值当量因子为相对于农田生产服务价值的大小。

利用Costanza等（1997）提出的生态系统服务价值（ESV）计算模型和单位面积生态系统服务价值当量（表5-2），可以对铁矿生态修复区2016—2018年的生态系统服务价值增量进行计算，公式如下：

$$ESV = \sum_k \sum_f A_k VC_{kf} \tag{5-6}$$

式中，ESV —— 生态系统服务价值；

A_k —— 第 k 类土地面积，hm^2；

VC_{kf} —— 第 k 类土地第 f 项生态系统功能的单位价值，元/（hm^2·a）。

由于存在通货膨胀等因素，具体应用时应当对价值当量进行修正。

表 5-2 单位面积生态系统服务价值当量

生态系统		供给服务			调节服务				支持服务			文化服务
一级分类	二级分类	食物生产	原料生产	水资源供给	气体调节	气候调节	净化环境	水文调节	土壤保持	维持养分循环	生物多样性	美学景观
农田	旱地	0.85	0.40	0.02	0.67	0.36	0.10	0.27	1.03	0.12	0.13	0.06
	水田	1.36	0.09	−2.63	1.11	0.57	0.17	2.72	0.01	0.19	0.21	0.09
森林	针叶	0.22	0.52	0.27	1.70	5.07	1.49	3.34	2.06	0.16	1.88	0.82
	针阔混交	0.31	0.71	0.37	2.35	7.03	1.99	3.51	2.86	0.22	2.60	1.14
	阔叶	0.29	0.66	0.34	2.17	6.50	1.93	4.74	2.65	0.20	2.41	1.06
	灌木	0.19	0.43	0.22	1.41	4.23	1.28	3.35	1.72	0.13	1.57	0.69
草地	草原	0.10	0.14	0.08	0.51	1.34	0.44	0.98	0.62	0.05	0.56	0.25
	灌草丛	0.38	0.56	0.31	1.97	5.21	1.72	3.82	2.40	0.18	2.18	0.96
	草甸	0.22	0.33	0.18	1.14	3.02	1.00	2.21	1.39	0.11	1.27	0.56
湿地	湿地	0.51	0.50	2.59	1.90	3.60	3.60	24.23	2.31	0.18	7.87	4.73
荒漠	荒漠	0.01	0.03	0.02	0.11	0.10	0.31	0.21	0.13	0.01	0.12	0.05
	裸地	0.00	0.00	0.00	0.02	0.00	0.10	0.03	0.02	0.00	0.02	0.01
水域	水系	0.80	0.23	8.29	0.77	2.29	5.55	102.24	0.93	0.07	2.55	1.89
	冰川积雪	0.00	0.00	2.16	0.18	0.54	0.16	7.13	0.00	0.00	0.01	0.09

5.3 生态修复工程

5.3.1 植被恢复

1．尾矿库南坡植被恢复和人工湿地建设工程

该工程分两期实施，第一期为尾矿库边坡绿化与部分湿地建设，第二期为人工湿地生态功能提升工程（图5-3）。

（a）地表土整治

（b）拉运土方

（c）地表土之上喷灌营养浆

（d）铺设纤维毯

（e）播种后的灌溉系统 1

（f）播种后的灌溉系统 2

图 5-3　尾矿库南坡植被恢复和人工湿地建设工程

尾矿库南坡植被恢复工程实施于2017年2月至2018年8月，在进行生态修复前植被覆盖极少，多为柠条锦鸡儿（*Caragana korshinskii* Kom）、沙冬青［*Ammopiptanthus mongolicus*（Maxim.ex Kom.）Cheng f.］和花棒（*Hedysarum scoparium* Fisch. et Mey.）等木本植物。尾矿库南坡植被恢复工程实施的主要内容包括尾矿库南坡喷播绿化7万m^2、灌溉管网建设、为新打水井配置电源及设施、对渗漏泵站进行扩容改造、营造坝体南侧湿地景观等，开展尾矿库南侧区域的生态环境综合整治可以实现边坡绿化区、湿地建设区及其与尾矿库之间的生态系统对水循环的良好净化。进行大规模的人工喷播绿化后，大量草本植被生长迅速，形成了生态修复区。

人工湿地建设工程（图5-4）中的喷播工程自2015年开始持续实施直至2017年，工程分为两期。第一期包括A、B两个区域，占地面积分别为127.37亩[①]和76.14亩，其中区域A在2017年已经完成，区域B在2018年上半年已经完成。在第一期人工湿地工程中，与地表土整治相关的拉运土方、机械平地、人工平地工程从2016年4月初至11月末贯穿整个施工期，其间，根据地表土整治情况开展了给水灌溉系统的建设、喷播施工，这些工作主要集中在5—7月，由于工程内容多，采取一边建设新湿地一边维护已建湿地的方式，维护期较长，从5月初持续至11月底。截至2018年8月，已完成第一期湿地修复工程面积共203亩。第二期工程建设周期为2018年9月至2019年6月，目前已经实施完成。

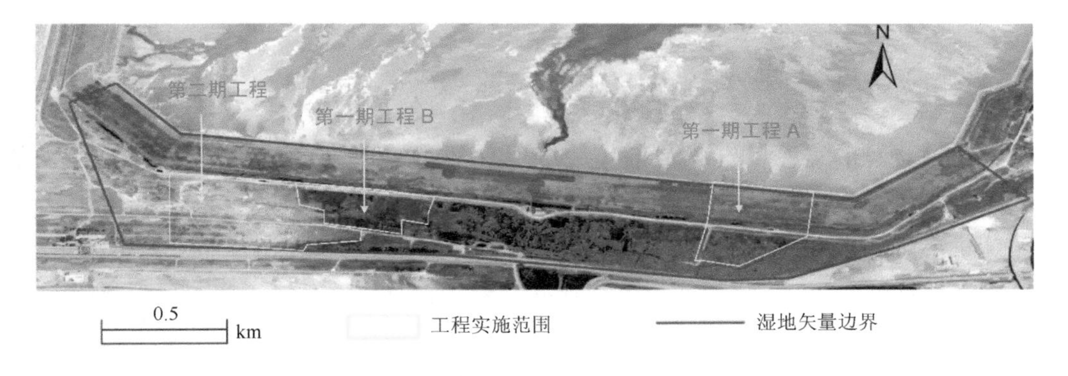

图 5-4　尾矿库南侧人工湿地工程

2. 大青山植树造林工程

大青山植树造林工程的实施时间为2017年秋季植树造林和2018年春季植树造林，造林面积为566亩。工程实施包括清理垃圾、定点放线、给水灌溉系统构建、开挖树穴、换填种植土、栽植树木和新工养护等施工环节。其中，新工养护即对新造植树区域进行灌溉施肥，维护工期贯穿整个施工周期。2017年和2018年的植树面积分别为18万m^2

① 1 亩=1/15 hm^2。

和19万m^2，较2016年的3.548万m^2大幅增加。2017年植树造林的树种和规格见表5-3，总计植树1.163 7万株。2018年春季造林主要以樟子松为主，共计1.6万株，造林面积为566亩。

表 5-3　2017 年大青山植树造林部分数据统计

序号	名称	规格	数量	单位
1	油松	*H*=1.5～2 m 带土球	1 664	株
2			1 300	株
3			1 097	株
4			1 747	株
5	樟子松	*H*=1.2～1.5 m 带土球	2 530	株
6			1 623	株
7	桧柏	*H*=1～1.2 m，带土球	50	株
8	桧柏	*H*=2 m，带土球	126	株
9	山桃	4 cm	800	株
10		4 cm	300	株
11	白榆	4 cm	400	株
12	合计		11 637	株

5.3.2　适生植物种

适生植物种的筛选和稳定群落的构建是尾矿库生态修复的重要内容之一。研究表明，引种适宜的灌木和草本植物可快速复绿坝体坡面，有效降低坡面的地表径流，防止水土流失造成的污染物迁移。稳定群落的构建通常与生态系统的复杂性和稳定性相关，反映群落的种类组成、结构水平及功能特性（Zhao et al.，2015；李海东等，2018）。因此，构建稳定植物群落的物种多样性可以有效提升尾矿库的生态修复成效，对改善矿区生态环境质量具有重要作用。

调查发现，尾矿库边坡绿化、库外道路和人工湿地3种类型的生态修复区内共有植物31种，隶属14科30属，以菊科（19.35%）、禾本科（19.35%）和藜科（12.90%）为主（表5-4）。其中，草本群落物种较为丰富，数量多且覆盖度较高，而木本植物（灌木）数量较少。除醉马草和芨芨草同属于芨芨草属（*Achnatheherum Beauv*），其余没有相同属的植物种。3类修复区的共有植物种为碱蓬，边坡绿化区和库外道路区的共有植物种为狗尾草、冰草、猪毛菜、黄芪和白刺，而库外道路区和人工湿地区的共有植物种为芦苇。

表 5-4 尾矿库不同类型生态修复区的适生植物种

生态修复区	编号	物种	拉丁名	生活型	科	属	区内个体数比例/%	区内覆盖度比例/%
边坡绿化区	1	秋英	*Cosmos bipinnata* Cav	多年生草本	菊科	秋英属	10.12	3.33
	2	苜蓿	*Medicago sativa* L.	多年生草本	豆科	苜蓿属	17.97	12.50
	3	醉马草	*Achnatherum inebrians*（Hance）Keng	多年生草本	禾本科	芨芨草属	7.61	8.67
	4	狗尾草	*Setaria viridis*（L.）Beauv	一年生草本	禾本科	狗尾草属	10.22	10.50
	5	迷迭香	*Rosmarinus officinalis* Linn	灌木	唇形科	迷迭香属	3.64	1.67
	6	沙东青	*Ammopiptanthus mongolicus*（Maxim. ex Kom.）Cheng f.	灌木	豆科	沙冬青属	5.11	24.67
	7	砂引草	*Tournefortia sibirica* L.	多年生草本	紫草科	紫丹属	4.44	6.17
	8	冰草	*Agropyron cristatum*（L.）Gaertn.	多年生草本	禾本科	冰草属	8.92	1.67
	9	猪毛菜	*Salsola collina* Pall.	一年生草本	藜科	猪毛草属	6.93	3.00
	10	大籽蒿	*Artemisia sieversiana* Ehrhart ex Willd.	一年、二年生草本	菊科	蒿属	0.07	7.83
	11	黄芪	*Astragalus membranaceus*（Fisch.）Bunge.	多年生草本	蝶形花科	黄芪属	0.65	4.83
	12	芨芨草	*Achnatherum splendens*（Trin.）Nevski	多年生草本	禾本科	芨芨草属	22.15	6.00
	13	狗牙根	*Cynodon dactylon*（L.）Pers	多年生草本	禾本科	狗牙根属	0.26	3.33
	14	碱蓬	*Suaeda glauca*（Bunge）Bunge	一年生草本	藜科	碱蓬属	0.08	0.00
	15	花棒	*Hedysarum scoparium* Fisch. et Mey.	灌木	蝶形花科	岩黄芪属	0.20	5.83
	16	白刺	*Nitraria tangutorum* Bobr	灌木	蒺藜科	白刺属	0.53	1.00
	17	柠条锦鸡儿	*Caragana korshinskii* Kom.	灌木	蝶形花科	锦鸡儿属	1.10	8.33
库外道路区	4	狗尾草	*Setaria viridis*（L.）Beauv	一年生草本	禾本科	狗尾草属	1.06	0.95
	8	冰草	*Agropyron cristatum*（L.）Gaertn.	多年生草本	禾本科	冰草属	6.43	7.07

生态修复区	编号	物种	拉丁名	生活型	科	属	区内个体数比例/%	区内覆盖度比例/%
库外道路区	9	猪毛菜	*Salsola collina* Pall.	一年生草本	藜科	猪毛草属	1.66	17.23
	11	黄芪	*Astragalus membranaceus*（Fisch.）Bunge.	多年生草本	蝶形花科	黄芪属	0.55	5.90
	14	碱蓬	*Suaeda glauca*（Bunge）Bunge	一年生草本	藜科	碱蓬属	52.52	21.07
	16	白刺	*Nitraria tangutorum* Bobr	灌木	蒺藜科	白刺属	0.02	1.23
	18	芦苇	*Phragmites australis*（Cav.）Trin. Ex Steud.	多年生草本	禾本科	芦苇属	13.78	19.06
	19	碱菀	*Tripolium vulgare* Nees	一年生草本	菊科	碱菀属	0.22	0.57
	20	蒺藜	*Tribulus terrester*L.	一年生草本	蒺藜科	蒺藜属	1.57	0.73
	21	乳苣	*Mulgedium tataricum*（Linn）DC.	多年生草本	菊科	乳苣属	1.64	2.57
	22	盐爪爪	*Kalidium foliatum*（Pall）Moq	灌木	藜科	盐爪爪属	0.02	6.07
	23	鹅绒藤	*Cynanchum chinense* R. Br	多年生草本	萝藦科	鹅绒藤属	0.07	0.57
	24	枸杞	*Lycium chinense* Miller	灌木	茄科	枸杞属	0.91	1.95
	25	播娘蒿	*Descurainia sophia*（L.）Webb. ex Prantl	一年生草本	十字花科	播娘蒿属	19.18	11.73
	26	紫菀	*Aster tataricus* L. f.	多年生草本	菊科	紫菀属	0.04	1.23
	27	灰绿藜	*Chenopodium glaucum* L.	一年生草本	藜科	藜属	0.16	0.17
	28	苍耳	*Xanthium sibiricum* Patrin ex Widder	一年生草本	菊科	苍耳属	0.16	1.90
人工湿地区	14	碱蓬	*Suaeda glauca*（Bunge）Bunge	一年生草本	藜科	碱蓬属	0.77	3.33
	18	芦苇	*Phragmites australis*（Cav.）Trin. Ex Steud.	多年生草本	禾本科	芦苇属	98.21	96.00
	29	香蒲	*Typha orientalis* Pres	多年生草本	香蒲科	香蒲属	0.53	0.33
	30	灯心草	*Juncus effusus* L.	一年、多年生草本	灯心草科	灯心草属	0.38	0.17
	31	圆穗薹草	*Carex media* R.Br.	多年生草本	莎草科	薹草属	0.11	0.17

边坡绿化区共有17种植物，包括草本12种，多为多年生草本，灌木有5种。优势种为豆科的苜蓿、沙冬青、花棒和柠条锦鸡儿，禾本科的醉马草、狗尾草和芨芨草。芨芨草和苜蓿的数量最多，达到总数的22.15%和17.97%，覆盖度为6.00%和12.50%，而覆盖度占比最大（24.67%）的沙冬青个体数比例仅有5.11%。此外，大籽蒿、花棒及柠条锦鸡儿的个体数比例和覆盖度占比分别是（0.07%和7.83%）、（0.20%和5.83%）和（1.10%和8.33%）。在边坡绿化区，灌木虽数量少，但植株高大、覆盖度高，是生态修复不可缺少的优势种群。

库外道路区包含17种植物，包括草本植物14种，灌木3种。优势种为禾本科的芦苇和冰草，藜科的猪毛菜、碱蓬和盐爪爪，十字花科的播娘蒿。其中，碱蓬的数量和覆盖度均占优势，分别为52.52%和21.07%，猪毛菜、盐爪爪的数量和覆盖度占比分别为（1.66%和17.23%）和（0.02%和6.07%）。在库外道路区，草本植物的类型多、数量大且覆盖范围广，而灌木类植物较少，不具备竞争力。

人工湿地区包含5种植物，均为草本植物，其中芦苇几乎覆盖全部样方，为该修复区的建群种，香蒲、灯心草和圆穗薹草在样方内少量分布且分布不均匀。

5.3.3 物种多样性

经生态修复，“边坡—道路—湿地”梯度的3类生态修复区的植被覆盖度达到83.83%～100%（表5-5），但物种丰富度（S）却在下降，由17种植物变为5种，相应的物种α多样性指数也不断减小。Shannon-Wiener指数（H）由0.983下降到0.049，Simpson多样性指数（D）由0.873下降到0.035，Pielou均匀度指数（J）也从0.347下降到0.030。

表 5-5 不同类型生态修复区植被覆盖度、物种丰富度及α多样性比较

生态修复区	植被覆盖度/%	物种丰富度（S）	Shannon-Wiener 指数（H）	Simpson 多样性指数（D）	Pielou 均匀度指数（J）
边坡绿化区	83.83	17	0.983	0.873	0.347
库外道路区	88.33	17	0.639	0.663	0.225
人工湿地区	100.00	5	0.049	0.035	0.030

生态修复区植物β多样性指数如图5-5所示，不同生态修复区之间的差异性较大，其中边坡—道路的相异性指数（CD）为0.647，道路—湿地的相异性指数为0.818。这从两者之间的相同植物种数也能反映出来：前者的相同植物种为6种，后者为2种。对于Cody指数，物种组成由边坡绿化区向库外道路区的替代速率较大，为11，而道路—湿地间差异很大，所以其替代的速率相对较小，为9。

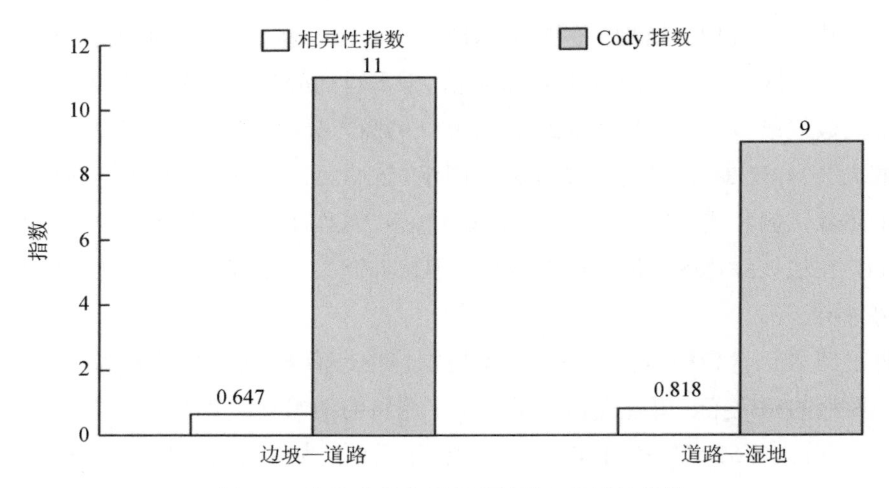

图 5-5 各生态修复区间的植物β多样性指数

5.3.4 环境因子影响

根据图5-6，CCA 4个轴的解释量分别为15.81%、10.67%、6.54%和14.10%，累计解释了物种与两种环境因子关系信息的47.12%。其中，第1轴不与任何环境因子相关，第2轴与土壤含水量相关，第4轴与坡度相关，第3轴与两者均相关，但与坡度的相关性更大。按照CCA排序，修复区的物种按照已知的影响因子可分为3个类群：香蒲、灯心草、圆穗薹草和芦苇为第一类群，主要受土壤含水量的影响；第二类群的植物种较多，有碱蓬、碱菀、播娘蒿和枸杞等，主要受坡度影响；剩余的其他植物属于第三类群，受环境因子的作用相对较小，属于尾矿库生态修复区适生植物的典型代表。

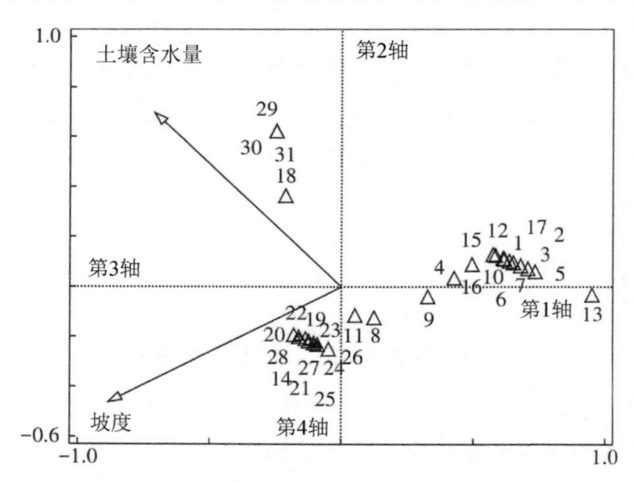

图 5-6 适生物种与环境因子 CCA 排序

注：物种标号同表4-1。

生态修复区共18块样地的物种丰富度、Shannon-Wiener指数、Simpson多样性指数、Pielou均匀度指数与环境因子的冗余分析（RDA）如图5-7所示。α多样性RDA第1轴的特征值为0.761（对物种多样性变异的累计解释率为76.1%），第2轴的特征值为0.036，第3轴的特征值为0.004。Shannon-Wiener指数、Simpson多样性指数和Pielou均匀度指数均与土壤含水量呈负相关。以上分析说明，尾矿库边坡绿化区因坝体渗漏受生境胁迫的作用较为明显，目前的植被恢复应避免采用高大乔木，以减少影响坝体安全的潜在风险。从植物种类、优势种数量和植物多样性考虑选择最适宜的物种不仅可以提高景观功能，而且在一定程度上能够阻隔库内污染物的扩散，从而构建区域生态安全屏障。

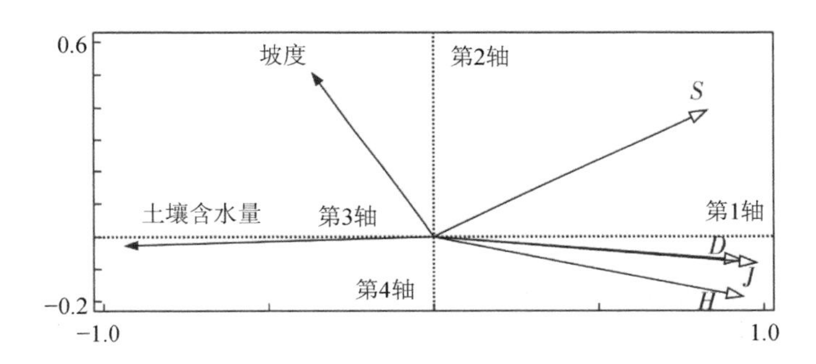

图 5-7　生态修复区内物种多样性与环境因子 RDA 排序

5.4　生态效益

5.4.1　生态修复区面积

2016—2018年，铁矿生态修复区3种类型的生态修复面积不断增加（图5-8）。其中，边坡绿化区的荒漠逐步转变为草地，草地所占比例由11.8%提高到97.2%；人工湿地区的湿地所占面积最大，比例从32.3%提高到65.6%，森林面积小幅增加，比例从2.5%提高到6.6%，草地和荒漠所占面积不断减小，比例由22.4%和42.8%减小到3.3%和24.5%；植树造林区的森林所占面积最大，比例由49.0%提高到87.4%，草地比例由50%减小到11.6%，水域面积没有发生变化，比例为1%。从土地利用面积变化的数据来看，铁矿生态修复区各生态系统面积的变化较大，生态修复的效果明显（表5-6）。

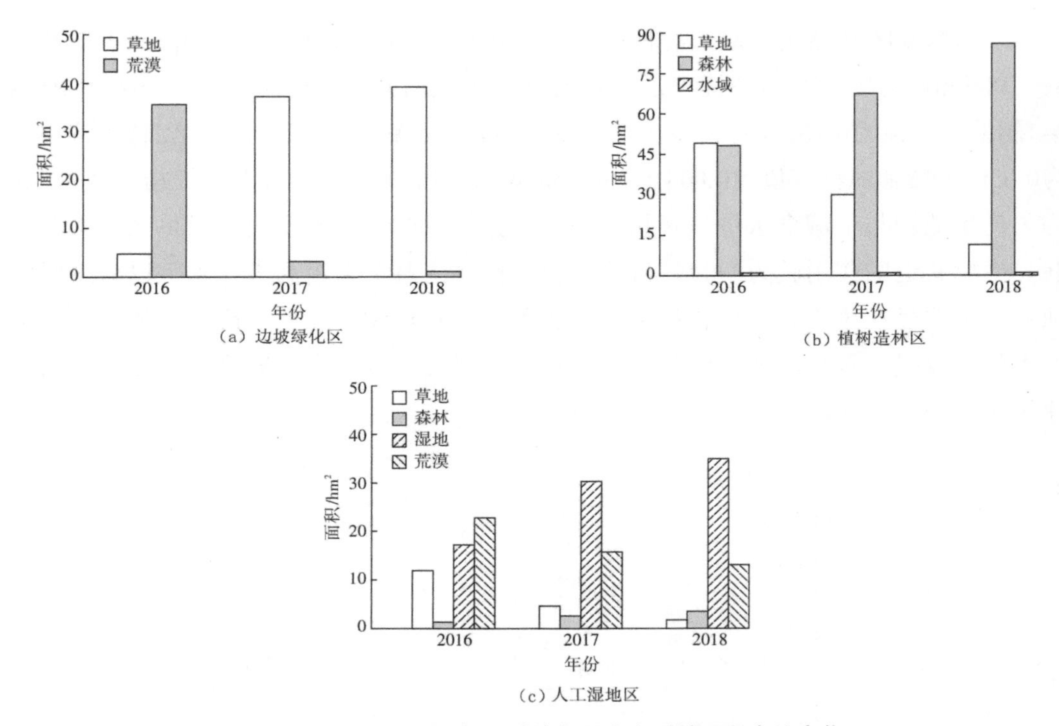

（a）边坡绿化区
（b）植树造林区
（c）人工湿地区

图 5-8　2016—2018 年 3 种修复区生态系统面积占比变化

表 5-6　2016—2018 年 3 种修复区生态系统面积变化

生态修复区	时间	生态系统面积/hm²				
		森林	草地	湿地	荒漠	水域
边坡绿化区	2016 年	0	4.76	0	35.56	0
	2017 年	0	37.17	0	3.15	0
	2018 年	0	39.19	0	1.13	0
人工湿地区	2016 年	1.33	11.94	17.23	22.78	0
	2017 年	2.62	4.62	30.31	15.73	0
	2018 年	3.52	1.76	34.93	13.07	0
植树造林区	2016 年	48.13	49.11	0	0	0.95
	2017 年	67.46	29.78	0	0	0.95
	2018 年	85.85	11.39	0	0	0.95

2016—2018年，铁矿生态修复区的植被面积不断增加（图5-9）。边坡绿化区2016年主要以荒漠植被为主，经过生态修复工程的实施，2018年转变为草地植被；人工湿地区通过湿地修复工程的实施，修复区不断向西扩大，荒漠植被面积不断减小；植树造林区

通过植树造林工程的实施，森林面积由修复区两侧不断向中部扩大，直至2018年基本完成植树造林项目。

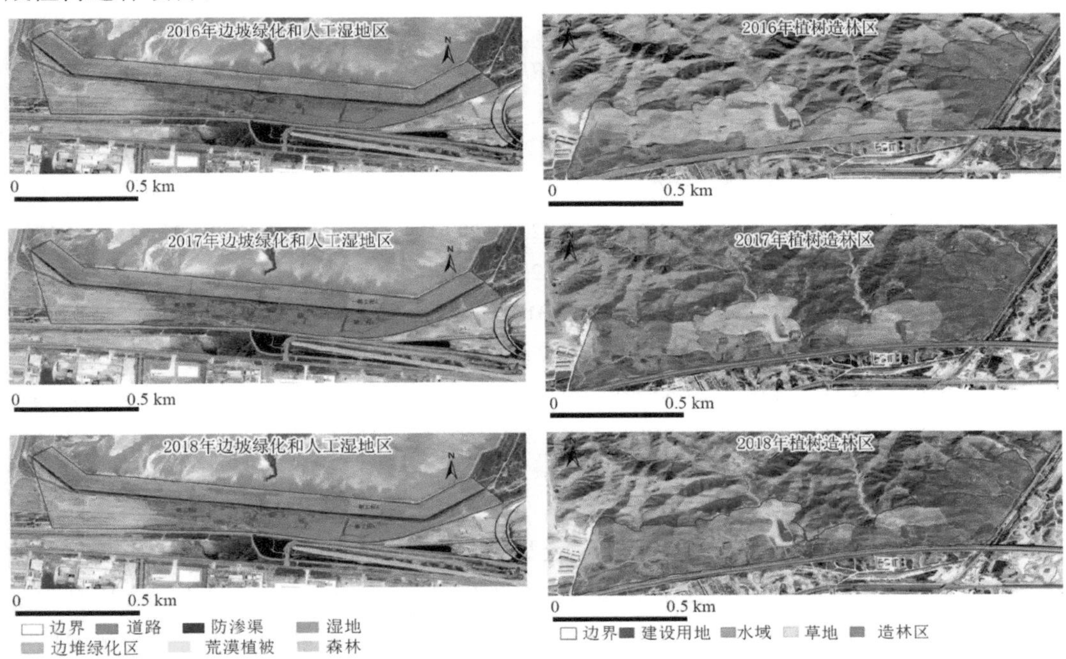

图 5-9　2016—2018 年铁矿生态修复区不同生态系统类型遥感分类

5.4.2　生态系统服务价值

由表5-7可知，2016—2018年铁矿生态修复区的生态系统服务价值（ESV）总量增加了520.68万元，增加幅度为30.29%。边坡绿化区的生态系统服务价值增加了218.03万元，增加幅度为82.81%。其中，草地服务价值构成从70.55%提高到99.84%，荒漠服务价值构成从29.45%减少到0.16%。人工湿地区增加了258.96万元，增加幅度为39.04%。其中，森林服务价值构成从2.59%提高到4.17%，草地服务价值构成从19.8%大幅减少到1.78%，湿地服务价值构成从75.5%提高到93.31%，荒漠服务价值构成从2.11%减少到0.74%。植树造林区的生态系统服务价值增加了43.69万元，增加幅度为5.51%。其中，森林服务价值构成从50.77%提高到85.23%，草地服务价值构成从44%减少到9.64%，水域面积没有发生变化，服务价值构成基本保持不变。

表 5-7　2016—2018 年铁矿生态修复区不同类型生态系统服务价值变化

修复区	生态系统类型	2016 年			2017 年			2018 年		
		面积/hm^2	ESV/万元	价值构成/%	面积/hm^2	ESV/万元	价值构成/%	面积/hm^2	ESV/万元	价值构成/%
边坡绿化区	草地	4.76	31.93	70.55	37.17	249.31	99.53	39.19	262.86	99.84
	荒漠	35.56	13.32	29.45	3.15	1.18	0.47	1.13	0.42	0.16
人工湿地区	森林	1.33	10.46	2.59	2.62	20.61	3.47	3.52	27.69	4.17
	草地	11.94	80.09	19.80	4.62	30.99	5.21	1.76	11.81	1.78
	湿地	17.23	305.33	75.50	30.31	537.11	90.33	34.93	618.98	93.31
	荒漠	22.78	8.54	2.11	15.73	5.89	0.99	13.07	4.90	0.74
植树造林区	森林	48.13	378.57	50.77	67.46	530.61	68.82	85.85	675.26	85.23
	草地	49.11	329.4	44.00	29.78	199.75	25.91	11.39	76.40	9.64
	水域	0.95	40.65	5.43	0.95	40.65	5.27	0.95	40.65	5.13

2016—2018年，铁矿生态修复区不同类型生态系统的生态功能服务价值整体呈增加趋势（表5-8）。其中，边坡绿化区的调节服务价值量与价值构成占比最大，其次是支持服务、供给服务和文化服务，调节服务价值量相比2016年增加了140.6万元；人工湿地区的调节服务价值量与价值构成占比同样为第一，其次是支持服务、文化服务和供给服务，调节服务价值量相比2016年增加了165.54万元，为铁矿生态修复区生态功能服务价值量增幅的最大值；植树造林区的调节服务价值量与价值构成占比为第一，其次是支持服务、供给服务和文化服务，2018年调节服务价值构成占比为65.68%，价值量相比2016年增加了27.75万元。

表 5-8　2016—2018 年铁矿生态修复区不同类型生态系统生态功能服务价值变化

修复区	生态系统功能	2016 年		2017 年		2018 年	
		ESV/万元	价值构成/%	ESV/万元	价值构成/%	ESV/万元	价值构成/%
边坡绿化区	供给服务	2.75	6.04	15.89	6.34	16.72	6.35
	调节服务	29.47	64.74	161.84	64.61	170.07	64.60
	支持服务	11.14	24.47	60.55	24.17	63.65	24.18
	文化服务	2.16	4.75	12.21	4.87	12.84	4.88
人工湿地区	供给服务	27.33	6.76	40.71	6.85	45.54	6.86
	调节服务	259.76	64.23	381.34	64.13	425.30	64.11
	支持服务	84.76	20.96	120.92	20.34	134.09	20.21
	文化服务	32.57	8.05	51.63	8.68	58.45	8.81

修复区	生态系统功能	2016年		2017年		2018年	
		ESV/万元	价值构成/%	ESV/万元	价值构成/%	ESV/万元	价值构成/%
植树造林区	供给服务	46.72	6.24	47.63	6.18	48.52	6.12
	调节服务	492.64	65.81	506.87	65.74	520.39	65.68
	支持服务	173.90	23.23	179.96	23.34	185.72	23.44
	文化服务	35.36	4.72	36.55	4.74	37.68	4.76

5.4.3 其他效益分析

1. 尾矿库南坡植被恢复和人工湿地建设工程

尾矿库南侧湿地以沼泽湿地为主要依托，本身具有巨大的生态系统服务功能。通过人工湿地工程的实施，不仅可以保育湿地生态系统，保护和新建多样性的湿地生境，丰富湿地景观类型，具有维持生物多样性、降解污染物、调节气候、涵养水源等巨大的生态功能，而且可以显著提高湿地生态承载力，对保障矿区生态安全、保护鸟类栖息地、改善水质、维护生态平衡有着十分重要的现实与长远意义，生态效益十分显著。

一是有效降解污染和净化水质。湿地是拦截、净化污水的天然生态屏障，类似于肝脏的"解毒"功能。湿地通过"过滤净化"可以去除湿地水流中有机营养物、有毒污染物和悬浮物，植被对降水起到自然过滤和离子交换的作用，使水质达到净化效果。通过人工湿地的建设，利用边坡植物、微生物的物理过滤、吸收和分解功能，可以使湿地内污水中的有害物质得到降解，充分发挥湿地自然降解污染的功能，使污水净化，优化湿地生态用水，充分体现湿地生态系统的自我净化能力。

二是保护水禽栖息地。尾矿库南侧人工湿地的建设，一方面通过水质净化、栖息地保护、边坡绿化等工程项目的实施，保护了现有水禽栖息地的安全，提高了其质量；另一方面通过水禽栖息地营造、水生生物多样性恢复，满足了不同水禽对栖息地的需求，并为其提供了充足的食物，从而为鸟类和鱼类等提供了良好的栖息环境。

三是保护和恢复生物多样性。通过扩大栖息地的数量和面积，并适当引进区域缺失的乡土物种，能够进一步丰富生物多样性，构建尾矿库环境安全的生态链和生态网络。通过采取一定的生态保护和恢复工程措施，能够提高现有栖息地的质量，使野生动植物栖息、繁衍的生存环境得以进一步改善，物种多样性、遗传多样性和生态景观多样性也得到有效保护。

四是调节区域小气候。一方面，湿地土壤积水或经常处于过湿状态时，热容量大，消耗太阳能多，使地表增温困难；另一方面，湿地系统通过强烈的蒸发作用和植物的蒸腾作用，把大量水分送回大气，使近地层空气湿度增加。湿地通过水平方向的热量与水分交换，使周围地区的气候比其他地方略显湿润。此外，湿地植物固定CO_2、释放O_2及屏蔽作用使湿地区域的空气远比其他地方清新，亲临湿地的人都会有一种心旷神怡的感觉。

五是防止自然灾害。湿地常被称为“海绵体”和“天然绿色水库”，有很强的渗透能力和蓄水能力，在涵养水源、调节地表径流、补给地下水和维持区域水平衡中发挥着重要作用。在降水时，湿地通过对降水的吸收、渗透，减少和滞后了地表径流，可有效调节洪水、防止自然灾害的形成；在干枯季节，湿地能够逐渐释放出涵养的水分，增加河流的流量，缓解旱情。因此，湿地通过蓄纳降水、调节径流、补给地下水发挥出巨大的生态效益。

2．大青山植树造林工程

在改善空气质量方面，林冠枝叶表面可以吸附灰尘和有毒微粒，吸收有毒气体，有助于消除污染，有益人体健康。据统计，一亩树林每天可吸收67 kg CO_2，释放48 kg O_2；一个月可以吸收4 kg SO_2，一年可以吸收2万～6万kg灰尘。植树造林工程的实施，每天可为包头市吸收约37.9 t CO_2、生产27.2 t O_2，有利于保持城市的碳氧平衡，每月可以吸收2.3 t SO_2，每年能减少2.3万 t 灰尘，有利于改善城市空气质量。

在调节小气候方面，森林能有效调节城市的热量和水分状况，缩小温差、湿差，减轻市区的热岛效应。据测定，夏季林地气温可比非林地低4.8℃，空气湿度可以增加10%～20%；在森林上空500 m范围内，有林地年平均气温比无林地低0.7～2.3℃，夏季气温低8～10℃。

在防风固沙方面，要抵御风沙的袭击，必须造林防风，以减弱风的力量。森林对风的碰撞、摩擦与阻挡，可以改变风的流场，降低风力。风一旦遇上树林，速度要减弱70%～80%。如果相隔一定的距离并行排列许多树林，就能有效预防沙尘天气。植树造林可有效降低风速，防止风害、风蚀，减少水分蒸发，减轻农林业保墒压力，改善城区人居环境。

在涵养水源方面，森林可通过林冠与地被物对降雨的截留及土壤渗水、蓄水作用减轻雨滴对地表土壤的直接冲击，延长地表径流过程，增加水分渗透、蓄积，起到涵养水源、减缓洪峰、净化水质的作用。一般情况下，森林可使降水量的50%～80%渗入土壤。由此可见，植树造林项目的实施可增加城市蓄水、保水、净水的能力，缓解水资源短缺的问题。

在改良土壤方面，森林通过根系和凋落物可显著改善土壤结构，提高土壤肥力，加快土壤的熟化，防止土壤侵蚀。因此，植树造林有利于改善包头市困难生境的立地条件，降低土壤含石量及岩石露土率，增加土层厚度和有机质含量，防止土壤流失，为包头市可持续发展提供更多的土地资源。

在增加生物多样性方面，经植树造林后的大青山区显著提高了植物多样性，并为动物、鸟类、昆虫、微生物等提供了栖息场所和丰富的食物，有利于增加包头市的生物种类和数量，增强森林对城市生态环境的支持作用，为区域生态安全提供保障。

5.5 讨论与结论

5.5.1 讨论

植被恢复是尾矿库生态修复的重要内容，在这一过程中灌木的生长发育对于土壤内有机碳、全氮、全磷、有效氮和有效磷均有不同程度的富集作用，具有明显的保种作用和肥岛效应。研究发现，离尾矿库越近的植物种适应生境胁迫的能力越强。边坡绿化区中的灌木种类属于原生耐旱植被，对困难立地条件有着较强的适应能力，而且可以为草本植物的恢复提供庇护；草本植物具有适应力强、种子易传播的特点。库外道路区的土壤水分含量较高，适生植物多为喜湿、耐涝类植物。人工湿地区内的适生植物均为水生类植被。边坡绿化区、库外道路区分别有3～5种灌木，而人工湿地区则不存在，因此灌木在尾矿库植被恢复中具有重要性，特别是在生态修复前期。

对于尾矿库生态修复植物种的选择，特别是在边坡绿化区，一方面，考虑的是坝体地质的安全，一定要做到因地制宜、适地适树，慎用高大和主根发达的乔木，避免因根系穿孔而造成尾矿库渗漏和安全问题；另一方面，困难立地条件下的土壤理化性质和生境胁迫、气候因素等都是植被恢复的潜在关键因素。

本章以内蒙古某铁矿企业生态修复为例，针对土地利用结构特点和野外调查，利用谢高地（2015b）等提出的全国陆地生态系统服务价值系数，开展了2016—2018年铁矿生态修复区生态系统服务价值增量评估，不仅可为矿山企业开展生态环境损害替代性修复提供一种借鉴工具，而且可以为相关部门开展矿山生态环境监管提供一定的参考。然而，虽然矿山企业开展了大规模铁矿生态修复，但仍存在两方面的问题：一是仅估算了2016—2018年短期生态系统服务价值，并没有从生态功能修复的角度开展生态修复的长期效益评估，从定性来说，生态功能修复的远期效益明显大于初期；二是由于铁矿生态修复区的空间尺度相对较小，所选取的生态系统服务价值系数在适用性方面需要修订。下一步，可通过运用三维激光雷达等新技术手段，从矿区生态修复植被的垂直结构来估算生态系统服务功能，对比分析与全国陆地生态系统服务价值系数的偏差，依托基础科研进一步提升生态价值评估精度。

5.5.2 结论

尾矿库生态修复区内共发现植物31种，隶属13科30属，以菊科、豆科、禾本科和藜科为主，占总数的71%。占据主要优势的是草本植物，而木本植物数量虽少，但其覆盖度高，在矿区植被恢复前期起着十分重要的作用。不同类型生态修复区的优势种差异性大。边坡绿化区的优势种较多，草本植物为苜蓿、醉马草和狗尾草等，木本植物为沙冬青、花棒和柠条锦鸡儿。库外道路区的优势种主要为草本植物（如芦苇、碱蓬和播娘蒿等），木本植物只有盐爪爪。边坡绿化区的植物多样性最高，人工湿地区的植物多样性最低。

尾矿库生态修复首先要考虑坝体地质的安全。在植物种选择和稳定群落构建方面，尾矿库生态修复前期可在确保坝体地质安全的前提下，引种原生的木本植物，以沙冬青为主、花棒和柠条锦鸡儿为辅，改善土壤条件；随后引种草本植物，以苜蓿和狗尾草为主、醉马草和碱蓬为辅。在播种方法上，可采用人工喷播和滴灌等方式提高尾矿库植被的恢复效果。

2016—2018年，铁矿生态修复3种类型区的生态修复面积呈增加趋势。其中，边坡绿化区的草地面积所占比例相比2016年提高了85.4%；人工湿地区的湿地面积相比2016年提高了33.3%；植树造林区的森林面积相比2016年提高了38.4%。从空间变化来看，边坡绿化区与人工湿地区的修复面积逐步从东向西增加，植树造林区从东西两侧向中部增加。

2016—2018年，铁矿生态修复3种类型区的生态系统服务价值呈增加趋势。其中，生态系统服务价值总量相比2016年增加了520.68万元，3种类型区生态系统服务价值分别增加了218.03万元、258.96万元和43.69万元；边坡绿化区的调节服务价值量相比2016年增加了140.6万元，人工湿地区调节服务价值量相比2016年增加了165.54万元，植树造林区调节服务价值量相比2016年增加了27.75万元。

第6章 “锰三角”花垣县生态修复

湖南省、贵州省和重庆市交界处的武陵山区锰产业集中，俗称“锰三角”。湖南省湘西自治州花垣县以有色金属储量丰富闻名，矿业相关产值一度占据该县工业总产值的90%以上，高额工业产值的背后是生态环境安全和人居环境健康的巨大代价。2013年，当地政府提出“花垣变花园”的城乡建设治理目标，对混乱无序的矿山开采进行整治，但是在采矿加工中仍然存在一些不合规的现象，连片的矿洞和尾矿库污染仍在继续。2015年，按照“六个不留”的要求，当地政府开展了生态修复，对境内尾矿库进行了全方位的整治。2017年，花垣县政府工作报告指出，“花垣县矿区扬尘依然到处可见，部分尾矿库存在安全隐患，少数浮选加工企业治理工作滞后，矿山修复工作整体尚需加强。”2018年，花垣县依法关闭了16个尾矿库，采取覆土、复绿等多种措施相结合的方式实施矿区生态环境治理工程。截至2021年9月，花垣县已经让曾经的“矿海”变成了桑田，实现了生态效益与经济效益的“双赢”。本章以“锰三角”花垣县为例，开展矿区生态修复及效益评估研究，以期为矿区生态环境投入与绿色转型发展提供决策依据。

6.1 研究区概况

花垣县位于湖南省湘西土家族苗族自治州西北部，东经109°15′8″～109°38′39″、北纬28°10′55″～28°37′34″，地处云贵高原，海拔300～1 800 m，地势东、南、西三面高，北部低，中部呈三级台阶状，具有高山台地、丘陵地带和沿河平川3个台阶型地貌带，属于亚热带季风山地湿润气候区，气候温和、四季分明、光照充足、雨水丰沛，年平均气温为16℃，年平均降水量为1 250～1 500 mm，年平均日照时数为1 291～1 406小时。花垣县矿产资源丰富，已探明矿产有20余种，锰矿探明储量居湖南省之最、全国第二，铅锌矿探明储量居湖南省第二、全国第三，有“东方锰都”“有色金属之乡”的美誉。

1．土地利用

根据遥感影像解译（图6-1），花垣县2017年的土地利用总面积为1 112.54 km^2。其中，耕地为285.82 km^2，占25.69%；林地为690.17 km^2，占62.04%；草地为111.87 km^2，占10.06%；河流或水域为3.99 km^2，占0.36%；工矿及城乡建设用地为20.27 km^2，占1.82%；未利用地占地面积为0.42 km^2，占0.03%。

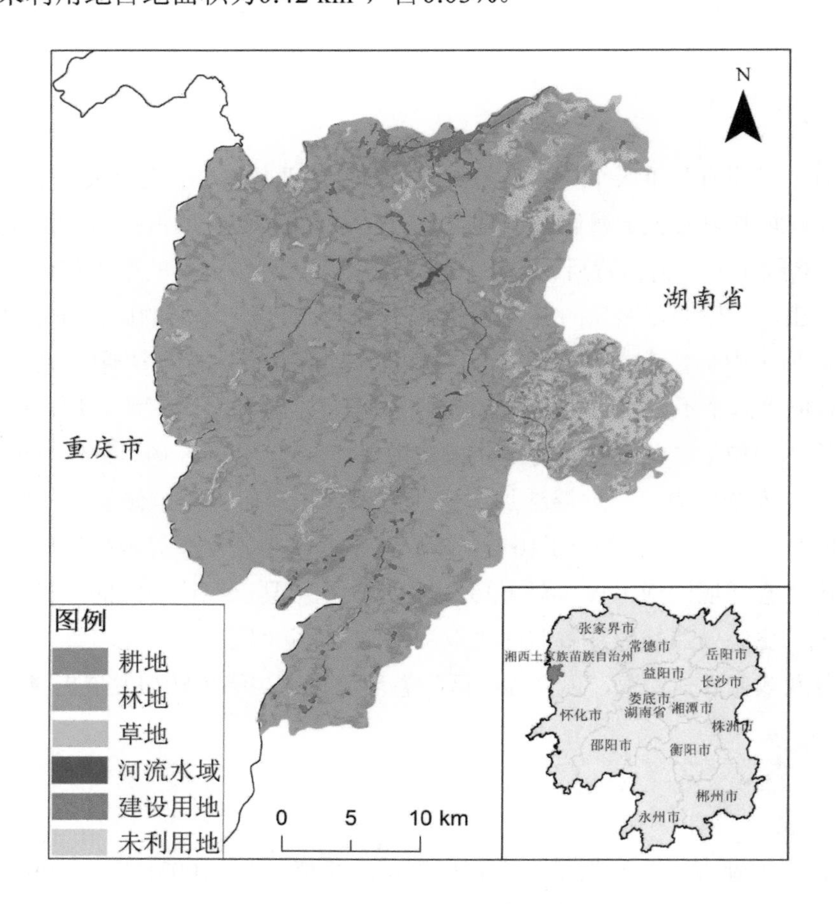

图6-1　花垣县土地利用

2．社会经济

花垣县自古为少数民族聚居地，贫穷人口众多，社会和经济发展落后。自20世纪90年代起，该县矿产开发逐渐形成规模，产业结构迅速转变。花垣县的工业产业及经济结构单一，矿产资源开发作为龙头产业，没有替代产业，处于典型的工业主导型经济发展阶段。

3．生态环境问题

水体污染方面，花垣县境内有兄弟河、花垣河等大小河流共32条。花垣河发源于重庆市椅子山，注入凤滩水库，其主河段位于湘西自治州花垣县境内，河流全长约为187 km，流域面积为2 797 km^2。在花垣县矿产开发如火如荼的10年中，花垣河多流域均出现严重污染。三省交界的清水江尤其严重，流经茶峒镇翠翠岛的部分甚至全部水体黑臭，被当地人戏称“黑水河”，河里鱼虾灭绝，沿河两岸40多万居民饮水困难。

土地污染方面，矿产开发及利用过程中易产生物理污染物，土壤又是极易被污染的，废气中的颗粒污染物在重力作用下沉降到土壤，废水在渗透作用下进入土壤，废渣则是通过与土壤表面接触直接进入土壤或渗出液体后进入。各种产业的发展离不开良好的生态环境条件，经历30年的粗放型矿山开采，花垣县土壤条件遭受了一定的破坏（图6-2）。2017年通过实地调查发现，该县许多尾矿库的生态修复都存在问题（表6-1）。

（a）废弃选矿厂

（b）排岩场

（c）工业场地

（d）局部全貌

图6-2　采矿废弃地

表 6-1　花垣县尾矿库现场调查清单

序号	尾矿库名称	地址	尾矿介质	尾矿库使用情况	现场调查记录	现场照片
1	某公司广子坳尾矿库	花垣镇永丰村	铅锌渣	已闭库验收	12 月 11 日 10：05，基本无覆土，有碎石压，正在建设光伏发电设施	
2	某选矿厂团结半坡尾矿库	花垣镇长新村	铅锌渣	已闭库验收	12 月 11 日 10：28，无覆土，无植被，碎石覆盖	
3	某公司洞溪坪尾矿库（新）	花垣镇洞溪坪村	锰矿渣	正在闭库	12 月 12 日 16：45，直接倒锰渣进库，已做闭库设计	

序号	尾矿库名称	地址	尾矿介质	尾矿库使用情况	现场调查记录	现场照片
4	某公司广子坳村尾矿库	花垣镇广子坳村	铅锌渣	待闭库	12月13日11：53，天然洼地，无坝体，无植被，无覆土；在峰林矿业的下游/侧	
5	某公司尾矿库	花垣镇花桥村	锰矿渣	闭库待验收	12月10日15：38，有覆土，有杂草，周边有民房	
6	某公司尾矿库	花垣镇耐子堡黄莲洞	铅锌渣	闭库待验收	12月11日11：05，有碎石压，无植被，库面无开沟，两侧有排水沟	

序号	尾矿库名称	地址	尾矿介质	尾矿库使用情况	现场调查记录	现场照片
7	某公司尾矿库	花垣镇下瓦水村	铅锌渣	待闭库	12月13日9：11，土石坝，四周是山，坝下临近河流（花垣河），有临时库水处理池	
8	某公司尾矿库	花垣镇永丰村	铅锌渣	待闭库	12月13日12：29，2009年停产，有覆土（不彻底），有杂草，有排水沟	
9	某公司尾矿库	龙潭镇民和水库旁	铅锌渣	待闭库	12月13日9:57，2007年停产，有土坝，无覆土，库面无植被，面灰白，坝下无沉水池；下游约100 m是民和水库，环评时有监测	

序号	尾矿库名称	地址	尾矿介质	尾矿库使用情况	现场调查记录	现场照片
10	某公司芭茅寨尾矿库	龙潭镇芭茅村	铅锌渣	待闭库	12月13日12：24，2015年停产，有积水，无覆土，无植被，库面无排水沟；旁侧有矿石堆放	
11	某公司选厂尾矿库	龙潭镇豆旺村	铅锌渣	闭库待验收	12月11日13：22，有杂草/茅草，缺少库面开沟，无树	
12	某公司尾矿库	龙潭镇开支村	铅锌渣	待闭库	12月13日14：18，库面灰白，有积水；无覆土，无植被，无开沟；下游临近德忠尾矿库	

序号	尾矿库名称	地址	尾矿介质	尾矿库使用情况	现场调查记录	现场照片
13	某公司泡沫坪尾矿库	龙潭镇泡沫坪村	铅锌渣	闭库待验收	12 月 11 日 11：16，下面是堆石坝，上面是土石坝，有碎石压，无植被	
14	某公司三角冲尾矿库	龙潭镇三角坪村	铅锌渣	待闭库	12 月 13 日 10：35，库面灰白，无排水沟，无覆土，无植被；有土坝，无沉浸池	
15	某公司尾矿库	龙潭镇祥和村	铅锌渣	待闭库	12 月 13 日 11：17，坝体下游无沉浸池，坝体上有小乔木、茅草，覆盖度达 60% 以上	

序号	尾矿库名称	地址	尾矿介质	尾矿库使用情况	现场调查记录	现场照片
16	某公司尾矿库	龙潭镇祥和村	铅锌渣	待闭库	12月13日10：59，有土石坝，长有乔木，布满灌丛，库面有零星茅草，呈灰白色	
17	某公司歇场坡尾矿库	龙潭镇雪塘坡	铅锌渣	闭库待验收	12月11日11：39，有3个坝，正在恢复，刚开沟砌好排水沟，覆土未做好，无植被	
18	某公司鱼塘尾矿库	猫儿乡蜂塘村	铅锌渣	待隐患治理验收通过后取证，未通过就闭库	12月12日13：54，正在使用，库中有淹没的树	

序号	尾矿库名称	地址	尾矿介质	尾矿库使用情况	现场调查记录	现场照片
19	某选矿厂尾矿库猫儿铅厂尾矿库	猫儿乡铅厂村	铅锌渣	待闭库	12月12日15：00，库面没有排水沟，无覆土，有植被，2007年废弃	
20	某选矿厂尾矿库	猫儿乡杉木村	铅锌渣	正在闭库	12月12日14：17，选厂已拆除，上无覆土，自然生长杂草；有土石坝	
21	某公司民乐镇卡子尾矿库	民乐镇卡子村	铅锌渣	待闭库	12月12日11：36，面积小，无排水沟（有临时排水沟），有杂草	

序号	尾矿库名称	地址	尾矿介质	尾矿库使用情况	现场调查记录	现场照片
22	某公司洞溪坪尾矿库（新）	花垣镇洞溪坪	锰矿渣	停产停用	12月13日15：40，已停用，周边生长了很多茅草，坝体植被好，库面无覆土，基本无植被	
23	某公司洞溪坪电解金属锰尾矿库	花垣镇洞溪坪村	锰矿渣	停产停用	12月12日16：29，坝很好，大面积茅草	
24	某公司广子坳铅锌尾矿库	花垣镇广子坳	铅锌渣	停产停用	12月13日11：49，库面灰白，有土石坝，库面无覆土，无植被，坝体有排水沟；下侧是文华锰业	

序号	尾矿库名称	地址	尾矿介质	尾矿库使用情况	现场调查记录	现场照片
25	某公司锰渣库尾矿库	花垣镇花桥村	锰矿渣	停产停用	12月11日10：56，2016年停产，有环保项目，有重金属治理资金；有覆土，有开沟，覆膜，无植被	
26	某公司尾矿库	花垣镇狮子桥	锰矿渣	停产停用	12月10日14：02，淘汰落后产能时停产，上种有菊花、杂草，环保已验收，安监未验收；铺了防渗膜，覆土50 cm	
27	某公司铅锌尾矿库	花垣镇下瓦水	铅锌渣	停产停用	12月13日14：58，有土石坝，无覆土，无植被；吉首大学、中山大学在库面开展了无土栽培实验	

序号	尾矿库名称	地址	尾矿介质	尾矿库使用情况	现场调查记录	现场照片
28	某选矿厂道二尾矿库	花垣镇寨保村	铅锌渣	停产停用	12月13日9：39，已停用，无覆土，无植被；在等待续证，无须环保监测，向安监部门申请；坝下有沉浸池，池水回用	
29	某公司角弄尾矿库	龙潭镇角弄村	铅锌渣	停产停用	12月11日13：57，已停用	
30	某公司尾矿库	龙潭镇土地村	铅锌渣	停产停用	12月13日13：56，新覆土，无植被，有开沟；2017年11月，湖南省安监部门已组织验收，未发文	

序号	尾矿库名称	地址	尾矿介质	尾矿库使用情况	现场调查记录	现场照片
31	某选矿厂雷公冲铅锌选矿厂尾矿库（原万名）	龙潭镇祥和村	铅锌渣	停产停用	12月13日12：50，库内有积水，无覆土，无开沟，无植被，库内覆有土工布防渗，有土石坝	
32	某公司尾矿库	猫儿乡杉木村	铅锌渣	停产停用	12月12日14：30，新修排水沟，无植被，覆土30 cm，上有碎石，无防渗膜；半月前已验收，尚未发文	

6.2 研究方法

6.2.1 数据来源

遥感数据：获取研究区2000年Landsat影像，以及2010年和2017年高分2号遥感影像，通过辐射定标、几何校正、大气校正等预处理，采用人机交互的方式获得花垣县2000年、2010年和2017年的土地利用解译数据；通过土地利用变化数据评估矿山生态破坏与恢复治理情况。

遥感产品：2000—2017年的花垣县植被净初级生产力——MODIS NPP数据，空间分辨率为250 m；2000—2017年的归一化植被指数——SPOT_VGT NDVI数据，空间分辨率为1 km。

恢复治理数据：《花垣县国土资源局综合统计报告》（2011—2017年）、《花垣县国民经济和社会发展统计公报》（2011—2017年）、《花垣县矿业整治整合任务分解方案》（2019年）、《湘西自治州污染防治攻坚战三年行动计划（2018—2020年）》、《湖南省土地开发整理项目预算补充定额标准（试行）》和《土地开发整理项目预算定额标准湖南省补充定额标准（试行）》。

6.2.2 生态环境损失评估

1. 指标体系构建

矿产资源开发的不同阶段会付出不同性质的环境成本代价，如生态破坏和环境污染发生前采取预防措施产生的防护性成本，以及开展矿山恢复治理工作带来的恢复治理成本。因此，按时间顺序可将整个矿产资源的开发过程分成3个阶段，即矿山开采前、开采中和闭矿后，分别对应着矿产资源开发生态破坏和环境污染不同性质的经济损失。矿产资源开发造成的生态破坏和环境污染主要损失如下：

一是生态破坏导致的生态服务功能损失。它是指在矿产资源开采过程中，因土地利用改变而导致原生生态系统的主要载体发生改变，破坏了原生生态系统的服务功能，使生态系统的11种服务功能长时间累积下降造成的损失。

二是土地利用变更导致的农林生产损失。它是指在矿产资源开采过程中（开采中），因土地利用改变而导致原土地上的农林、耕种、渔业、养殖等经济收入发生改变，由此核算出的经济损失。

三是环境污染导致的人体健康损失。它是指因矿产资源开采（开采中）而导致的工业“三废”对人体健康产生的损失。

四是防护性成本。它是指在矿产资源开采前（开采前）和开采过程中（开采中）为减少生态破坏和环境污染所采取的投入，如采矿区的环境治理成本、矸石山或尾矿库的地质灾害治理等。

五是恢复治理成本。它是指在矿山开采结束后（闭矿后）对已经造成的生态破坏和环境污染进行恢复治理的投入，如对闭坑矿山或已经停用的采场、排土场、尾矿库等进行森林植被恢复的投入，对毁坏的耕地进行复垦的投入，对水污染进行治理的成本等。

需要指出的是，受矿山类型、开采方式和开采地域、不同经济发展水平下人们对生态环境保护认识水平的差异性影响，生态破坏和环境污染的实物性和经济损失核算存在较大的差别。

基于上述思路和评估的科学性原则，建立矿山生态破坏与环境污染损失评估理论指标体系（S）。矿山生态破坏与环境污染损失评估指标体系可分为4个层次，即目标层、约束层、准则层和指标层（表6-2）。

表 6-2　生态破坏与环境污染损失评估指标体系

目标层	约束层	准则层	指标层
矿山生态破坏与环境污染损失评估（S）	生态服务功能损失（A_1）	耕地生态系统破坏（B_1）	耕地生态功能损失（C_1）
		草地生态系统破坏（B_2）	草地生态功能损失（C_2）
		林地生态系统破坏（B_3）	林地生态功能损失（C_3）
		水生态系统破坏（B_4）	水生态功能损失（C_4）
		次生地质灾害损失（B_5）	沉陷、塌陷和地裂损失（C_5）
			滑坡和泥石流损失（C_6）
			生态景观损失（C_7）
	农林生产损失（A_2）	耕地资源破坏损失（B_6）	耕地面积和农业损失（C_8）
		草地资源破坏损失（B_7）	草地面积和畜牧业损失（C_9）
		林地资源破坏损失（B_8）	林地面积和木材损失（C_{10}）
		水资源破坏损失（B_9）	湿地面积和渔业损失（C_{11}）
	环境污染及健康损失（A_3）	大气污染损失（B_{10}）	酸雨和农业损失（C_{12}）
			清洗费用损失（C_{13}）
			人体健康损失（C_{14}）
		水污染损失（B_{11}）	污灌面积和农业损失（C_{15}）
			工业生产损失（C_{16}）
			人体健康损失（C_{17}）
		固体和土壤污染损失（B_{12}）	压占土地面积和农业损失（C_{18}）
			人体健康损失（C_{19}）
	防护性成本（A_4）	开采过程中的防护性投入（B_{13}）	生态保护与恢复成本（C_{20}）
			环境污染治理成本（C_{21}）
	恢复治理成本（A_5）	闭矿后的恢复治理成本（B_{14}）	生态保护与恢复成本（C_{22}）
			环境污染治理成本（C_{23}）

生态服务功能损失（A_1）为约束层，由耕地生态系统破坏（B_1）、草地生态系统破坏（B_2）、林地生态系统破坏（B_3）、水生态系统破坏（B_4）和次生地质灾害损失（B_5）共5个准则层构成。其中，包含耕地生态功能损失（C_1），草地生态功能损失（C_2），林地生态功能损失（C_3），水生态功能损失（C_4），沉陷、塌陷和地裂损失（C_5），滑坡和泥石流损失（C_6）和生态景观损失（C_7）共7项指标层。

农林生产损失（A_2）为约束层，由耕地资源破坏损失（B_6）、草地资源破坏损失（B_7）、林地资源破坏损失（B_8）和水资源破坏损失（B_9）共4个准则层构成。其中，包含耕地面积和农业损失（C_8）、草地面积和畜牧业损失（C_9）、林地面积和木材损失（C_{10}）及湿地面积和渔业损失（C_{11}）共4项指标层。

环境污染及健康损失（A_3）为约束层，由大气污染损失（B_{10}）、水污染损失（B_{11}）及固体和土壤污染损失（B_{12}）共3个准则层构成。其中，包含酸雨和农业损失（C_{12}）、清洗费用损失（C_{13}）、人体健康损失（C_{14}）、污灌面积和农业损失（C_{15}）、工业生产损失（C_{16}）、人体健康损失（C_{17}）、压占土地面积和农业损失（C_{18}）及人体健康损失（C_{19}）共8项指标层。

防护性成本（A_4）为约束层，由开采过程中的防护性投入（B_{13}）构成。其中，包含生态保护与恢复成本（C_{20}）和环境污染治理成本（C_{21}）共2项指标。

恢复治理成本（A_5）为约束层，由闭矿后的恢复治理成本（B_{14}）构成。其中，包含生态保护与恢复成本（C_{22}）和环境污染治理成本（C_{23}）共2项指标。

上述理论指标体系存在不同准则层对应内涵相似的指标层的情况，如大气污染可能造成人体健康损失，水污染也可能造成人体健康损失；大气污染可能造成农作物损失，水污染也可能造成农作物损失。由于人体健康损失、农作物损失均由2种或2种以上的因素引起，在实际计算过程中可将多种因素的影响结果进行累加，也可以根据实际情况重点计算重要因素的影响，兼顾考虑次要因素。某些指标还可以进一步划分为5级指标，如农业损失可分为粮、果、蔬菜减产或质量降低损失等。生态功能损失可分为水源涵养、土壤保持、气候调节、生物多样性维持、废物吸纳等功能的损失。考虑到矿山生态破坏与环境污染损失评估理论指标体系的实用性，这里不再进行更为详细的划分，只是根据评估对象的差异在开展具体评估工作时作进一步展开。

2．评价思路

基于评估指标筛选原则和不同开发阶段环境成本性质的差异性，分约束层、准则层和指标层构建了矿山生态破坏与环境污染损失评估指标体系，并从生态服务功能损失（A_1）、农林生产损失（A_2）、环境污染及健康损失（A_3）、防护性成本（A_4）和恢复治理成本（A_5）5个方面建立了矿山生态破坏与环境污染损失评估指标体系（S）的评估框架：

$S=A_1+A_2+A_3+A_4+A_5$。

生态服务功能损失（A_1）：$A_1=B_1+B_2+B_3+B_4+B_5$，其中$B_1=C_1$、$B_2=C_2$、$B_3=C_3$、$B_4=C_4$、$B_5=C_5+C_6+C_7$，则$A_1=C_1+C_2+C_3+C_4+C_5+C_6+C_7$。

农林生产损失（A_2）：$A_2=B_6+B_7+B_8+B_9$，其中$B_6=C_8$、$B_7=C_9$、$B_8=C_{10}$、$B_9=C_{11}$，则$A_2=C_8+C_9+C_{10}+C_{11}$。

环境污染及健康损失（A_3）：$A_3=B_{10}+B_{11}+B_{12}$，其中$B_{10}=C_{12}+C_{13}+C_{14}$、$B_{11}=C_{15}+C_{16}+C_{17}$、$B_{12}=C_{18}+C_{19}$，则$A_3=C_{12}+C_{13}+C_{14}+C_{15}+C_{16}+C_{17}+C_{18}+C_{19}$。

防护性成本（A_4）：$A_4=B_{13}$，其中$B_{13}=C_{20}+C_{21}$，则$A_4=C_{20}+C_{21}$。

恢复治理成本（A_5）：$A_5=B_{14}$，其中$B_{14}=C_{22}+C_{23}$，则$A_5=C_{22}+C_{23}$。

该评估框架考虑了指标选择的全面性和可操作性，包括了矿山环境管理的重点方向，但不同类型和开采方式导致的矿山生态破坏与环境污染损失评估要结合实际的生态环境问题，有重点地选择关键评估指标，不一定要对所有指标进行一一评估。

3．指标计算

（1）生态服务功能损失（A_1）

生态系统服务功能核算的具体介绍见第5章。

林地生态功能损失（C_3）=面积损失（hm^2）×单位面积的生态系统服务价值［元/($hm^2·a$)］×年限（a）　（6-1）

耕地生态功能损失（C_1）=面积损失（hm^2）×单位面积的生态系统服务价值［(元/($hm^2·a$)］×年限（a）　（6-2）

相关数据来源于实地调查、遥感影像解译、土地利用变化数据等。

（2）农林生产损失（A_2）

林地面积和木材损失（C_{10}）=面积损失（hm^2）×天然林蓄积量（m^3/hm^2）×年净生长率（%）×年限（a）×活立木价格（元/m^3）（6-3）

耕地面积和农业损失（C_8）=农作物单位面积经济损失（元/hm^2）×面积损失（hm^2）　（6-4）

相关数据来源于实地调查、遥感影像解译，并参考当地统计年鉴、公开发表的文献、公开的监测检测报告和政府工作报告等。

（3）环境污染及健康损失（A_3）

污灌面积损失=评估基准年的耕地面积（hm^2）×农作物单位面积经济损失（元/hm^2）×年限（a）×年减产率（%）　（6-5）

人类健康和福利损失=单位产量的人类健康和人类福利损失（元/t）×日产量（t/d）×每年生产天数（d/a）×年限（a）　（6-6）

相关数据来源于公开发表的文献、公开的监测检测报告和政府工作报告等。

（4）恢复治理成本（A_5）

恢复治理成本包括生态保护与恢复的成本和环境污染治理成本。其中，生态保护与恢复的成本包括采场、排土场、尾矿库等复垦成林地、农田的费用，林地和耕地的恢复治理成本通过面积损失（hm^2）×单位面积的恢复治理费用（元·hm^2）计算；环境污染治理成本包括污染物检测调查、治理及维护工作的费用成本，由调查和治理工程两部分组成。

一般情况下，耕地复垦主要是开展污染检测、场地清理、客土回填或者土壤治理；林草地复垦的土层薄，耕作层要求低，成本投入相比耕地复垦要低。日后留用的工业广场不需要复垦。工人居住区、生活配套区域日后还可以继续使用，不做复垦区。

复垦土地的费用核算包括前期覆土费用、后期覆土费用、土地平整费用、土壤改良费用和农田设施费用等。总体上根据《土地开发整理项目预算定额标准》（财综〔2011〕128号）和《土地开发整理规划编制规程》（TD/T 1011—2000），利用成果参照法确定复垦1 hm^2耕地的成本（万元/hm^2）、1 hm^2林地或草地的恢复治理成本（万元/hm^2）、1 hm^2未利用地的恢复治理成本（万元/hm^2）。但在具体计算过程中应按照当地省份确定的标准进行核算，如四川省按照《四川省土地开发整理项目预算定额标准》（2016年），江苏省按照《江苏省土地整治项目预算定额标准》（2013年），湖南省按照《湖南省土地开发整理项目预算定额标准》（2011年），其他省份依此类推。其中，治理区面积核定可依据实地调查、遥感影像解译、土地利用数据，并可参考政府及企业恢复治理实施方案。

6.2.3 生态效益评估

生态效益评估主要包括涵养水源效益评估、水土保持效益评估、净化环境效益评估和净化水质效益评估，最终在4项评估模块的基础上开展综合生态效益评估（罗明等，2019）。

1．涵养水源效益评估

采用地下径流增长法对矿区生态修复后产生的涵养水源效益进行评价，公式如下：

$$Q=\sum\left(S_i \times J \times R \times C_i\right) \tag{6-7}$$

式中，Q—— 植被生态系统与裸地相比涵养水分的增加量，m^3/a；

S_i—— 第i种类型草地的面积，hm^2；

J—— 评价区的年均降雨量，mm；

R—— 不同区域的侵蚀性降雨比例，本章取0.6；

C_i—— 林草生态系统与裸地比较减少径流的效益系数，阔叶林、针叶林、竹林、灌丛（含草地）与疏林等不同植被减少径流的效益系数分别为0.39、0.36、0.22、0.16。

采用影子工程法对森林植被涵养水源的效益进行评价，计算出涵养水源的经济价值，公式如下：

$$V = Q \times P \tag{6-8}$$

式中，V—— 涵养水源的经济价值，元/a；

Q—— 涵养水源的总量，m^3/a；

P—— 单位蓄水费用，0.67元/m^3。

2．水土保持效益评估

采用有、无植被的土壤侵蚀差异量来计算减少的土壤侵蚀量，公式如下：

$$W = \Sigma(S_i \times T_i) \tag{6-9}$$

式中，W—— 植被减少的土壤侵蚀量，t/a；

S_i—— 第 i 种类型植被的面积，hm^2；

T_i—— 第 i 种类型植被的单位土壤保持量，t/（$hm^2 \cdot a$），幼林、成林、经济林、灌丛（含草地）与疏林和其他单位土壤保持量分别是 3.59 t/（$hm^2 \cdot a$）、5.24 t/（$hm^2 \cdot a$）、4.41 t/（$hm^2 \cdot a$）、4.83 t/（$hm^2 \cdot a$）和 2.96 t/（$hm^2 \cdot a$）。

根据我国1 m^3库容的水库工程费用计算减少泥沙淤积的经济价值，从而可以估算水土保持的经济价值，公式如下：

$$E = W \times T_{水} \tag{6-10}$$

式中，E—— 植被水土保持的经济价值，元/a；

W—— 植被水土保持的总量，t/a；

$T_{水}$—— 单位蓄水费用，0.67元/m^3。

3．净化环境效益评估

以生态修复后植被对阻滞空气粉尘污染物的生态效益进行评价，以此来计算净化环境的效益，公式如下：

$$Y = \Sigma(S_i \times C_i) \tag{6-11}$$

式中，Y—— 植被阻滞粉尘的量，t/a；

S_i—— 第 i 类植被类型的面积，hm^2；

C_i—— 第 i 类植被阻滞粉尘的能力，t/（$hm^2 \cdot a$），阔叶林、针叶林阻滞粉尘的能力分别为 10.11 t/（$hm^2 \cdot a$）、33.20 t/（$hm^2 \cdot a$）。

采用影子工程法对植被净化环境的效益进行价值评价，用消减粉尘的平均单位治理费用评估简化粉尘的价值，计算出净化环境的经济价值，公式如下：

$$M = m \times Y \tag{6-12}$$

式中，M—— 净化粉尘的经济价值，元/a；

m—— 单位除尘运行成本，170元/t；

Y—— 植被阻滞粉尘的量，t/a。

4．净化水质效益评估

采用影子工程法计算改善水质效益。

$$N = Q \times P \tag{6-13}$$

式中，N—— 改善水质的价值，元/a；

Q—— 涵养水源的总量，m^3/a；

P—— 净化水质的价格，1.00元/m^3。

5．综合生态效益评估

基于以上方法，对矿区生态修复后的综合生态效益进行预评估。总生态恢复面积采用立体植被配置，扣除相关配套设施用地，预计修复为阔叶林、针叶林和灌丛、疏林（含草本）。通过工程及技术修复，预计效果为矿区涵养水源量、减少土壤侵蚀量、阻滞粉尘能力。采用影子工程法分别计算涵养水源、水土保持、净化环境、净化水质间接带来的经济价值，可得出矿区生态修复工程生态效益总价值。

6.3 土地损毁与生态环境损失

6.3.1 土地损毁

由表6-3可知，2000年，花垣县由矿山开采导致的土地损毁面积总计为837.41 hm^2，2010年迅速上升到1 096.95 hm^2，每年增加的土地损毁面积达到了25.95 hm^2，其中以尾矿库土地损毁面积最为显著。2017年，花垣县矿区土地损毁面积为938.43 hm^2，相比2010年显著下降，实现了每年0.14 hm^2的下降速率。显著下降的土地损毁类型主要为露天采场和工业用地。

表 6-3　2000—2017 年共 3 期花垣县矿山土地损毁面积统计　单位：hm^2

年份	土地损毁面积			
	尾矿库	露天采场	工业用地	总计
2000	220.40	392.52	224.49	837.41
2010	503.81	391.62	201.52	1 096.95
2017	694.31	136.98	107.15	938.43

花垣县共有8个乡镇涉及矿产资源开发（表6-4），其中以龙潭镇、猫儿乡和团结镇矿产资源开发造成的土地损毁最为严重（图6-3），这3个乡镇在2000年分别造成208.06 hm^2、79.88 hm^2和340.58 hm^2的土地损毁。经过2010年之后的矿山环境整治，2017年共有3个乡镇实现了相比2000年土地损毁面积的降低，分别为花垣镇、排吴乡和团结镇，以团结镇的下降最为显著，降低到221.76 hm^2。根据遥感影像解译结果，该区域累积生态恢复面积为158.52 hm^2，其中耕地恢复面积为13.7 hm^2，草地恢复面积为8.22 hm^2，林地恢复面积为136.6 hm^2，新增建设用地为4.15 hm^2。

表 6-4　2000 年和 2017 年花垣县重点乡镇矿区土地损毁面积统计　单位：hm^2

乡镇	年份	土地损毁面积			总计
		工业用地	露天采场	尾矿坝	
边城镇	2000	9.80	19.67	13.15	42.62
	2017	12.73	3.14	101.13	117.00
道二乡	2000	1.74	0.00	17.03	18.77
	2017	0.74	1.40	55.21	57.35
花垣镇	2000	60.61	0.00	20.92	81.53
	2017	1.62	0.00	24.69	26.31
龙潭镇	2000	42.86	126.28	38.92	208.06
	2017	36.17	50.24	171.34	257.75
猫儿乡	2000	15.95	39.19	24.74	79.88
	2017	15.29	40.01	137.19	192.49
民乐镇	2000	19.87	0.00	4.87	24.74
	2017	9.17	7.07	47.70	63.94
排吾乡	2000	0.00	0.00	41.21	41.21
	2017	0.00	0.00	0.00	0.00
团结镇	2000	73.65	207.37	59.56	340.58
	2017	33.05	33.50	155.21	221.76

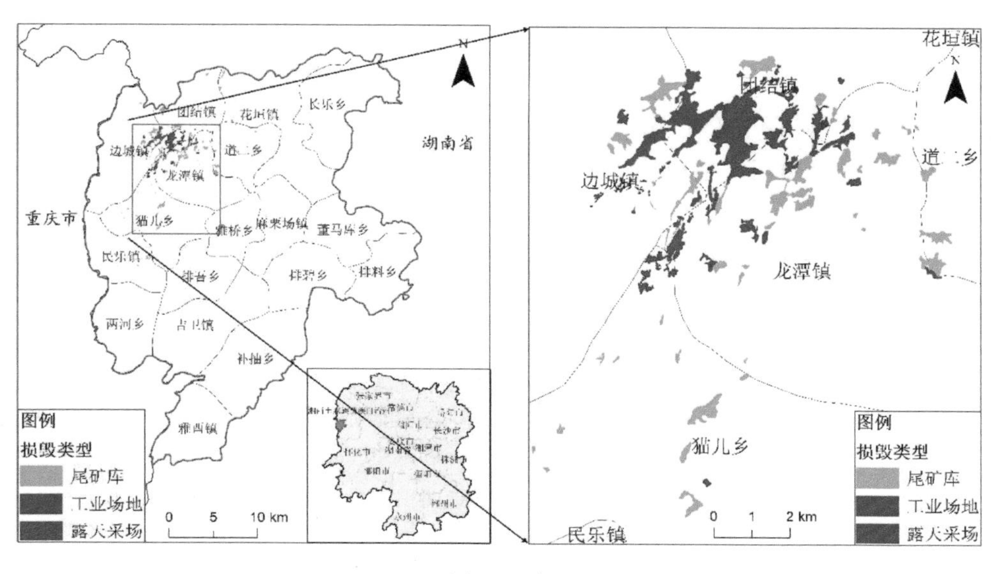

（a）2010 年

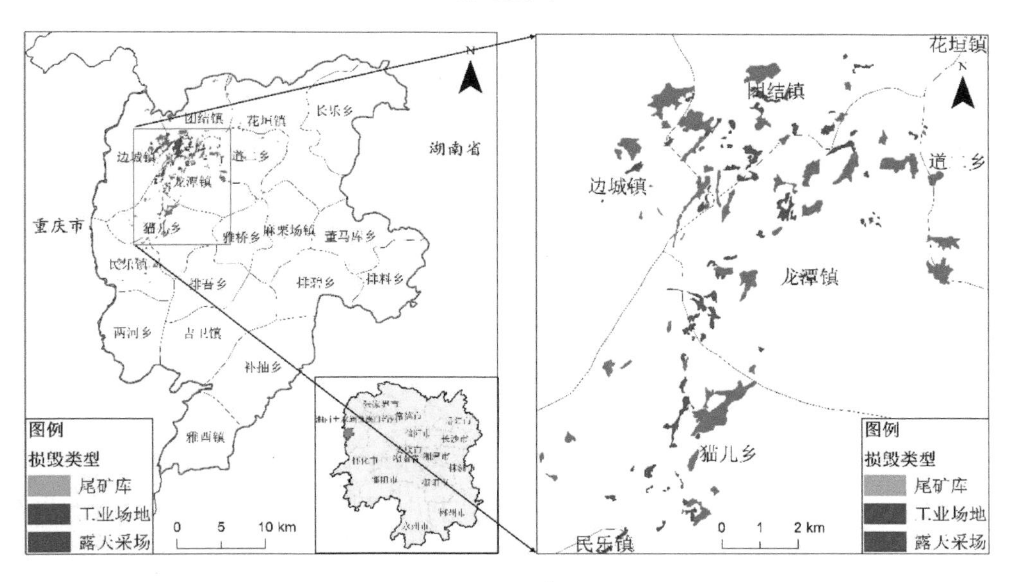

（b）2017 年

图 6-3　2010 年和 2017 年花垣县矿区土地损毁及局部放大图

6.3.2 生态环境损失

根据典型矿区特点，从前述矿山生态破坏与环境污染损失评估理论指标体系中筛选相适应的评估指标项。根据相关指标计算方法和资料收集情况计算2000—2017年花垣县矿山生态破坏与环境污染造成的经济损失（表6-5）。

表 6-5 2000—2017 年花垣县矿山生态破坏与环境污染造成的经济损失 单位：万元

经济损失类型	组成	经济损失	计算依据或说明
生态服务功能损失（A_1）	$A_1=B_1+B_2+B_3+B_4$	5 421.14	森林生态功能损失=面积损失（hm^2）×单位面积的生态系统服务价值［元/（$hm^2 \cdot a$）］×年限（a）；耕地生态功能损失=面积损失（hm^2）×单位面积的生态系统服务价值［元/（$hm^2 \cdot a$）］×年限（a）
农林生产损失（A_2）	$A_2=B_6$	3 845.19	林地面积和木材损失=面积损失（hm^2）×天然林蓄积量（m^3/hm^2）×年净生长率（%）×年限（a）×活立木价格（元/m^3）； 耕地面积和农业损失=农作物单位面积经济损失（元/hm^2）×面积损失（hm^2）
环境污染及健康损失（A_3）	$A_3=B_{11}$	253.01	人类健康和福利损失=单位产量的人类健康和人类福利损失（元/t）×日产量（t/d）×每年生产天数（d/a）×年限（a）
防护性成本（A_4）	$A_4=C_{20}+C_{21}$	150 197.15	包括采场、排土场、尾矿库等复垦成林地、农田的费用，林地和耕地的恢复治理成本=面积损失（hm^2）×单位面积的恢复治理费用（元/hm^2）
恢复治理成本（A_5）	$A_5=C_{22}+C_{23}$	61 636.03	同 A_4

1. 生态服务功能损失

就生态服务功能损失而言，假设被破坏的生态系统完全丧失了生态服务价值，那么应首先计算不同类型生态系统的破坏面积，其次利用各类型生态系统单位面积的生态服务价值量估算生态服务价值损失量，最后基于我国不同省（区、市）的生物量因子修正损失的生态服务价值。

运用成果参照法确定研究区内的森林（针阔混交林）生态系统服务价值为7.87万元/（$hm^2 \cdot a$），农田（水田）生态系统服务价值为1.33万元/（$hm^2 \cdot a$），水体生态系统服务价值为42.79万元/（$hm^2 \cdot a$），草地（灌草丛）生态系统服务价值为6.71万元/（$hm^2 \cdot a$）。2000—2017年，花垣县共计森林面积增加了78.86 hm^2，农田面积减少了199.03 hm^2，草地面积减少了5.3 hm^2，水体面积减少了0.05 hm^2，17年间林地和耕地生态系统损失价值为5 421.14万元。

2．农林生产损失

农林生产损失主要考虑2000—2017年花垣县由于采矿造成的耕地面积损失。依据《花垣县统计年鉴》和成果参照法，2000—2017年花垣县因采矿造成的耕地面积累积减少199.03 hm^2，每年的损失率为5.88%，当地因耕地破坏造成的农作物单位面积经济损失为2.272 9万元/（hm^2·a），由此可得到耕地面积减少造成的生产累积损失为3 845.19万元。需要说明的是，林地面积增加为恢复治理的成果，治理成本投入与其产生的效益综合计算在恢复治理环节中。因此，农林生产损失总共为3 845.19万元。

3．环境污染及健康损失

对于由减产损失导致的人体健康损失，要先识别污染造成健康损害的途径与超标情况，再明确暴露人群。花垣县矿山开采直接对人体健康影响较大的为饮用水污染和大气污染，间接的有土壤污染，其主要途径，一是通过污染物在农产品内的积累，由食物链进入人体内富集，进而产生多种慢性疾病；二是通过生活饮用水和大气污染物使人体产生急性和慢性中毒反应，或引起人呼吸系统疾病患病率的上升，造成人力资本的损失。

由于现阶段缺乏矿山开采人体健康损失的剂量-反应关系，采用成果参照法获取的人体健康和人类福利损失为4.06元/t，通过矿山企业每生产单位数量的产品造成的人体健康损失估算环境污染造成的人体健康损失，17年间花垣县积累矿物生产量约为2 530 654 t，则累计损失约为253.01万元。

4．防护性成本

根据《花垣县国土资源局综合统计报告》（2011—2017年）和《花垣县国民经济和社会发展统计公报》（2011—2017年），花垣县截至2017年累计治理矿区土地（包括清运废石、清理废弃工棚、完成地表覆土等）面积为5 192 hm^2。依据《湖南省土地开发整理项目预算补充定额标准（试行）》（湘财建〔2014〕22号），参考《花垣县矿业整治整合任务分解方案》（2019年），确定复垦1 hm^2耕地的成本为28.93万元，防护性成本累计投入150 197.15万元。

5．恢复治理成本

花垣县矿山在"采剥—排弃—造地—复垦"及工业场地和村镇建设模式下，土地利用/覆被类型发生了显著变化。部分采场、排土场和尾矿库经过近几年的恢复治理，现已复垦成农田、林地等，形成了大面积的生态恢复治理区。2000—2017年，林地、生态恢复治理区面积分别累计增加了78.86 hm^2和233.31 hm^2。根据《湖南省土地开发整理项目预算补充定额标准（试行）》，参考《花垣县矿业整治整合任务分解方案》，确定复垦1 hm^2耕地的成本为28.93万元、林地或草地的恢复治理成本为24.51万元。经计算，用于矿山生态恢复与环境治理的恢复治理成本为61 636.03万元。

综上所述，从生态服务功能损失、农林生产损失、环境污染及健康损失、防护性成本和恢复治理成本5个方面评估湖南省花垣县矿山生态破坏与环境污染损失，总计约为22.14亿元。

6.4 生态修复工程与生态效益

6.4.1 生态修复工程

花垣县共有98座尾矿库，应开展生态修复的有47座，占48%。2017年12月10—16日，实地调查了63座尾矿库的生态修复情况。从类型来看，这些应开展生态修复的尾矿库中，已闭库验收的有21座，待闭库治理的有26座；从分布来看，边城镇有5座，花垣镇有22座，龙潭镇有13座，猫儿乡有5座，民乐镇有2座；从生态修复情况来看，已开展尾矿库生态修复的有21座（已闭库验收尾矿库），仍有待进行生态修复的有26座。但是，已开展生态修复的尾矿库中存在诸多不完善的地方，没能实现与周边自然环境和景观相协调，生态修复标准要求很低（表6-1）。

6.4.2 生态效益

通过工程及技术修复，花垣县矿区新增涵养水源量为2 554.48 m^3/a，减少土壤侵蚀量为51.91 t/a，阻滞粉尘能力为2 958.76 t/a。采用影子工程法计算由涵养水源、水土保持、净化环境、净化水质间接带来的经济价值，分别为1 711.5元/a、34.78元/a、502 988.52元/a、2 554.48元/a，由此可得矿区生态修复工程生态效益总价值为507 289.28元/a（表6-6）。

表 6-6 生态修复工程生态效益估算

评估模块	计算公式	指标参数	生态量	生态价值/元
涵养水源效益	$Q=\Sigma(S_i \times J \times R \times C_i)$ $V=Q \times P$	J=1 363.8 mm， S_i=8.22 hm^2， R=0.6， C_i=0.38， P=0.67 元/m^3	涵养水源总量为2 554.48 m^3/a	1 711.5
水土保持效益	$W=\Sigma(S_i \times T_i)$ $E=W \times T_{水}$	S_i=136.6 hm^2， T_i=0.38 t/（hm^2·a）， $T_{水}$=0.67 元/m^3	减少土壤侵蚀量为51.908 t/a	34.78

评估模块	计算公式	指标参数	生态量	生态价值/元
净化环境效益	$Y=\Sigma(S_i\times C_i)$ $M=m\times Y$	C_i=21.66 t/（$hm^2\cdot a$），S_i=136.6 hm^2，m=170 元/t	阻滞粉尘量为2 958.76 t/a	502 988.52
净化水质效益	$N=Q\times P$	Q=2 554.48 m^3/a，P=1.00 元/m^3	改善水质价值为2 554.48 元/a	2 554.48
综合效益	$T=V+E+M+N$	—	—	507 289.28

6.5 讨论与结论

6.5.1 讨论

基于评估理论指标体系的可操作性，参考普通环境问题的分类方法、环境污染成本评估理论与方法，将矿产资源开发生命周期融入评估体系，从生态破坏系统服务功能损失、土地利用变更导致的农林生产损失、环境污染导致的人体健康损失、对正在开发过程进行的灾害与环境治理生态恢复投入、对已经造成的生态破坏和环境污染进行恢复治理的成本5个方面，分约束层、准则层和指标层建立矿山生态破坏与环境污染损失评估指标体系。

与党晋华等（2007）建立的“山西省煤炭工业环境污染与生态破坏经济损失体系”相比，本章提出的指标体系的约束层增加了“防护性成本”和“恢复治理成本”，“生态服务功能损失”部分的变动较大，“环境污染及健康损失”部分将农林生产损失可能造成的重复计算去掉了。与吴强（2008）建立的“矿产资源开发环境代价评估指标体系”相比，本章提出的指标体系的约束层在防护性成本、生态服务功能损失、恢复治理成本方面基本一致，但在准则层进行了较大改进，如在“生态服务功能损失”和“环境污染及健康损失”部分分别删除了原先的“景观破坏损失”和“噪声影响损失”，但是在“环境污染及健康损失”部分增加了“固体和土壤污染损失”。

鉴于矿山环境问题的复杂性，特别是有些指标（如环境污染及健康损失、生态服务功能损失等）难以定量核算，同时随着人们环境保护意识的不断提高，目前定量评估矿山生态破坏与环境污染损失在技术上面临着基础性研究不足的限制。以环境污染及健康损失核算为例，目前缺乏矿山环境污染与人体健康剂量-反应的相关数据。本章采用成果参照法和市场定价法，从另一个角度进行了环境污染及健康损失核算。采用该方法，虽然使损失核算具有了操作性，但精度仍有待提高，需进一步加强这方面的基础研究。

目前，在基于直接市场法计算生态系统服务价值方法方面，其参数值更新较慢，不能及时反映市场价值的波动变化，后期研究分析应参考当地及地区统计数据开展参数值修正。在本章的计算过程中，部分指标在一定程度上存在重复计算的情况，如生态系统服务损失与农林生产损失在一定程度上有重叠，后期将优化指标筛选与设计。

6.5.2 结论

从生态服务功能损失、农林生产损失、环境污染及健康损失、防护性成本和恢复治理成本5个方面评估的湖南省花垣县矿山生态破坏与环境污染损失总计约为22.14亿元。花垣县煤矿开采规模在2010年前后达到高峰，其土地损毁面积也相应达到顶峰，同时伴随着非法无序开发、管理混乱等现象。经过政府引导，截至2017年，矿山恢复治理面积相比2010年增加了158.52 hm^2，其中林地恢复面积为136.6 hm^2，矿区生态修复措施的生态效益显著。截至2017年，通过矿区人工修复措施为花垣县新增涵养水源量为2 554.48 m^3/a，减少土壤侵蚀量为51.91 t/a，阻滞粉尘能力为2 958.76 t/a。

第 7 章　生态修复的激光雷达测度

植被恢复是矿山生态修复的关键阶段，植被具有水平结构和垂直结构的特征，是反映生态完整性的重要指标（吕国屏，2018）。传统的多光谱、高光谱遥感技术主要倾向于提取植被覆盖度、郁闭度等水平结构参数，缺少植被垂直结构参数的研究。激光雷达是近年来发展十分迅速的主动遥感技术，在矿区生态环境监测应用中已取得了一定的进展（张贺，2015；Kim et al.，2020）。作为一种穿透性强、扫描速度快、精度高的新型遥感手段，激光雷达在矿区高精度DEM和植被垂直结构参数提取方面独具优势（Wulder，1998；杨敏等，2015；苏阳等，2017）。其中，TLS可以实现多角度获取矿区微地形、植被水平和垂直结构参数，为矿区地质环境治理和生态修复提供数据信息；ALS可以拓展矿区监测范围，实现大尺度、多角度和多维度实时监测（何国金等，2016；Wang et al.，2020）。通过探析植被冠层散射机制反演矿区复杂场景（地形起伏、密集覆盖、低矮植被）下植被的结构特征（Xu et al.，2020），可为高精度反演矿区生态修复场景提供重要支撑（段祝庚等，2015）。本章以南京市幕府山和仙林采矿废弃地为例，开展了LiDAR技术在不同生态修复阶段的采矿废弃地植被结构和地形参数提取中的应用研究，以期为矿区生态保护修复成效评估提供新的更精准的测度方法。

7.1　研究区概况

南京市幕府山的经纬度范围为30°54′～32°12′N、116°22′～121°54′E，属于南京市境内典型的宁镇丘陵地形，西边和东边分别与上元门和燕子矶毗邻，山体的总长度约为5.5 km，总宽度约为800 m，面积相对较小，北亚热带湿润气候在其各个季节有规律地分布，由于受到东亚季风的影响，当地降雨量大且较为集中，晴天较多，光照比较充沛。幕府山的矿产资源非常充足，矿产类型多样化，矿产的质量较高，主要是石灰岩、白云岩这两种类型。由于相关法律法规不完善，国家的管理能力有限，幕府山境内的矿产资源在半个世纪左右的时间内被大量开采，且开采的方式不具科学性，给生态和环境造成了极大的影响。从20世纪90年代末期直到21世纪初期，国家行政部门对开采行为进行了限制（其中的9个采石场、4个垃圾场被禁止使用），并着力展开修复幕府山生态环境的举措（表7-1）。经过多年的修复，区域内的环境和生态都发生了极大的改变，达到了风景区的标准，从矿山恢复到景区的面积范围约为267 km^2。不可忽视的是，当地生态修复的技术水平非常低，相应的监测与评估工作也非常缺乏，并且恢复的景区在管理上也存在较大的缺陷。由于在植被种植的过程中没有进行周密的规划，高密度种植使区内的树木因缺乏水分和阳光而大量枯死，直接导致植被的覆盖度下降，植被覆盖度直接关系到生物多样性，生物多样性降低不利于生态系统稳定。

表 7-1 幕府山矿区生态修复工程实施情况

年份	阶段	覆土厚度/m	植物种	植被覆盖度/%
1999	1 期	0.37	枫香、小叶女贞等	96
2000	2 期	0.51	雪松、女贞、海桐、野迎春等	90
2001	3 期	0.85	枫香、雪松、柳树、黑松、女贞、小叶女贞、石楠、海桐、野迎春等	80
2002	4 期	1.03	意杨、银杏、石楠、女贞、火棘、红花檵木、金丝桃、常春藤等	78
2003	5 期	0.91	栾树、水杉、雪松、乌桕、枫香、女贞、石楠、金丝桃、鸢尾等	75
2004	6 期	0.99	女贞、枫香、黄连木、栾树、水杉、檫木、乌桕、红花檵木、金丝桃、海桐等	60
2005	7 期	0.72	雪松、水杉、乌桕、栾树、香樟、柳树、石楠、野迎春等	58
2006	8 期	1.00	雪松、枫杨、栾树、乌桕、榉树、红花檵木、石楠、女贞、海桐、金丝桃等	95
2007	9 期	0.75	乌桕、旱柳、榉树、香樟、栾树、女贞、夹竹桃、红花檵木等	40
2008	10 期	0.25	枫香、香樟、垂柳、乌桕、女贞、海桐、野迎春、萱草、白三叶等	40
2001	01 专项	0.08	女贞、小叶女贞、野迎春等	80
2002	02 专项	0.15	金叶女贞、石楠、红花檵木等	70

仙林采矿废弃地（118°56′40″E、32°5″84″N）与南京主城区毗邻，气候类型是典型的北亚热带湿润气候，季风性特征显著，季节明显，冬夏长、春秋短，主要受季风的影响，全年降水以夏季为主，夏季降雨量超过全年的五成，5—8月非常显著，夏季处于亚洲低压控制区内，气候较为干燥，降水量大，春秋短、夏冬长，大部分时间较为凉爽。该区域也属于典型的宁镇地层类型，对地质结构的保留较为完善，第四系松散堆积层的成分为黏土，是冲积之后形成的，接近山体的区域内黏土只有1层，其他地方均为2层，分布于栖霞灰岩和象山砂岩以上的地区内。

7.2 材料与方法

7.2.1 样地设置

选取生态修复较好的采矿废弃地、半裸露采矿废弃地、裸露采矿废弃地样地（图7-1）各一个，样地面积为50 m×50 m，在样方内布设激光雷达，并根据植被覆盖度确定两站之间的距离：若植被覆盖度大，则站点布设密集；反之，则两站之间距离较远。对于生态修复较好的采矿废弃地、半裸露采矿废弃地，其数据采集时间分别为2017年12月、2017年11月；对于裸露采矿废弃地，其数据采集分为2017年5月和2018年5月两期。

（a）生态修复较好的采矿废弃地

（b）半裸露采矿废弃地

（c）裸露采矿废弃地

图 7-1　不同类型采矿废弃地植被恢复现状

样地设置基本情况（表7-2）如下：

样地1为生态修复较好的采矿废弃地，位于幕府山，经纬度坐标为32°07′23″N、118°46′39″E，植被覆盖度约为55%，为无坡度的平地，样地内的林分类型为针阔混交林，优势树种有雪松、鸡爪槭；

样地2为半裸露采矿废弃地，位于仙林新城万达茂斜对面的小红花艺术学校旁，经纬度坐标为32°07′09″N、118°59′19″E，坡度约为55°，植被覆盖度约为35%，坡向为西南坡，样地内的林分类型为落叶阔叶林，优势树种有构树、国槐；

样地3为裸露采矿废弃地，位于仙林新城万达茂斜对面的小红花艺术学校旁，坐标为32°07′22″N、118°47′38″E，坡度约为45°，植被覆盖度约为10%，样地内的植被为零星分布的灌草，坡向为北坡。

表 7-2　样地基本情况

编号	阶段类型	经纬度	林分类型	植被覆盖度/%	坡向	坡度/（°）
1	生态修复较好的采矿废弃地	32°07′23″N、118°46′39″E	针阔混交林	55	平地	0
2	半裸露采矿废弃地	32°7′9″N、118°59′19″E	落叶阔叶林	35	西南	55
3	裸露采矿废弃地	32°07′18″N、118°59′18″E	稀疏灌草	10	北	45

7.2.2　数据获取

1．TLS 数据的获取

使用TLS扫描系统Riegl VZ-400i获取三维激光点云数据。Riegl VZ-400i具有120万点/s

激光发射频率和500 000点/s数据采集速度，极大地减少了在野外的扫描时间，测量精度优于5 mm，测距能力可达800 m（表7-3）。

表 7-3　Riegl VZ-400i 技术参数

技术项目	参数			
激光发射频率/kHz	100	300	600	1 200
激光波长	近红外			
激光发散度	0.35 mrad			
有效测量速度/（meas/s）	42 000	125 000	250 000	500 000
最大测量范围（$\rho \geqslant 90\%$）/m	800	480	350	250
最大测量范围（$\rho \geqslant 20\%$）/m	400	230	160	120
最小距离/m	1.5	1.2	0.5	0.5
精度/重复精度	5 mm/3 mm			
视场范围（FOV）	100°水平/360°垂直			
激光安全等级	Laser Class 1（人眼安全激光）			
机体尺寸（宽×高）/重量	206 mm×308 mm/9.7 kg			

注：mrad 为角度单位，1 mrad=0.001 弧度=0.057 3°。

2．控制点坐标获取

为方便点云数据的配准并建立扫描点云的全球坐标系统，每块样地选取4～6个测站，借助RTK测量TLS站点经纬度及高程，使用中海达iRTK2设备进行测量，选择较高且空旷的位置布设基站（图7-2）。该设备静态定位精度的水平方向为±2.5 mm + 0.5 ppm RMS，垂直方向为±5 mm+0.5 ppm RMS。

图 7-2　RTK 基站的架设

3．参数提取方法

植被参数包括点云数据归一化、单木分割、冠层覆盖度提取、间隙率和叶面积指数提取、树高和冠幅提取（Takeda et al.，2007；Zande et al.，2008）。地形参数包括提取坡度、坡向、坡长，使用ArcGIS软件hydrology tool工具提取坡面侵蚀沟深度和坡面汇水区。

7.3 生态修复较好的采矿废弃地

7.3.1 植被水平结构参数

1．冠层覆盖度

生态修复较好的采矿废弃地冠层覆盖度与像元数量、植被像元比例的关系见图7-3。可以看出，冠层覆盖度的大小介于67.4%～94.8%，平均值为85.7%。随着投影分辨率的增高（投影分辨率的精度在降低），冠层覆盖度呈先快速增大、后逐渐放缓的趋势，指数拟合方程为$y = 10.335\ln x + 67.15$（$R^2 = 0.990\ 8$）。在投影分辨率为0.1 m时，冠层覆盖度最小（67.4%），像元总数最多（255 578个），植被像元比例最低（52.5%）；在投影分辨率为0.6 m时，冠层覆盖度为85.5%，像元总数为6 982个，植被像元比例为74.3%，此时的冠层覆盖度最接近平均值（85.7%）；在投影分辨率为3 m时，冠层覆盖度为94.8%，像元总数为284个，植被像元比例为77.8%，此时的冠层覆盖度最大，远高于平均值。

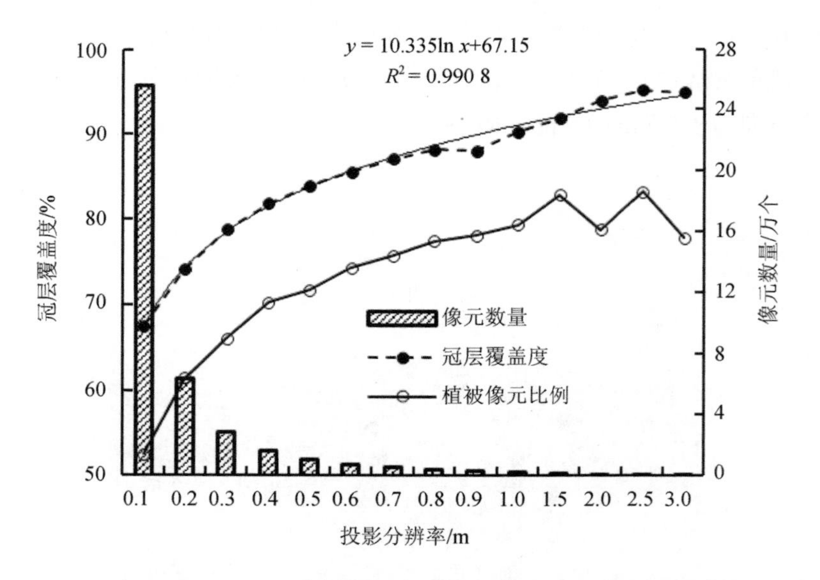

图 7-3　不同投影分辨率的冠层覆盖度与像元数量、植被像元比例的关系

由表7-4可知，投影分辨率为0.1 m（精度最大）时，像元总数最多，为255 578个，其后随着精度的降低急剧减少：在0.2 m时为63 599个，仅为0.1 m时的24.9%；在0.4 m时为15 770个；在0.6 m时为6 982个，仅为0.1 m时的2.7%。0.6 m以后，像元总数量逐渐变少，至3 m时最少，仅为284个。植被像元比例的大小介于52.5%～83.2%，平均值为73.5%。植被像元比例随着投影分辨率增高的变化趋势，基本与冠层覆盖度的变化趋势一致，均随着投影分辨率的增高而先快速增大、后逐渐放缓。

表 7-4 生态修复较好的采矿废弃地不同分辨率下的植被像元数量

投影分辨率/m	植被像元数/个	非植被像元数/个	像元总数量/个	植被像元比例/%
0.1	134 064	12 1514	255 578	52.5
0.2	39 041	24 558	63 599	61.4
0.3	18 552	9 550	28 102	66.0
0.4	11 072	4 698	15 770	70.2
0.5	7 326	2 890	10 216	71.7
0.6	5 187	1 795	6 982	74.3
0.7	3 978	1 272	5 250	75.8
0.8	3 117	908	4 025	77.4
0.9	2 471	693	3 164	78.1
1	2 034	530	2 564	79.3
1.5	932	193	1 125	82.8
2	500	135	635	78.7
2.5	342	69	411	83.2
3	221	63	284	77.8

由此可见，投影分辨率的精度越高，像元总数量越多，冠层覆盖度和植被像元比例的值越小。随着投影分辨率的增高，冠层覆盖度与像元总数量呈负相关，相关系数$R=-0.008$（$p<0.01$）；与植被像元比例呈正相关，相关系数$R=0.968$（$p<0.01$）。

为直观地反映投影分辨率变化对生态修复较好的采矿废弃地冠层覆盖度提取的影响，以0.3 m为间隔制作投影分辨率分别为0.1 m、0.4 m、0.7 m和1 m时的冠层覆盖度提取结果，见图7-4。投影分辨率为0.1 m（精度最大）时，冠层覆盖度为67.4%，林间裸地较多，此时冠层覆盖度最低，植被像元比例仅为52.5%；投影分辨率为0.4时，冠层覆盖度为81.8%，总像元数仅为0.1 m时的8.3%，植被像元比例上升为70.2%，林间裸地减少；投影分辨率为0.7 m时，冠层覆盖度升高到87.1%，已经很接近平均值，此时总像元数为3 978个，仅为0.1 m时的3.0%，植被像元比例已上升为75.8%，林间裸地明显减少；投影分辨率为1 m时，总像元数减少到0.7 m时的51%，植被像元数量上升到79.3%，此时冠层覆盖度已高达90.2%，林间除大面积的裸地缩小比较明显外，0.1 m时清晰可见的较小面积的裸地均已消失。因此，投影分辨率越高，点云数据降维后对小面积裸地的识别能力越强，冠层覆盖度提取的精度越高；随着投影分辨率的降低，像元数量急剧减少，林间裸地被误分成林地的面积越来越多，因而导致冠层覆盖度增大。

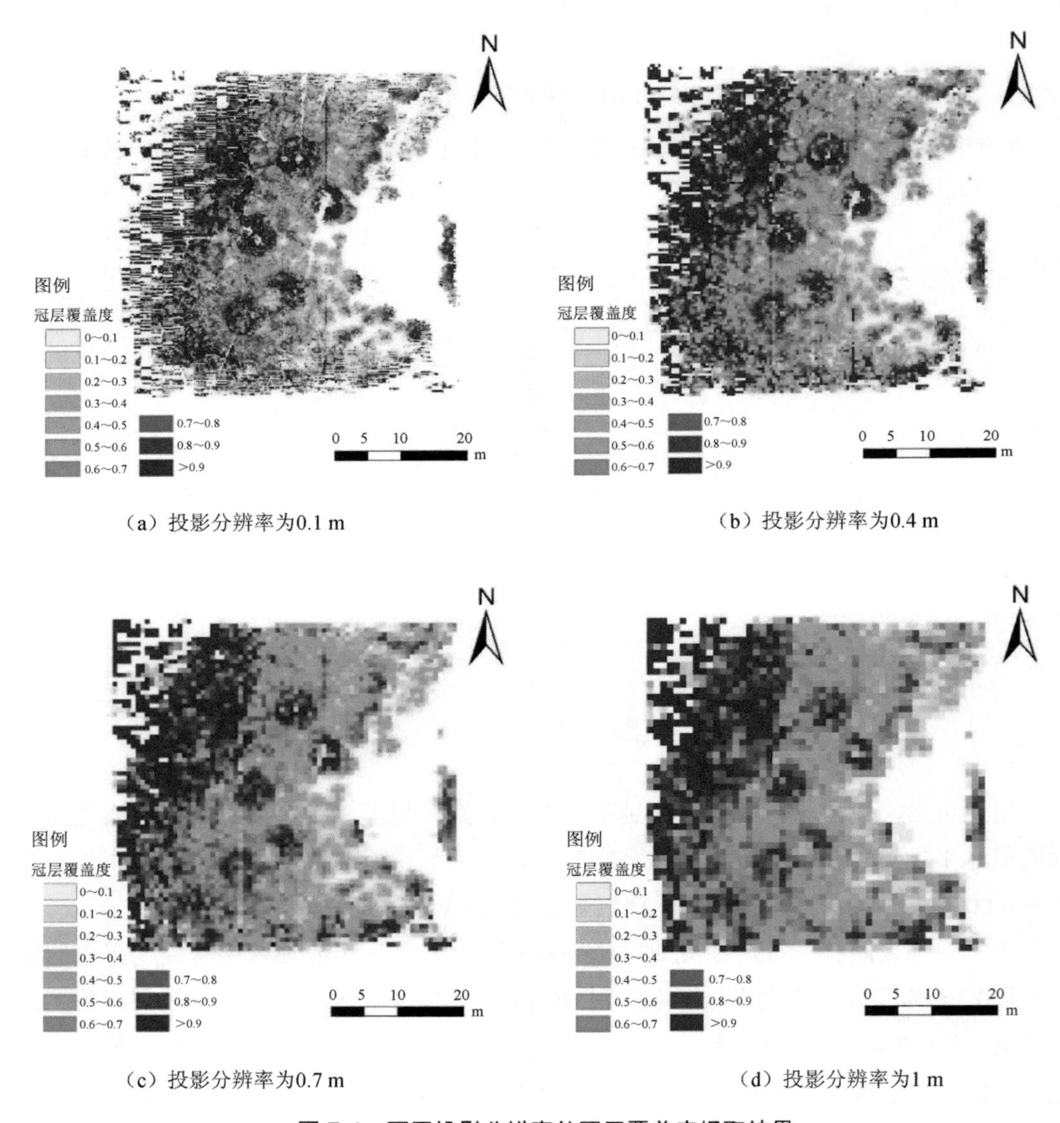

（a）投影分辨率为0.1 m（b）投影分辨率为0.4 m

（c）投影分辨率为0.7 m（d）投影分辨率为1 m

图 7-4 不同投影分辨率的冠层覆盖度提取结果

2. 间隙率

生态修复较好的采矿废弃地间隙率与像元数量、植被像元比例的关系见图7-5。可以看出，间隙率的大小介于8.9%～32.7%，平均值为20.8%。随着投影分辨率的增高（投影分辨率的精度在降低），间隙率呈先快速减小、后逐渐放缓的趋势，指数拟合方程为$y = -9.514\ln x + 31.324$（$R^2 = 0.953$）。在投影分辨率为0.1 m时，间隙率最大（32.7%），像元总数最多（255 578个），植被像元比例最低（52.5%）；在投影分辨率为0.3 m时，间隙率为19.8%，像元总数为28 102个，植被像元比例为66.0%，此时的间隙率最接近平均值（20.8%）；在投影分辨率为1 m时，间隙率减小到8.9%，像元总数为2 564个，植被像元比例为79.3%，此时的间隙率最小，远低于平均值。

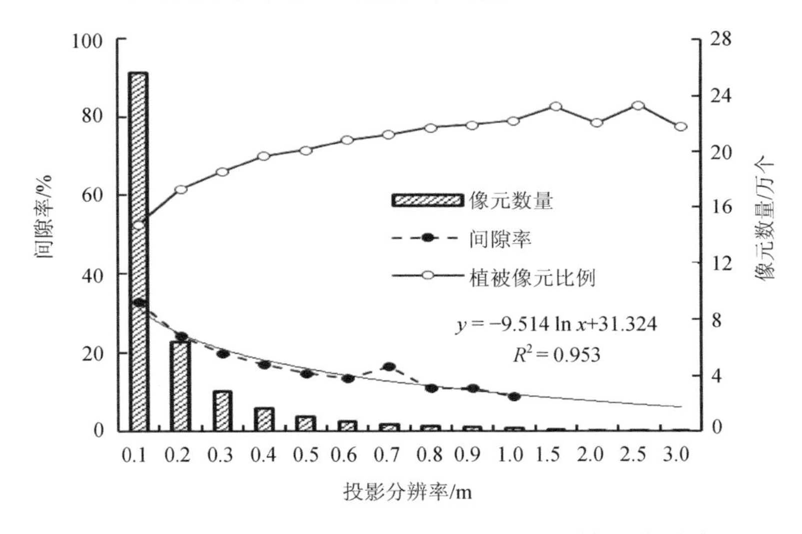

图 7-5 生态修复较好的采矿废弃地不同分辨率下的间隙率

从间隙率的计算来说，如果像元内包含的植被激光点数目≥1，则该像元的属性值为1；如果像元内包含的激光点数目=0，则该像元的属性值为0。通过坐标系统转换、降维投影等过程将冠层点云投影到地面，统计各区域的总像元个数和属性为0的像元个数，从而计算得到半球面上各区域的间隙率。投影分辨率越小，得到的间隙率的值越大；相反，投影分辨率越大，得到的间隙率的值越小。这是因为投影分辨率越小，其代表的区域范围就越小，对点云数据的表达越精确，也就能够将一些细小空隙表示出来。而对于大投影分辨率，其代表的区域范围较大，很可能会忽略掉很多空隙。例如，某个大像元内包含很多空隙和极少量的点云，但是该像元因内部包含植被点云而被赋予属性值1，从而减小了该区域间隙率的值。

从理论上说，投影分辨率越小，得到的结果越精确。但是当把投影分辨率设置得过小时，构建三维像元模型后便会得到大量的像元，这会使计算量变大。有时得到像元的数量会超过本身的点云数据量，这就违背了通过降维减少数据量的初衷。在本章中，若把像元大小设置为<0.05 m（原始点云点间距），则得到的二维影像的像元数量会大于原始点云中点的数量，反而增加了数据量。因此，选择恰当的投影分辨率将三维点云降维表达冠层结构对反演合理的间隙率十分重要。

3. 植被和裸地面积

生态修复较好的采矿废弃地的植被面积和裸地面积随投影分辨率变化的趋势如图7-6所示。与冠层覆盖度曲线类似，植被面积和裸地面积与投影分辨率之间呈对数关系，其中植被面积范围为1 340.64～1 989 m^2，与投影分辨率拟合曲线为$y = 212.75\ln x+1\ 947.7$，决定了系数R^2=0.850 7；裸地面积范围为567～1 215.14 m^2，与投影分辨率拟合曲线为$y = -208.4\ln x +603.11$，决定了系数R^2=0.848 6。当投影分辨率介于0.1～1 m时，植被面积和裸地面积变化明显；当投影分辨率>1 m时，植被面积和裸地面积变化趋于平缓。投影分辨率较小时，林间信息和细节随着投影分辨率的成倍降低而迅速减少，所以植被和裸地面积的变化较明显；投影分辨率较大时，林间的细节信息已经减少到一定的限度，所以植被和裸地面积也随之趋于平缓。

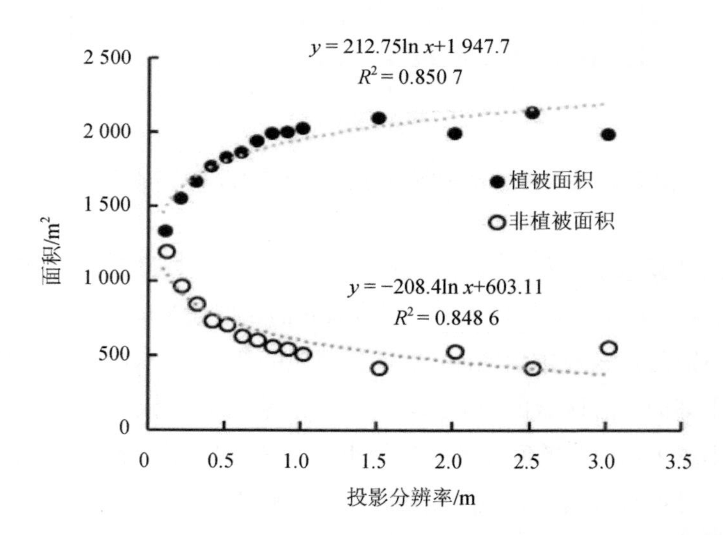

图 7-6　生态修复较好的采矿废弃地植被面积和裸地面积随投影分辨率变化的趋势

7.3.2 植被垂直结构参数

1. 叶面积指数

由图7-7可知，生态修复较好的采矿废弃地LAI的大小介于2.546～8.285，平均值为5.416。随着投影分辨率的增高（投影分辨率的精度在降低），LAI呈先快速增大、后逐渐放缓的趋势，指数拟合方程为$y = 2.175\ 7\ln x + 1.980\ 3$（$R^2 = 0.894\ 7$）。在投影分辨率为0.1 m时，LAI最小（2.546），像元总数最多（255 578个），植被像元比例最低（52.5%）；在投影分辨率为0.6 m时，LAI为5.453，像元总数为6 982个，植被像元比例为74.3%，此时的LAI最接近平均值；在投影分辨率为3 m时，LAI为8.285，像元总数为284个，植被像元比例为77.8%，此时的LAI最大，远高于平均值。

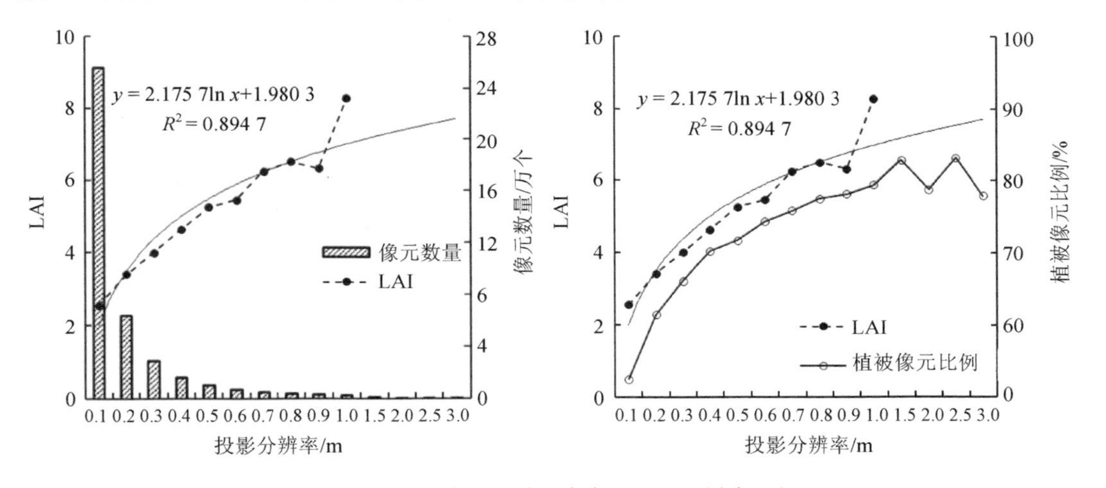

图 7-7 生态修复较好的采矿废弃地不同分辨率下的 LAI

从植被像元比例来看，其大小介于52.5%～83.2%。植被像元比例随投影分辨率增高的变化趋势基本与LAI的变化趋势一致，均随着投影分辨率的增高先快速增大、后逐渐放缓。

从像元总数来看，投影分辨率为0.1 m（精度最大）时，像元总数最多，为255 578个，其后随着精度的降低而急剧减少：在0.2 m时为63 599个，仅为0.1 m时的24.9%；在0.4 m时为15 770个；在0.6 m时为6 982个，仅为0.1 m时的2.7%；在3 m时数量最少，仅为284个。投影分辨率越小，像元总数越多，数据量越大，数据处理所花费的时间越长，制图效率越低，综合比较实验精度、数据量大小和制图效率来看，投影分辨率设置为比原始点云间距（0.05 m）稍大一些的0.1 m效果最佳。

从LAI算法来看，LAI是通过每个像元间隙率的数值间接获取的。间隙率的反演结果表明，间隙率与投影分辨率呈负相关，而由叶面积指数计算公式可知，LAI与间隙率呈负相关，因此LAI与投影分辨率呈正相关，随投影分辨率的增大而增大。

为了更直观地反映投影分辨率变化对生态修复较好的采矿废弃地LAI提取的影响，以0.3 m为间隔，制作投影分辨率分别为0.1 m、0.4 m、0.7 m和1 m时的LAI提取结果，见图7-8。

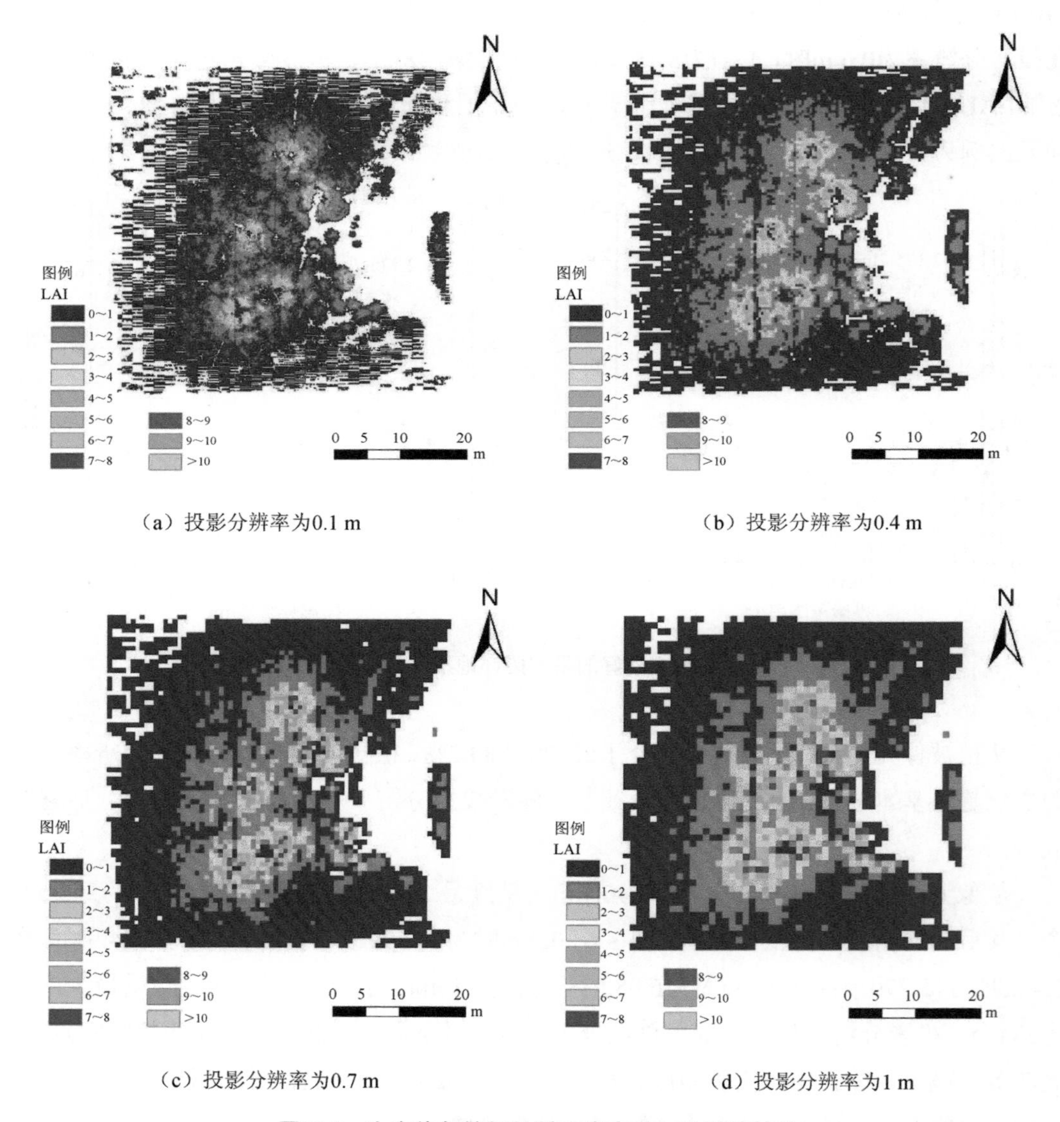

（a）投影分辨率为0.1 m

（b）投影分辨率为0.4 m

（c）投影分辨率为0.7 m

（d）投影分辨率为1 m

图 7-8　生态修复较好的采矿废弃地 LAI 提取结果

当投影分辨率为0.1 m（精度最大）时，LAI为2.546，林间裸地较多，此时LAI最低，植被像元比例仅为52.5%；当投影分辨率为0.4时，LAI为4.633，像元总数仅为0.1 m时的8.3%，植被像元比例上升到70.2%，林间裸地减少；当投影分辨率为0.7 m时，LAI升高到6.246，已经略高于平均值，此时像元总数为3 978，仅为0.1 m时的3.0%，植被像元比例已上升为75.8%，林间裸地明显减少；当投影分辨率为1 m时，像元总数减少到0.7 m时的51%，植被像元数量上升到79.3%，此时LAI已高达8.285。

为了与TLS测得的LAI值进行对比，用LAI2200设备测量出的样地LAI值为4.25，接近投影分辨率为0.3 m时的LAI值。然而，LAI2200的测量值只能作为激光雷达测量值的对比，不能用来标定TLS手段的最佳投影分辨率。TLS数据的研究是一个三维问题，而LAI2200测量的是基于一个二维影像，因此两种数据得到的结果在本质上存在一定的差异。从理论上看，TLS数据能更精确地表达冠层数据信息，得到的结果也更为有效。

2．树高和冠幅

归一化后的点云数据按高度显示如图7-9所示，可直接读出最大树高为20.52 m，生态修复较好的采矿废弃地植被分层现象明显，既有较低矮的圆球状灌木丛，也有树高20 m左右的乔木。

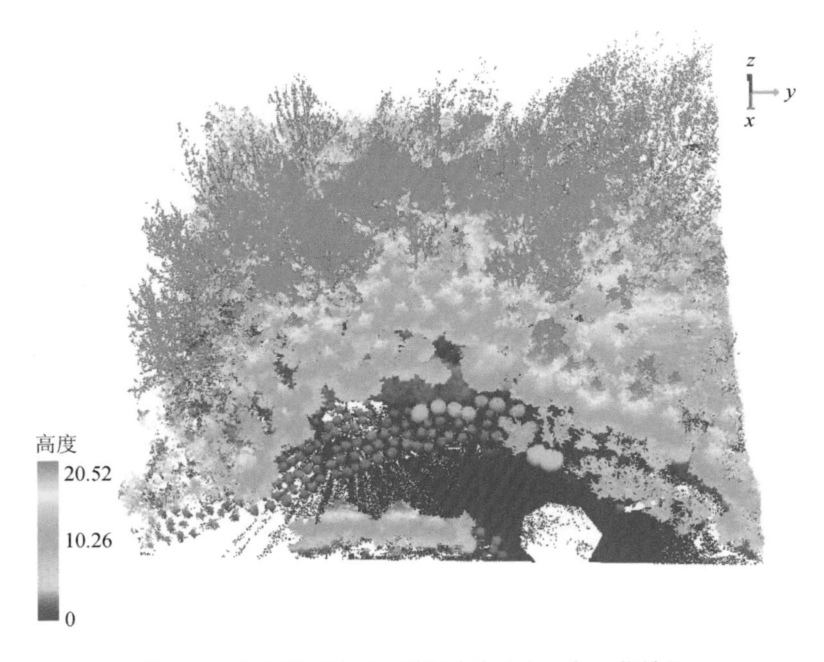

图 7-9　生态修复较好的采矿废弃地点云归一化结果

对归一化的点云进行单木分割，由于该样地分布有较多1 m以下的灌木丛，故取高度阈值为1.5 m，即1.5 m以上的点云才被判定为植被点云，分割结果如图7-10所示。分割后的点云将被赋予随机的颜色，总共分割出单木215棵，算法同时获取了单木位置、树高、冠幅直径、冠幅面积、冠幅体积等属性信息。样地树高平均值为9.572 m，最大树高为20.52 m，最小树高为2.642 m，最大冠幅直径为10.224 m，样地冠幅直径平均值为3.446 m；最大冠幅面积为82.094 m^2，样地冠幅面积平均值为11.445 m^2；最大冠幅体积为877.935 m^3，样地平均冠幅体积为60.310 m^3。

图 7-10 生态修复较好的采矿废弃地单木分割结果

7.3.3 精度评价

TLS数据具有数据量庞大这一特点，海量的激光点云数据使利用TLS数据反演林木结构参数的研究变得棘手。本章通过将三维点云数据降维处理，对三维激光点云数据进行栅格化，极大地减少了数据量，而研究中如何选择合适的降维投影分辨率成为影像植被参数提取精度的关键问题。利用TLS数据提取冠层间隙率本身存在一定的误差，包括林木冠层三维点云数据获取和预处理时期的误差，如配准误差、去噪误差、将三维点云降维时所选像元大小带来的误差等。

生态修复较好的采矿废弃地植被参数都与投影分辨率有着很强的相关关系（图7-11）。其中，冠层覆盖度与间隙率和投影分辨率拟合为对数时，决定系数R^2最大，高达0.95左右；LAI与投影分辨率线性相关时，R^2最大，高达0.949 9。从理论上讲，投影分辨率的选择一般略高于原始点云数据的点间距，如果投影分辨率过小，则数据量将会成倍增加，有时甚至会超过原始点云的数据量，导致实验花费大量时间反而达不到通过降维减小数据量的作用，使制图效率大大降低，因此综合反演精度、数据量大小和制图效率考虑，投影分辨率选择0.1～0.3 m最合适。

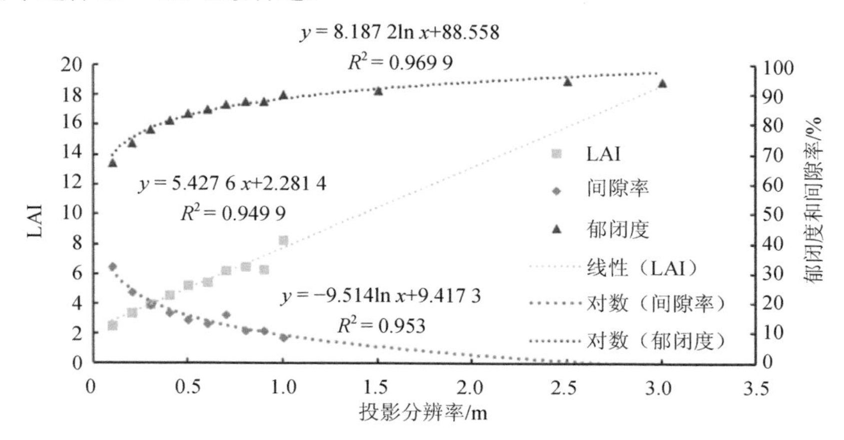

图 7-11　生态修复较好的采矿废弃地植被参数变化趋势

用于与TLS数据的叶面积指数反演进行对比的LAI2200也存在一定的误差。利用LAI2200计算叶面积指数时会受到一些外在因素的影响，如人为参与、光照条件等。特别是半裸露采矿废弃地和裸露采矿废弃地的坡度较大，在坡面上使用该设备会产生较大的误差。在实际操作中，很难做到激光点云数据与LAI2200完全对应于同一个冠层对象，包括两者坐标中心点的对应和冠层元素的对应。事实上，对于叶面积指数的测量，本章只是阐明了一种可以用来对比TLS数据参数反演结果的技术手段，即利用LAI2200来完成对比。对于激光雷达数据最佳投影分辨率的标定，LAI2200并不能作为标准的验证数据，只能用其进行粗略的比较。

7.4　半裸露采矿废弃地

7.4.1　植被水平结构参数

1. 冠层覆盖度

半裸露采矿废弃地冠层覆盖度与像元数量、植被像元比例的关系见图7-12。可以看出，冠层覆盖度的大小介于24.6%～51.7%，平均值为38.2%。随着投影分辨率的增高（投影分辨率的精度在降低），冠层覆盖度相应增高，线性拟合方程为$y=1.824\ 5x+23.644$（$R^2=0.963\ 1$）。在投影分辨率为0.1 m时，冠层覆盖度最小（24.6%），像元总数最多（462 336个），植被像元比例最低（34.6%）；在投影分辨率为0.9 m时，冠层覆盖度为38.9%，像元总数为5 500个，植被像元比例为48.4%，此时的冠层覆盖度最接近平均值（38.2%）；在投影分辨率为3 m时，冠层覆盖度为51.7%，像元总数为489个，植被像元比例为55.4%，此时的冠层覆盖度最大，远高于平均值。

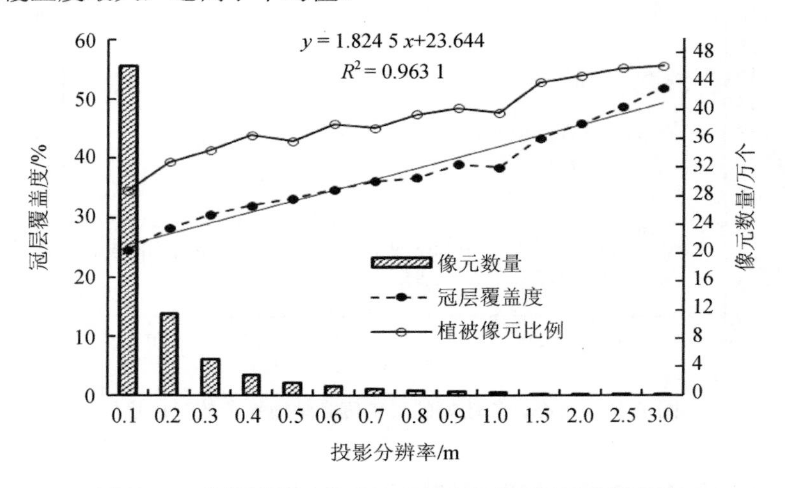

图 7-12　半裸露采矿废弃地不同分辨率下的冠层覆盖度

从植被像元比例（表7-5）来看，植被像元比例的大小介于34.6%～55.4%，平均值为45.0%。植被像元比例随着投影分辨率的增高，基本与冠层覆盖度的变化趋势一致。

表 7-5　半裸露采矿废弃地不同分辨率下的植被像元比例

投影分辨率/m	总像元数/个	非植被像元数/个	植被像元数/个	植被像元比例/%
0.1	462 336	92 710	159 767	34.6
0.2	115 584	19 337	45 466	39.3
0.3	50 486	7 982	20 876	41.4
0.4	28 796	3 589	12 638	43.9
0.5	17 792	2 743	7 626	42.9
0.6	12 580	1 466	5 747	45.7
0.7	9 054	1 209	4 078	45.0
0.8	6 974	749	3 303	47.4
0.9	5 500	546	2 661	48.4

从像元总数量来看，投影分辨率为0.1 m（精度最大）时，像元总数最多，为462 336个，其后随着精度的降低急剧减少：在0.2 m时为115 584个，仅为0.1 m时的25%；在0.4 m时为28 796个；在0.9 m时为5 500个，仅为0.1 m时的1.2%。0.6 m以后，像元总数量逐渐变少，至3 m时最少，仅为489个。

投影分辨率为0.1 m、0.4 m、0.7 m和1 m时的冠层覆盖度提取结果见图7-13。投影分辨率为0.1 m（精度最大）时，林间裸地较多，此时冠层覆盖度最低，植被像元比例仅为

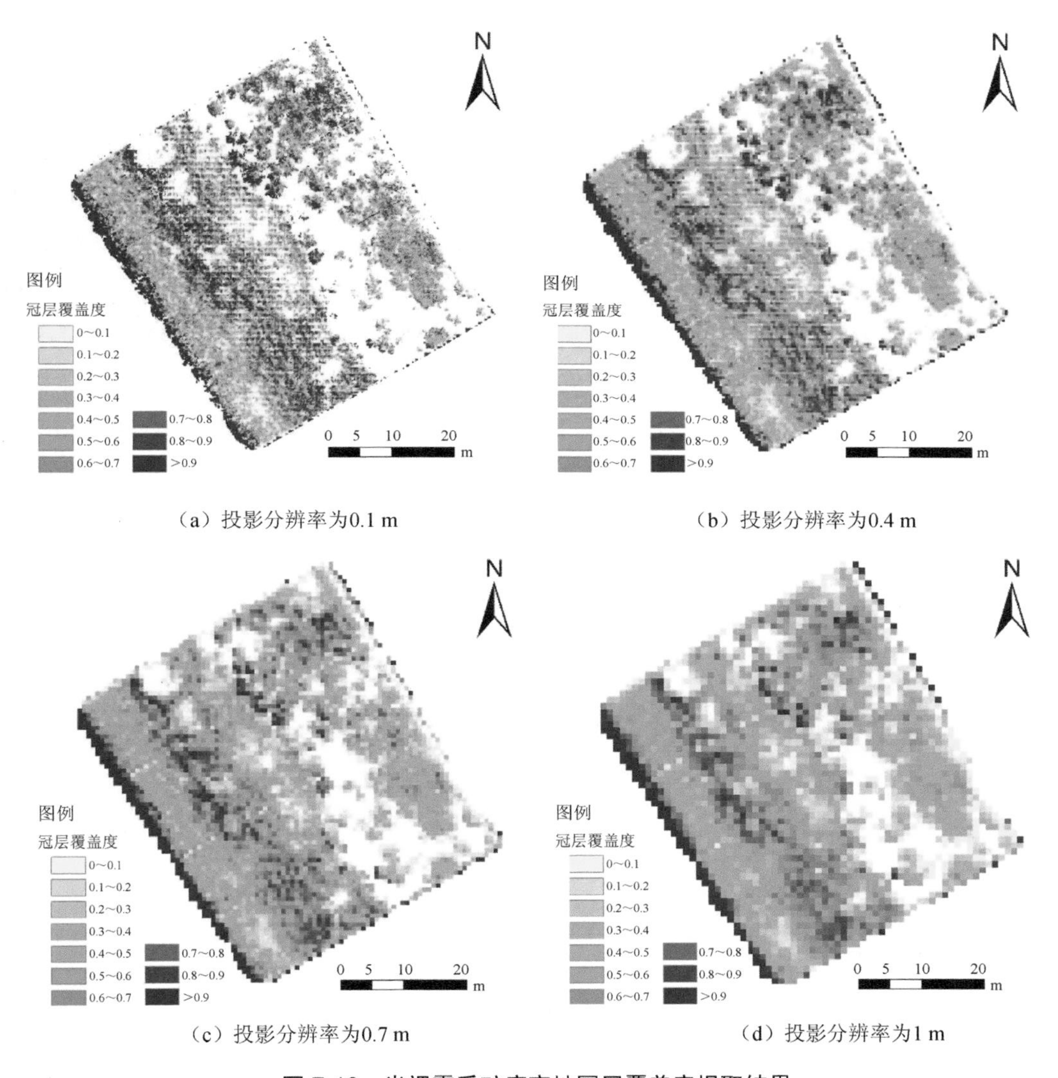

（a）投影分辨率为0.1 m

（b）投影分辨率为0.4 m

（c）投影分辨率为0.7 m

（d）投影分辨率为1 m

图 7-13　半裸露采矿废弃地冠层覆盖度提取结果

34.6%；投影分辨率为0.4时，冠层覆盖度为32%，总像元数仅为0.1 m时的6.2%，植被像元比例上升到43.89，林间裸地减少；投影分辨率为0.7 m时，冠层覆盖度升高到36.1%，已经很接近平均值，此时总像元数为9 054，仅为0.1 m时的2.0%，植被像元比例已上升到45.0%，林间裸地明显减少；投影分辨率为1 m时，总像元数减少到0.7 m时的1/2，植被像元数量小幅上升到47.5%，此时冠层覆盖度为38.4%，最接近平均值，林间除了大面积的裸地缩小比较明显，0.1 m时清晰可见的较小面积的裸地均已消失。因此，投影分辨率越高，点云降维后对小面积裸地的识别能力越强，冠层覆盖度提取的精度越高。

2．间隙率

半裸露采矿废弃地间隙率与像元数量、植被像元比例的关系见图7-14。可以看出，间隙率的大小介于47.7%～71.1%，平均值为59.4%。随着投影分辨率的增高（投影分辨率的精度在降低），间隙率呈逐渐减小的趋势，线性拟合方程为$y = -1.393\ 9x + 72.214$（$R^2 = 0.553\ 8$）。在投影分辨率为0.1 m时，间隙率最大（71.1%），像元总数最多（462 336个），植被像元比例最低（34.6%）；在投影分辨率为0.9 m时，间隙率为60.1%，像元总数为5 500个，植被像元比例为48.4%，此时的间隙率最接近平均值（59.4%）；在投影分辨率为3 m时，间隙率减小到47.7%，像元总数为489个，植被像元比例为55.4%，此时的间隙率最小，远低于平均值。与生态修复较好的采矿废弃地类似，投影分辨率设置为＜0.05 m时，数据量会超过原始点云的数据量，因此综合考虑后制图的投影分辨率设置为0.05～0.15 m最佳。

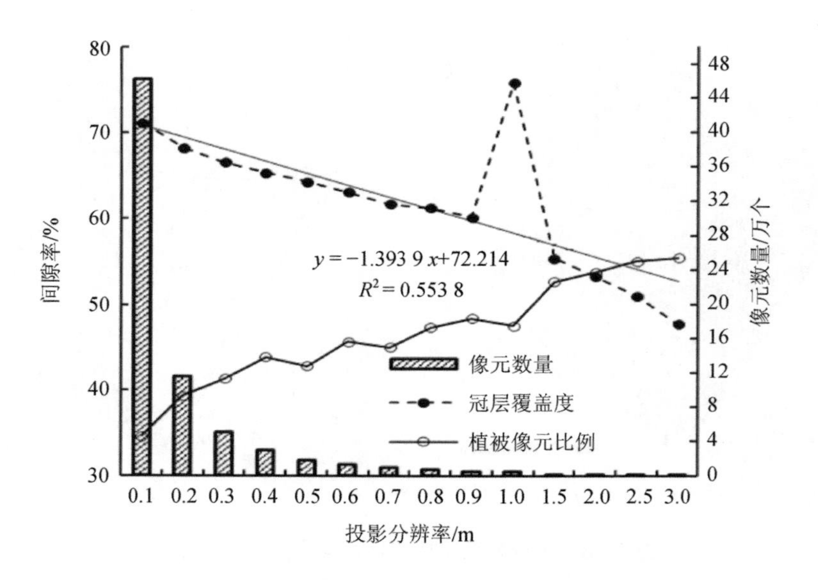

图 7-14　半裸露采矿废弃地不同分辨率下的间隙率

3. 植被和裸地面积

半裸露采矿废弃地样地的植被面积和裸地面积随投影分辨率变化的趋势如图7-15所示，植被面积介于1 597.67～2439 m^2，裸地面积介于117～927.1 m^2。植被面积和裸地面积与投影分辨率之间的关系呈对数关系，植被面积与投影分辨率拟合曲线为y = 254.54ln x+2 183.5，决定系数为0.949，裸地面积与投影分辨率拟合曲线为y = −257ln x+394.4，决定系数为0.928。当投影分辨率介于0.1～1 m时，植被面积和裸地面积变化明显；当投影分辨率＞1 m时，植被面积和裸地面积变化趋于平缓。这是因为投影分辨率越小，其代表的区域范围就越小，对点云数据的表达越精确，也就能够将一些细小空隙表示出来。而对于大投影分辨率，其代表的区域范围较大，很可能会忽略掉很多空隙。投影分辨率较小时，林间信息和细节随着投影分辨率的成倍降低而迅速减少，所以植被和裸地面积的变化较明显；投影分辨率较大时，林间的细节信息已经减少到一定的限度，所以植被和裸地面积也随之趋于平缓。

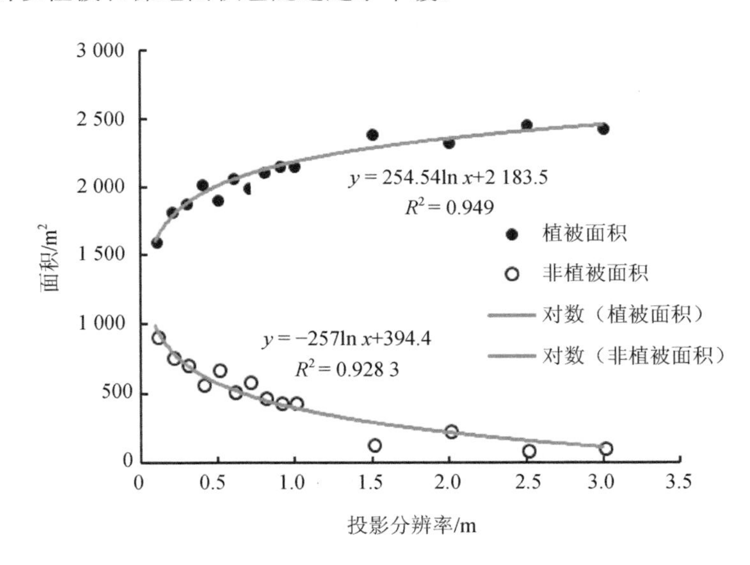

图 7-15 半裸露采矿废弃地植被和裸地面积随投影分辨率变化趋势

7.4.2 植被垂直结构参数

1. 叶面积指数

由图7-16可知，半裸露采矿废弃地LAI的大小介于0.683～1.482，平均值为1.083。LAI随着投影分辨率的增高（投影分辨率的精度在降低）而增大，线性拟合方程为y = 0.053 1x + 0.616 3（R^2 = 0.936 8）。在投影分辨率为0.1 m时，LAI最小（0.683），像元总数最多（462 336个），植被像元比例最低（34.6%）；在投影分辨率为1 m时，LAI为1.036，像元总数为4 530个，植被像元比例为47.5%，此时的LAI最接近平均值；在投影分辨率为3 m时，LAI为1.482，像元总数为489个，植被像元比例为55.4%，此时的LAI最大，远高于平均值。

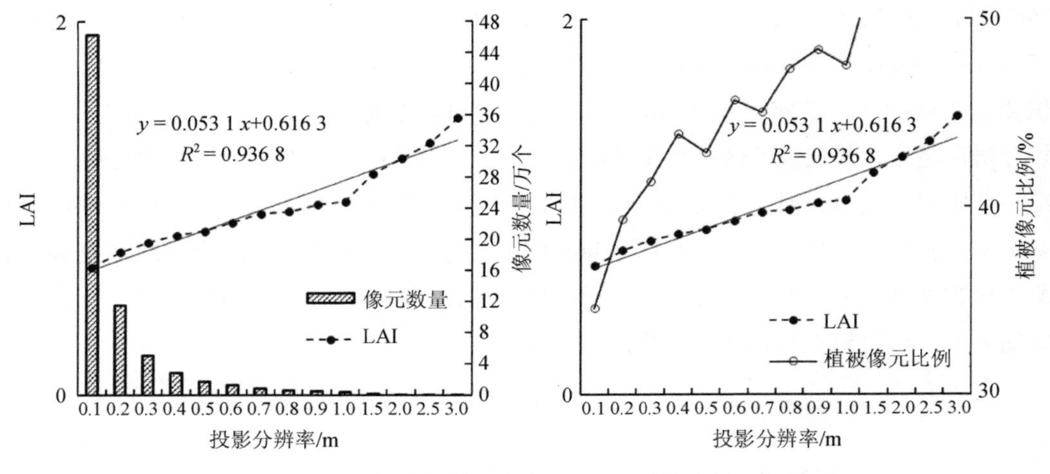

图 7-16　半裸露采矿废弃地不同分辨率下的 LAI

从植被像元比例来看，其大小介于34.6%～55.4%，平均值为45.0%。植被像元比例也随着投影分辨率的增高而增高，其变化趋势比LAI更快。

从像元总数来看，投影分辨率为0.1 m（精度最大）时，像元总数最多，为462 336个，其后随着精度的降低而急剧减少：在0.2 m时为115 584个，仅为0.1 m时的25%；在0.4 m时为28 796个；在0.6 m时为12 580个，仅为0.1 m时的2.7%。0.6 m以后，像元总数逐渐变少，至3 m时最少，仅为489个。

以0.3 m为间隔，制作投影分辨率分别为0.1 m、0.4 m、0.7 m和1 m时的LAI提取结果，见图7-17。投影分辨率为0.1 m（精度最大）时，林间裸地较多，此时LAI值最低，植被像元比例仅为34.6%；投影分辨率为0.4时，LAI为0.854，像元总数仅为0.1 m时的6.3%，植被像元比例上升为43.89，林间裸地减少；投影分辨率为0.7 m时，LAI升高到0.970，已经很接近平均值，此时像元总数为9 054，仅为0.1 m时的2.0%，植被像元比例已上升到45.0%，林间裸地明显减少；投影分辨率为1 m时，LAI为1.036，像元总数减少到0.7 m时的1/2，植被像元数量小幅上升到47.5%，最接近平均值；投影分辨率为1 m时，林间除大面积的裸地缩小比较明显外，0.1 m时清晰可见的较小面积的裸地均已消失。

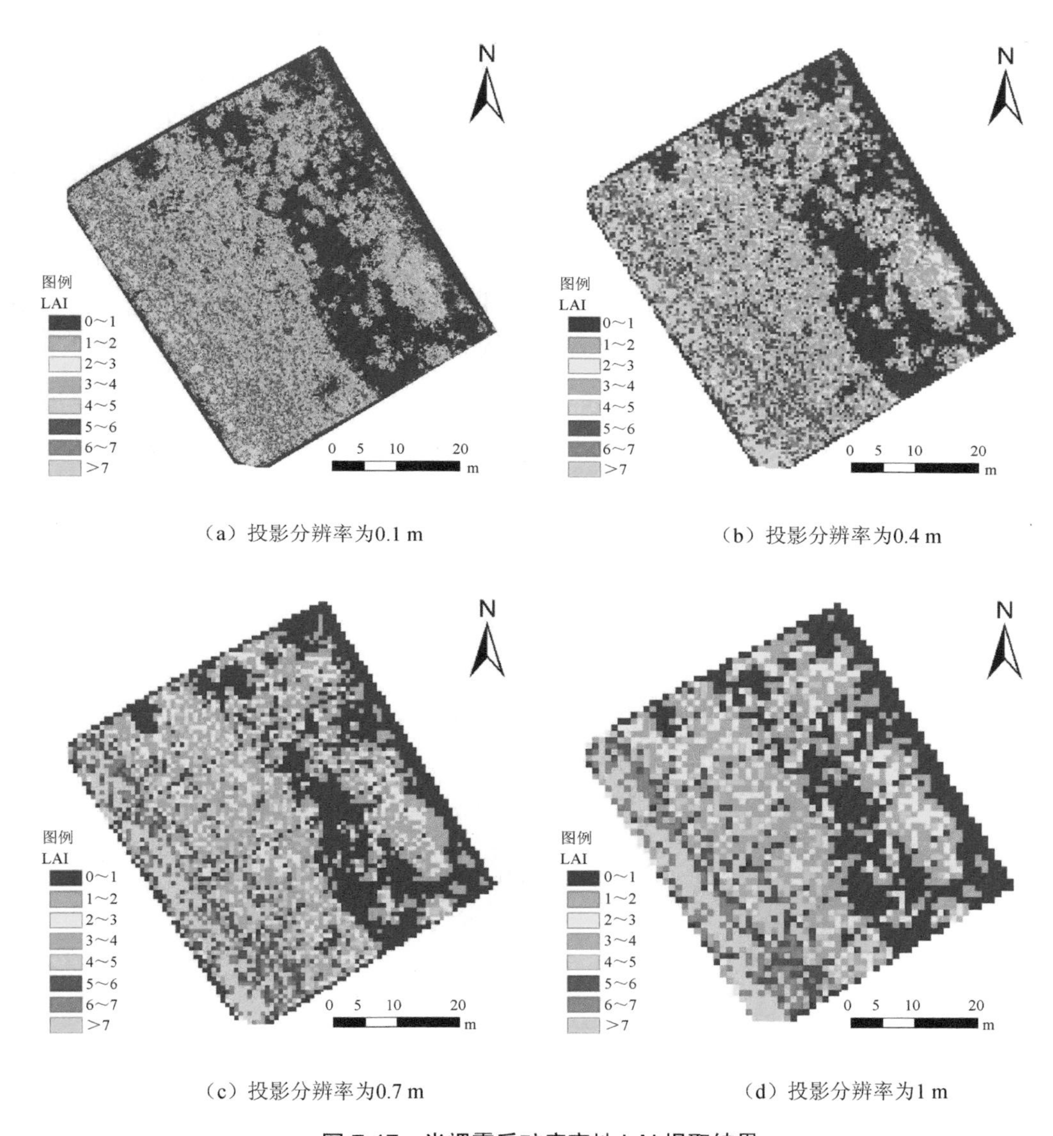

（a）投影分辨率为0.1 m

（b）投影分辨率为0.4 m

（c）投影分辨率为0.7 m

（d）投影分辨率为1 m

图 7-17　半裸露采矿废弃地 LAI 提取结果

从LAI算法分析，LAI是通过每个像元间隙率的数值间接获取的。间隙率的反演结果表明，间隙率与投影分辨率呈负相关，而由叶面积指数计算公式可知，LAI与间隙率呈负相关，因此LAI与投影分辨率呈正相关，随投影分辨率的增大而增大。

为了与TLS测得的LAI值进行对比，用LAI2200设备测量出的样地LAI值为0.85，接近投影分辨率为0.4 m时的LAI值。然而，LAI2200的测量值只能作为激光雷达测量值的对比，不能用来标定TLS手段的最佳投影分辨率。TLS数据的研究是一个三维问题，而LAI2200测量的是基于鱼眼相机的二维影像，因此两种数据得到的结果在本质上存在一定的差异。从理论上看，TLS数据能更精确地表达冠层数据信息，得到的结果也更为有效。

2．树高和冠幅

鉴于实际测量中扫描点云密度为0.05 m，因此选择0.05 m作为地面点插值的分辨率并生成DEM，在LiDAR360软件中用生成的DEM将点云做归一化处理，按高度显示如图7-18所示。高度较高的树大部分生长在坡面地势较低处，少部分生长于采光充足的坡面较高处，坡面中段的树高普遍在3.8 m左右。树高差异最大处位于坡面地势较高处，此处植被分层现象明显，既有较低矮的灌木丛，也有植株7 m以上的乔木。

图 7-18　半裸露采矿废弃地点云归一化结果

对归一化的点云进行单木分割，如图7-19所示，分割后的点云将被赋予随机的颜色，总共分割出单木1 063棵，算法同时获取了单木位置、树高、冠幅直径、冠幅面积、冠幅体积等属性信息。样地树高平均值为4.148 m，最大树高为7.719 m，最小树高为1.908 m，最大冠幅直径为5.113 m，样地冠幅直径平均值为1.652 m；最大冠幅面积为20.531 m^2，样地冠幅面积平均值为3.827 m^2；最大冠幅体积为33.551 m^3，样地平均冠幅体积为1.747 m^3。

图 7-19 半裸露采矿废弃地树木单木分割结果

7.4.3 精度评价

半裸露采矿废弃地植被参数与投影分辨率有着很强的相关关系（图7-20）。其中，冠层覆盖度、间隙率、LAI与投影分辨率拟合的R^2分别为0.932 3、0.709 1、0.969 8。投影分辨率的大小影响投影点的密度，投影点的成倍增加或减少直接影响植被参数提取结果，投影分辨率越低，被投影到地面上的点越少，从而导致许多细节信息丢失。林间孔隙降维后更易被判定为植被像元，使植被像元所占比重增加，因此出现第二类错误的概率随之增加，冠层覆盖度被高估的可能性也会增加。

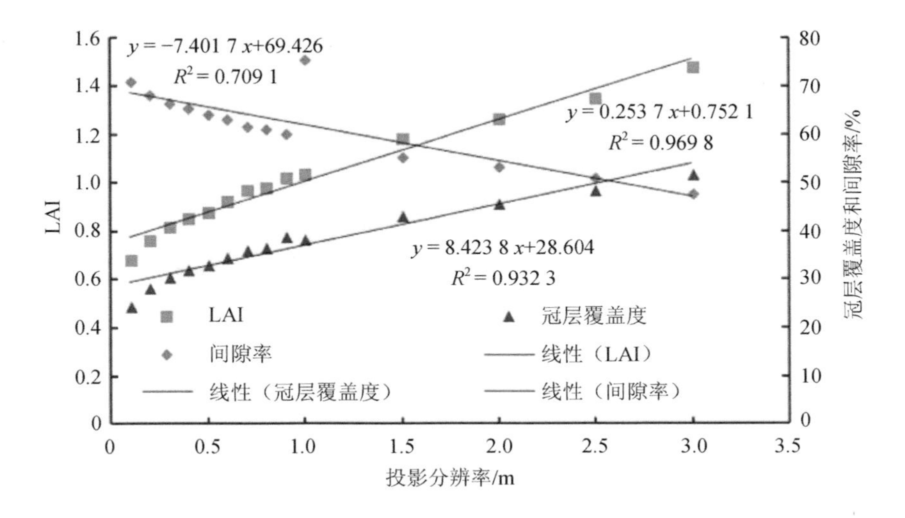

图 7-20 半裸露采矿废弃地植被参数变化趋势

该算法利用归一化的点云计算样地植被参数，以往利用此计算方法的多为ALS获取的大范围点云数据，对TLS通过该算法计算样地水平植被参数的研究还比较少。本章为了验证这种方法在TLS采矿废弃地植被参数提取中的适用性，特别利用TLS归一化的点云数据计算50 m×50 m的样地基于栅格的植被参数，制图效果较好，这证明该算法同样可以应用于TLS获取的点云数据。

在以往的研究中，TLS在林业中一般用来测量单木的树高、胸径、冠幅等简单参数或规整人工林的冠层覆盖度、生物量等参数，将TLS应用于内部结构复杂的天然林样地的研究相对较少。本章通过对算法进行优化，将TLS应用于提取复杂天然林的植被结构参数，当投影分辨率接近原始点云点间距时，算法对冠层细小孔隙的识别能力较强，这说明TLS技术可以很好地用于密度较大、结构复杂的矿山环境。

7.4.4 地形参数

1. 高程

半裸露采矿废弃地DEM提取结果按高程显示如图7-21所示，分辨率为0.02 m，图中蓝色部分为地势较低处，红色部分为地势较高处。从图7-21中可以清楚地看出微地形状况和纹理特征，其中样地坡面中段沟壑起伏较明显，整体看来地形较平缓，没有较大的侵蚀沟。

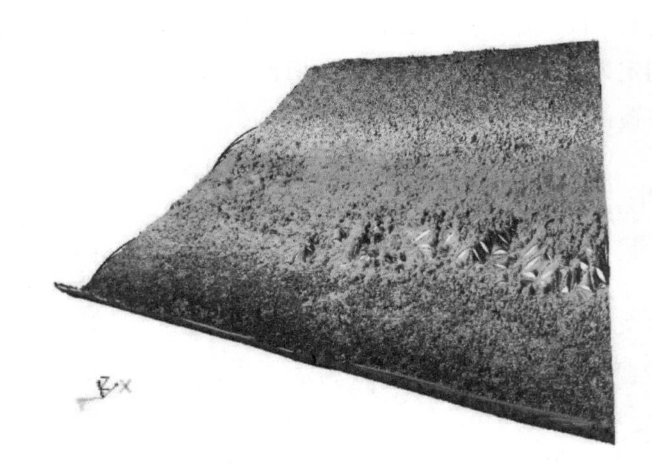

图 7-21　半裸露采矿废弃地 DEM 提取结果

图7-22是基于0.05 m分辨率由DEM提取的坡面汇水和等高线状况，等高线随着坡面高度的增加越来越密，说明高程越高、坡度越陡，汇水主要集中在坡面地势较低处。

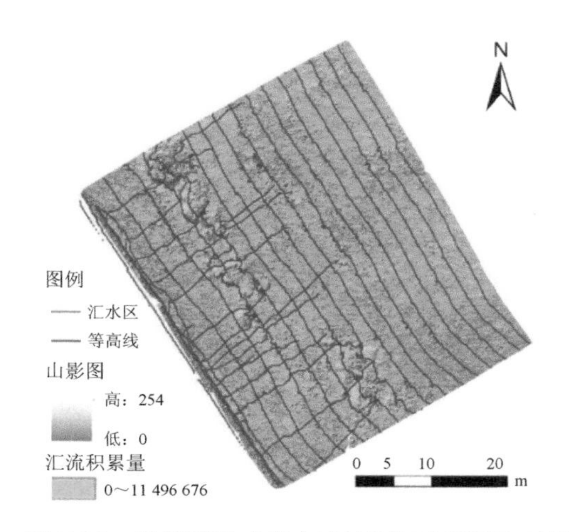

图 7-22 半裸露采矿废弃地坡面汇水区提取结果

2. 坡度

由图7-23（a）可知，半裸露采矿废弃地样地基于像元的坡度范围为5°～60°，样地地势较低处坡度较缓，介于25°～35°，属于急坡，地势越高，坡度越陡；样地大部分区域坡度介于35°～55°，属于急陡坡；样地中，垂直坡所占比例非常少。

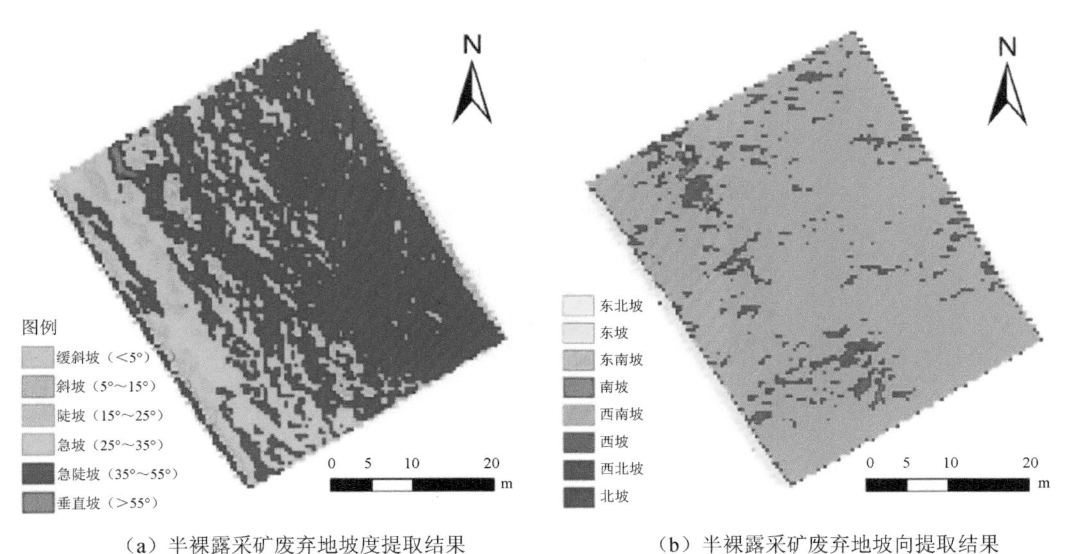

（a）半裸露采矿废弃地坡度提取结果　　（b）半裸露采矿废弃地坡向提取结果

图 7-23 半裸露采矿废弃地坡度坡向提取结果

3. 坡向

由图7-23（b）可知，半裸露采矿废弃地样地坡向整体为西南坡，零散分布的一些小区域为西北坡和西坡。

7.4.5 植被与地形参数的相关性

坡面的坡度、坡高、坡长是重要的地形因子。坡度越大，坡面越高、越长、越不稳定，坡面上的植被生长越困难。边坡越陡，则坡面基层的附着条件越差，雨水径流的速度快、强度高，容易形成冲刷侵蚀，边坡表面的土壤难以保留，植被的长期生存面临很大的困难。矿山修复阶段需要采用针对性的固土措施保护植被的正常发育，减少水土流失。

坡度对水分、土壤厚度、土壤养分等具有分异作用，因而会影响植被的分布。由图7-24可知，地势越高，坡度越陡，坡度从地势较低处的2.49°升到地势较高处的60°左右，越靠近地面，植被的生长状况越好，这是因为坡下部的植被比坡中部和坡上部的植被具有更好的减沙作用。坡下部的植被既能通过自身根系和树干阻挡水土流失，还能通过泥沙堆积改变坡面地貌形态，减缓坡度，从而减少土壤侵蚀。样地植被多为树高较低的低矮乔木，坡度较高处虽日照充足，但水分较少、土壤干燥，不适宜植被生存。图7-24中的蓝色区域为坡度＞55°的垂直坡，这些区域对应冠层覆盖度图像的裸地部分或冠层覆盖度较低的部分，说明坡度＞55°的地方大多为裸地，这是因为急陡坡坡面缺水、少肥的现象更为严重，立地生态环境更为恶劣，生态修复的难度也更大。由表7-6可知，植被主要分布在急陡坡和急坡，占比分别为47.8%和24.6%，其他坡度类型由于占比非常少，相应的植被也比较少。

图 7-24 半裸露采矿废弃地不同坡度的植被分布

表 7-6　半裸露采矿废弃地不同坡度植被的面积及所占百分比

坡度类型	面积/m^2	占比/%
缓斜坡	1.25	0.1
斜坡	19.25	0.7
陡坡	84.25	3.2
急坡	638.5	24.6
急陡坡	1 239	47.8
垂直坡	4.5	0.2
无植被	605.5	23.4

在北半球，南坡、东南坡、西南坡接收阳光和太阳辐射能量最多、时间最长，其次为东坡和西坡，北坡、东北坡、西北坡接收太阳辐射能量最少、时间最短。由图7-25可知，样地坡面整体朝向西南方向，少部分为西坡。由表7-7可知，西南坡由于获取的太阳辐射较多、光照时间较长，植被长势最好，西坡次之，西南坡和西坡植被占比分别为65.4%和7.2%；其余坡向由于坡向类型本身占比很少，且接收的太阳辐射能量少，因此植被分布极少。

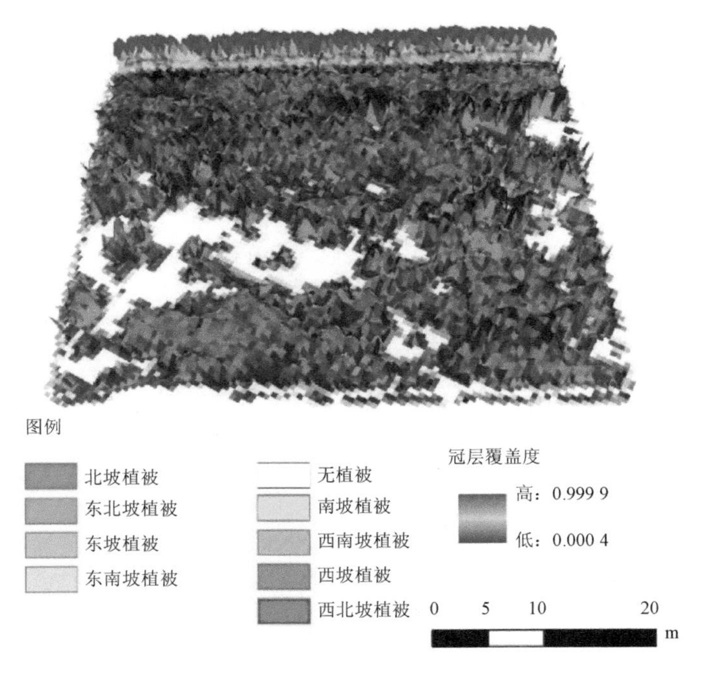

图 7-25　半裸露采矿废弃地不同坡向的植被分布

表 7-7 半裸露采矿废弃地不同坡向植被的面积及所占百分比

坡向类型	面积/m^2	占比/%
北坡	4.5	0.2
东北坡	37.5	1.4
东坡	29.5	1.1
东南坡	5	0.2
南坡	21.75	0.8
西南坡	1 695.75	65.4
西坡	185.5	7.2
西北坡	7.25	0.3
无	605.5	23.4

由图7-26可知，汇水区提取的结果显示，坡面汇水主要集中在地势较低处，由植被覆盖度图像可见，汇水区附近的植被覆盖度更高，这是因为制约植物生长的生态因子是普遍的、共同的，如土质贫瘠、缺水、少肥、水热安全性差等，其中水资源是最重要的生态因子，地势较高处缺水，植被生长会受到限制。在矿山开采阶段，建议对于坡地矿产资源的开发和利用应遵循先坡上、后坡下的原则。但是由于坡底的开采更方便，且坡底土壤更容易利用，目前许多矿山是从坡底开始开采的，这样会加速对边坡土壤的破坏。

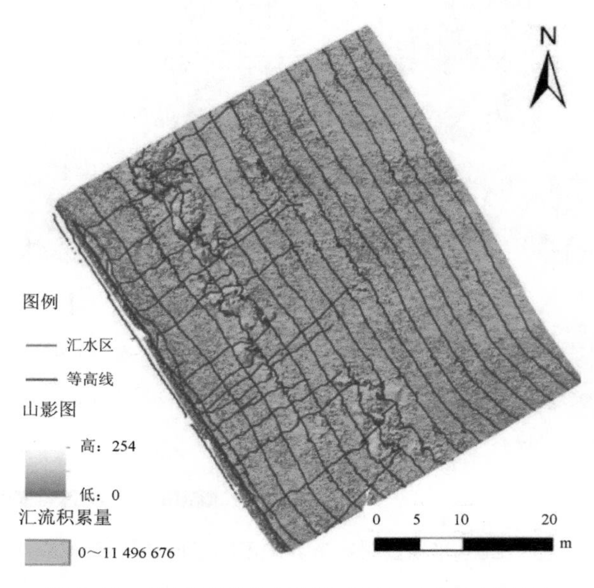

图 7-26 半裸露采矿废弃地坡面汇水区提取结果

7.5 裸露采矿废弃地

7.5.1 地形参数

1. 高程

图7-27为裸露采矿废弃地同一样地2017年5月和2018年5月由TLS点云数据获取的高精度DEM，分辨率为0.1 m，高程范围13.44～52.41 m。全裸露采矿废弃地坡面整体比较平整，样地中段DEM三角网比较粗糙，那是因为样地坡度较大，设备只能架设在坡面以下的平地上，从而导致坡面中段植被覆盖度较高处的地面点较稀疏，所以生成不规则的三角网后局部较粗糙，这就会使地形参数的提取产生不可避免的误差。

（a）2017年5月　　（b）2018年5月

图 7-27　裸露采矿废弃地两期 DEM 提取结果

两期DEM相减（2018年的DEM减2017年的DEM）生成的地形变化结果如图7-28所示，其中大于0的部分为土壤堆积部分，小于0的部分为土壤侵蚀部分，最大堆积值为0.36 m，最大侵蚀值为0.23 m。该样方大部分区域高程变化非常小，侵蚀或堆积现象并不明显，堆积部分多分布在坡面以上，从坡面等高线可以看出，坡面高程越高，坡度越陡，所以雨水冲刷效应更明显，容易形成堆积的小土堆。样地范围内，侵蚀现象伴随着堆积现象发生在坡面的各区域，既有高程升高的区域，也有高程降低的区域。

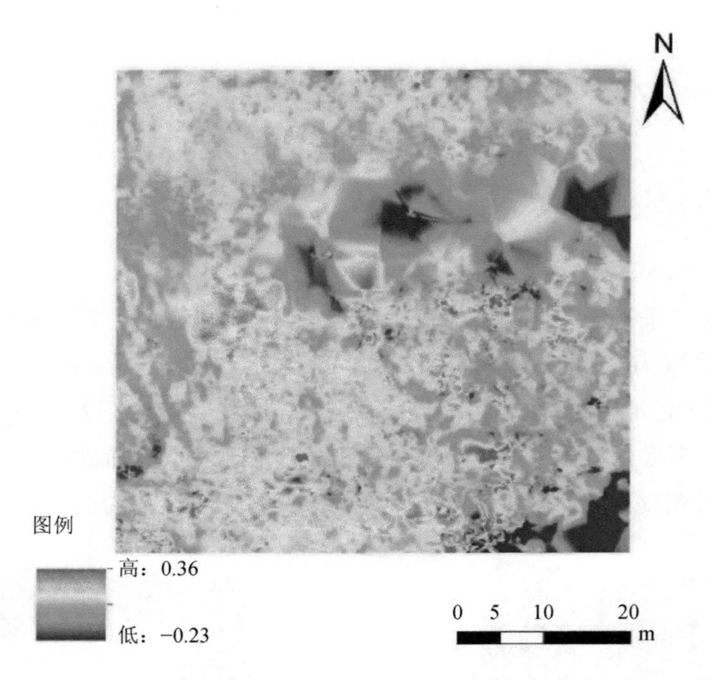

图 7-28 基于两期 DEM 的地形变化提取

相关统计结果见表7-8，DEM叠加相减后5.3%的区域像元值为0，＜0的像元所占比例为42.0%，＞0的像元所占比例为52.7%，说明样地内大部分区域存在着不同程度的侵蚀和堆积现象，且堆积现象更明显。

表 7-8 裸露采矿废弃地侵蚀和堆积占比

像元值	像元数	面积/m^2	占比/%
＜0	102 906	1 029.06	42.0
0	12 977	129.77	5.3
＞0	129 115	1 291.15	52.7

2. 坡度

裸露采矿废弃地坡度提取结果如图7-29所示，样地大部分区域为急陡坡，在样地地势较高处和地势较低处均有分布，样地高程中下段为陡坡和急坡分布区，结合等高线密度可见裸露采矿废弃地的样地坡面中段较平，坡底和坡顶较陡。

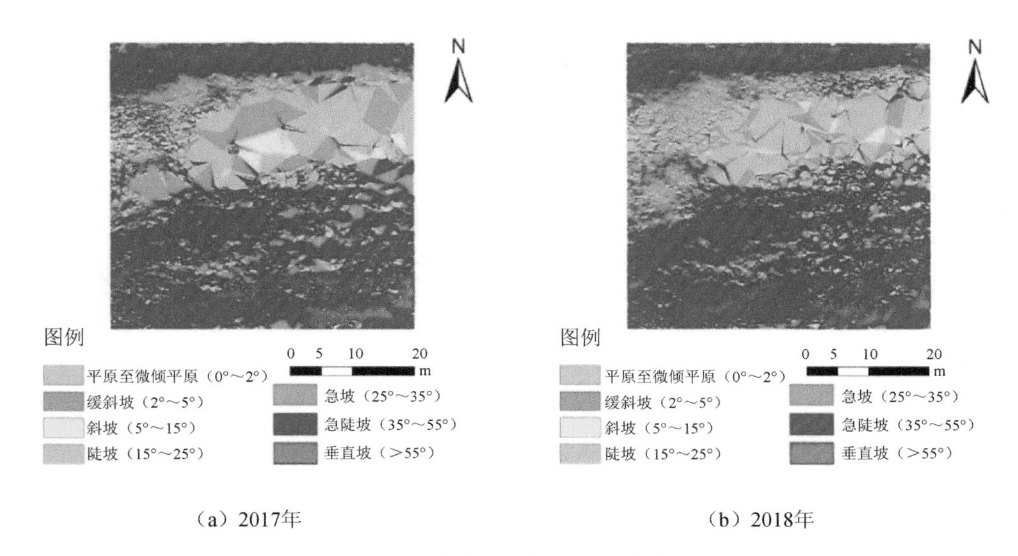

（a）2017年　　（b）2018年

图 7-29　裸露采矿废弃地两期坡度提取结果

由表7-9可知，裸露采矿废弃地坡度变化不大，近一半的面积为急陡坡，2017年急陡坡面积为1 140.52 m^2，占样地总面积的46.6%；2018年急陡坡面积为1 154.96 m^2，占样地总面积的47.1%，比例略微增长。急坡所占比例仅次于急陡坡，2017年急坡面积为716.43 m^2，占样地总面积的29.2%，2018年急坡面积为680.61 m^2，占样地总面积的27.8%，比例略微降低。陡坡面积2017年为392.17 m^2，2018年为441.82 m^2，占样地面积的比例分别为16.0%和18.0%。因此，在一年内裸露采矿废弃地样地的坡度整体变化不大，急坡、垂直坡和斜坡面积有所减少，陡坡、平原至微倾平原、缓斜坡、急陡坡的面积有所增加。

表 7-9　裸露采矿废弃地两期坡度类型面积及所占比例

坡度类型	2017 年		2018 年	
	面积/m^2	占比/%	面积/m^2	占比/%
平原至微倾平原	0.58	0.0	0.73	0.0
缓斜坡	3.88	0.2	4.14	0.3
斜坡	83.25	3.4	67.21	2.7
陡坡	392.17	16.0	441.86	18.0
急坡	716.43	29.2	680.61	27.8
急陡坡	1 140.52	46.6	1 154.96	47.1
垂直坡	113.17	4.6	100.49	4.1

3. 坡向

裸露采矿废弃地坡度提取结果如图7-30所示，样地整体为北坡，部分微坡向在高精度DEM的基础上被提取出来，由于坡面上有土堆的存在，一些西北坡零星分布在坡面的中下段。

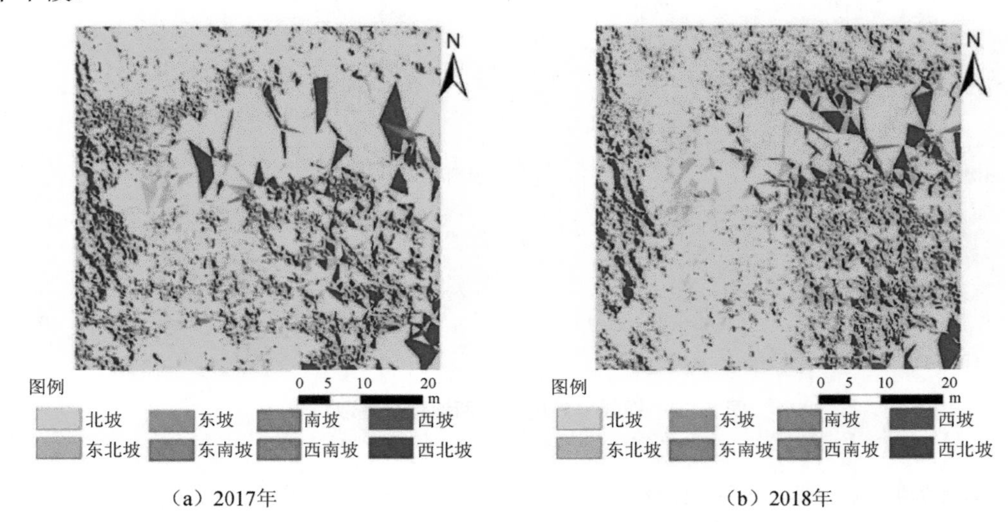

（a）2017年　　（b）2018年

图 7-30　裸露采矿废弃地两期坡向提取结果

由表7-10可知，2017年北坡面积为1 842.71 m^2，占样地总面积的75.2%，2018年北坡面积为1 866.41 m^2，占比为76.2%；其次为西北坡，2017年面积为365.15 m^2，占样地面积的14.9%，2018年面积为357.11 m^2，占比为14.6%；东北坡2017和2018年占比分别为6.9%和6.6%。可见，裸露采矿废弃地在一年内的坡向变化不大。

表 7-10　裸露采矿废弃地两期坡向类型面积及所占比例

坡向类型	2017 年		2018 年	
	面积/m^2	占比/%	面积/m^2	占比/%
北坡	1 842.71	75.2	1 866.41	76.2
东北坡	169.86	6.9	161.71	6.6
东坡	17.65	0.7	15.63	0.6
东南坡	7.40	0.3	6.84	0.3
南坡	6.60	0.3	5.96	0.2
西南坡	9.45	0.4	8.08	0.3
西坡	31.18	1.3	28.26	1.2
西北坡	365.15	14.9	357.11	14.6

7.5.2 稀疏植被

将投影分辨率设置为0.1 m，运行程序计算得到裸露采矿废弃地冠层覆盖度和LAI提取结果，如图7-31所示。样地大部分区域为裸地，只有零星植被分布在裸露的坡面上，样地平均冠层覆盖度为4.3%，坡面上的植被大部分为灌草，长有植被的区域植被覆盖度最大达到90%以上。样地平均LAI值为0.173，平均间隙率为91.7%，长有植被的区域最大LAI值＞4。从坡度上分析，该样地大部分为急陡坡和急坡，坡度较陡，不适宜植被生长，因此裸露采矿废弃地植被较少，冠层覆盖度较低。

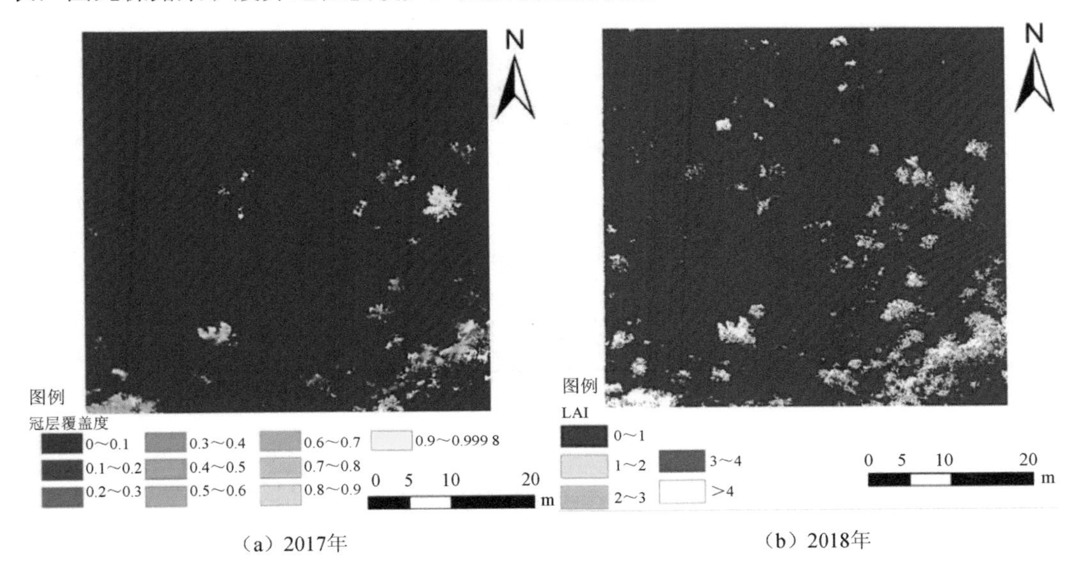

（a）2017年　　（b）2018年

图 7-31　裸露采矿废弃地植被冠层覆盖度和 LAI 提取结果

7.6 不同生态修复阶段对比

为了更直观地对比不同生态修复阶段的采矿废弃地植被关键参数，将利用不同投影分辨率提取的叶面积指数、冠层覆盖度和间隙率与投影分辨率拟合曲线进行相关性分析。

7.6.1 叶面积指数

由图7-32可知，不同生态修复阶段的采矿废弃地叶面积指数均随着点云投影分辨率的增加（10 cm～3 m）而增大，叶面积指数和点云投影分辨率线性相关，R^2可达0.949 9

和0.969 8。生态修复较好的采矿废弃地、半裸露采矿废弃地的叶面积指数分别介于2.546～8.285、0.683～1.482。其中，生态修复较好的采矿废弃地样地的叶面积指数变化曲线斜率较大，为5.428，说明生态修复较好的矿区叶面积指数的变化对投影分辨率的变化更敏感，半裸露矿区的叶面积指数变化曲线斜率仅为0.253，因此矿区植被生长得越好，对投影分辨率的要求越高。.

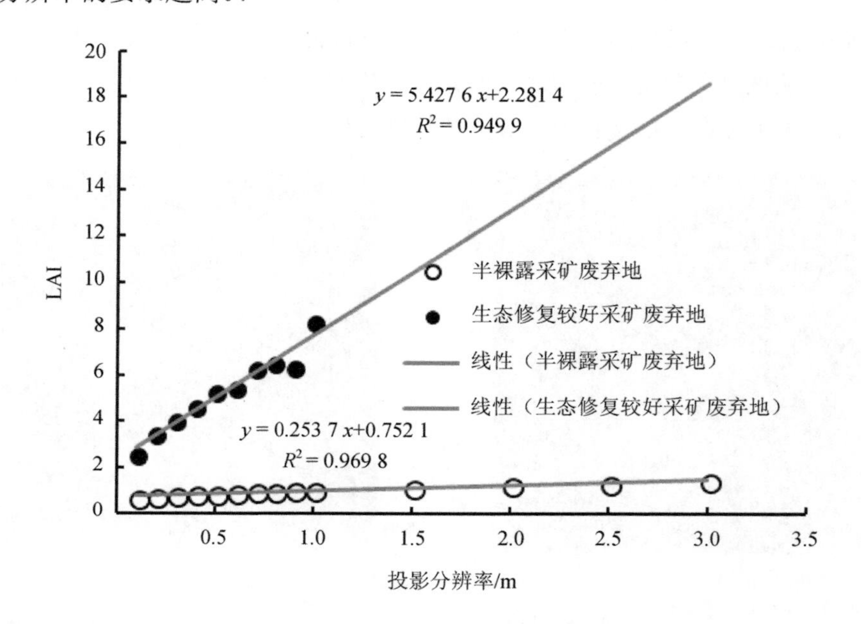

图 7-32　LAI 随投影分辨率的变化特征

7.6.2　冠层覆盖度

由图7-33可知，不同生态修复阶段的采矿废弃地冠层覆盖度均随着点云投影分辨率的增加（10 cm～3 m）而增大，生态修复较好的采矿废弃地、半裸露采矿废弃地样地的冠层覆盖度分别介于67.4%～94.8%、24.6%～51.7%。其中，生态修复较好的采矿废弃地样地和半裸露采矿废弃地样地的冠层覆盖度变化曲线基本一致（变化率a分别为8.187 2和7.890 8），冠层覆盖度和点云投影分辨率呈对数相关，决定系数R^2可达0.969 9和0.962 1。投影分辨率在0.1～1 m时，生态修复较好的采矿废弃地的冠层覆盖度随投影分辨率变化的敏感性略高于半裸露采矿废弃地；投影分辨率＞1 m时，冠层覆盖度随投影分辨率的变化趋于平缓。

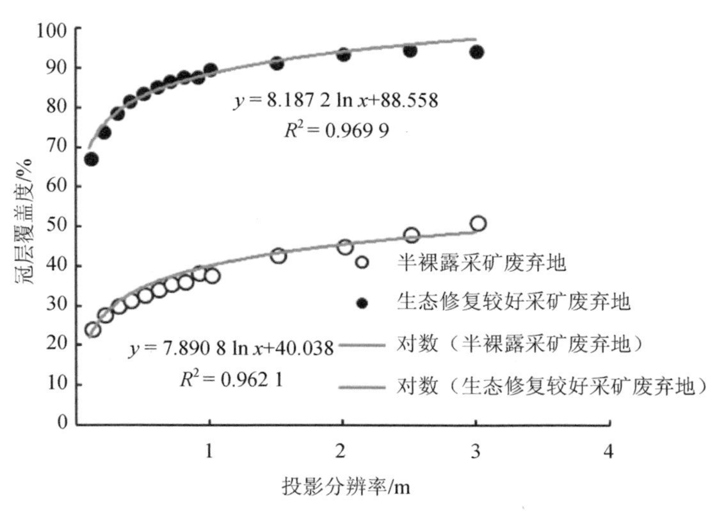

图 7-33　冠层覆盖度随投影分辨率的变化特征

7.6.3　间隙率

由图7-34可知，不同生态修复阶段的采矿废弃地间隙率均随着点云投影分辨率的增加（10 cm～3 m）而减小，生态修复较好的采矿废弃地、半裸露采矿废弃地的间隙率分别介于8.9%～32.7%、47.7%～71.1%。其中，生态修复较好的采矿废弃地样地的间隙率随投影分辨率的变化曲线为对数曲线，决定系数为0.953。当投影分辨率介于0.1～0.5 m时，间隙率的变化趋势较为明显；当投影分辨率＞0.5 m时，间隙率的变化趋于平缓。半裸露采矿废弃地样地的间隙率与投影分辨率线性相关，R^2达0.709。

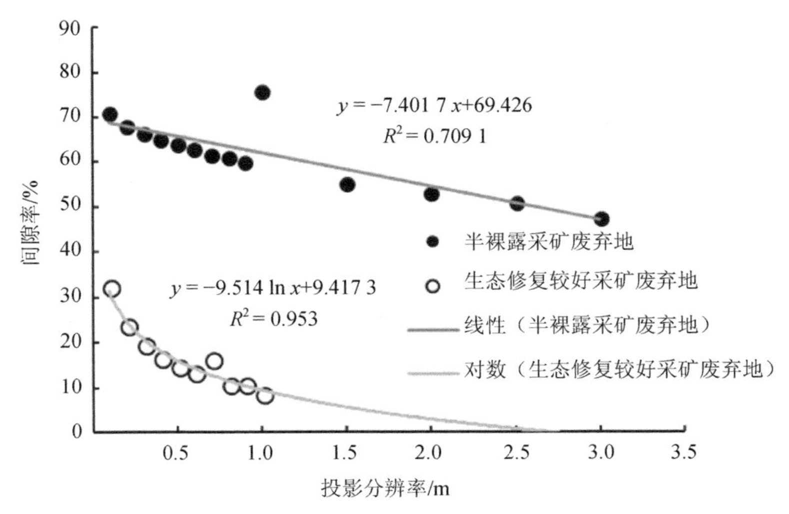

图 7-34　间隙率在随投影分辨率的变化特征

7.7 讨论与结论

7.7.1 讨论

本章将TLS扫描获取的点云数据进行降维处理，虽然点云降维后生成的二维影像比传统光学遥感分辨率高，提取植被参数的精度更高，但是本章只提取了水平方向上的冠层覆盖度和LAI，也就是一定投影分辨率内所有植被（包括乔、灌、草）的冠层覆盖度和LAI，并没有对植被进行垂直方向的分层提取。在今后的研究中会进一步将样地植被细分为乔木层、灌草层，并分层提取每一类植被的结构参数，以便更好地发挥TLS可以细致刻画林下结构并精确提取森林垂直结构参数的特点。

在TLS测站的布设上，由于研究区半裸露和裸露采矿废弃地坡面较陡，测站很难架设到坡面上进行扫描，所有测站均架设在坡面以下的平地上进行扫描，因此有限的测站并未对样地内每个区域达到全部高精度覆盖，有一些被茂密植被遮挡的区域激光点很难达到，导致滤波后坡面局部地面点较稀疏，DEM部分区域的一些细节信息损失，造成坡度和坡向等地形参数提取上的误差。

实际上，投影分辨率越高，提取的植被参数越精确，但数据量也会相应增加，因此为了找到制图效率高且不失精度的最佳分辨率，本章探讨了植被参数的提取与投影分辨率之间的相关性，在样地尺度上探讨了间隙率等植被参数随投影分辨率变化的趋势，总结出TLS提取矿山植被参数的最佳投影分辨率为略大于原始点云点间距。例如，原始点云点间距为0.05 m，则投影分辨率选择0.05～0.15 m为最佳，这样使用该降维算法不仅减少了数据量，提高了制图效率，而且可以充分发挥TLS高精度的优势。

对提取参数的精度进行验证需要一定数量的实测数据。由于本章涉及的调查参数较多，样地所处坡面较陡、样地内树的密度非常高且数量也较多，尤其是半裸露采矿废弃地，样地内的植被为密度小于1 m的低矮树苗，冠层以下结构复杂，树高、冠幅等实测数据的获取非常困难，本章的数据量还不是很丰富，TLS测得的参数缺少实测数据的验证，造成的误差甚至个别点的错误不可避免。

生态修复较好的采矿废弃地、半裸露采矿废弃地的TLS数据采集时间为冬季，由于不是植被的生长季，有些植被已落叶，也许会导致冠层覆盖度和叶面积指数的提取结果偏低，建议在用TLS提取植被参数时选择植被生长季进行扫描。

7.7.2 结论

在生态修复较好的采矿废弃地，以0.1 m为间隔提取的冠层覆盖度大小介于67.4%～94.8%，随着投影分辨率的增高（投影分辨率的精度在降低）呈先快速增大、后逐渐放缓的趋势。间隙率的大小介于8.9%～32.7%，平均值为20.8%，随着投影分辨率的增高呈先快速减小、后逐渐放缓的趋势。植被面积和裸地面积与投影分辨率之间呈对数关系。LAI值的大小介于2.546～8.285，平均值为5.416，随着投影分辨率的增高（投影分辨率的精度在降低）呈现先快速增大、后逐渐放缓的趋势。用LAI2200设备测量样地LAI值为4.25，接近投影分辨率为0.3 m时的LAI值。生态修复较好的采矿废弃地平均树高为9.572 m，冠幅直径平均值为3.446 m，冠幅面积平均值为11.445 m^2，冠幅体积平均值为60.310 m^3。

在生态修复较好的采矿废弃地，投影分辨率越小得到的结果越精确，因此投影分辨率设置为0.1 m时制图精度最高。综合考虑结果精度、数据量大小和出图效率，投影分辨率为0.1～0.3 m时制图效率较高且提取参数的精度也较高。

在半裸露采矿废弃地，以0.1 m为间隔提取的冠层覆盖度的大小介于24.6%～51.7%，平均值为38.2%，随着投影分辨率的增高（投影分辨率的精度在降低）也相应增高。间隙率的大小介于47.7%～71.1%，平均值为59.4%，随着投影分辨率的增高呈逐渐减小的趋势。植被面积介于1 597.67～2 439 m^2，随投影分辨率的增大而增大，裸地面积介于117～927.1 m^2，随投影分辨率的增大而减少。植被面积和裸地面积与投影分辨率之间呈对数关系。LAI值的大小介于0.683～1.482，平均值为1.083，随投影分辨率的增高而增大。用LAI2200设备测量样地LAI值为0.85，接近投影分辨率为0.4 m时的LAI值。半裸露采矿废弃地样地平均树高为4.148 m，冠幅直径平均值为1.652 m，冠幅面积平均值为3.827 m^2；冠幅体积平均值为1.747 m^3。

半裸露采矿废弃地的坡度范围为5°～60°，样地地势较低处坡度较缓，介于25°～35°，属于急坡，地势越高坡度越陡；整个样地大部分区域坡度介于35°～55°，属于急陡坡，植被主要分布在急陡坡和急坡，占比分别为47.8%和24.6%。半裸露采矿废弃地的大部分区域为西南坡，植被长势最好，西坡次之，西南坡和西坡的植被占比分别为65.4%和7.2%。

不同修复阶段的采矿废弃地植被关键参数提取结果均与投影分辨率密切相关。随着采矿废弃地参数提取过程中投影分辨率的增大，不同生态修复阶段的采矿废弃地叶面积指数、冠层覆盖度均呈不断增大的趋势，间隙率则呈不断变小的趋势。总体而言，生态修复较好的采矿废弃地和半裸露采矿废弃地各植被参数的变化趋势基本一致，且生态修复较好的采矿废弃地冠层覆盖度和叶面积指数明显高于半裸露采矿废弃地，间隙率则明显低于半裸露采矿废弃地。

在裸露采矿废弃地，高程介于13.44～52.41 m；一年内土壤的最大堆积值为0.36 m，最大侵蚀值为0.23 m，样地内大部分区域存在着不同程度的侵蚀和堆积现象，且堆积现象更明显；坡度和坡向在一年内的变化不明显。坡面上的稀疏植被大部分为灌草，设置投影分辨率为0.1 m，提取裸露采矿废弃地冠层覆盖度和LAI值的结果显示：样地平均冠层覆盖度为4.3%，平均LAI值为0.173，平均间隙率为91.7%。

第 8 章　土壤重金属浓度的高光谱识别

土壤重金属污染是影响人居环境健康的风险源之一，也是矿区环境污染治理的重要内容（赵其国等，2015）。通过高光谱遥感和统计学习方法定量反演土壤重金属浓度不断被证明是一种可靠和成本较低的监测手段（郭学飞等，2020；贺军亮等，2015；付馨等，2013），但是从地物高分辨率光谱分析到机载和星载的大范围连续地理空间分析仍然面临一系列问题，如混合像元、环境噪声强、光谱特征微弱、小样本过拟合及模型迁移泛化弱等问题（张兵，2002；张兵，2016；Wang et al.，2018）。本章利用具有高空间分辨率、高光谱分辨率特征的航空高光谱影像数据，研究基于Stacking集成策略的土壤重金属反演模型，以吉林省伊通县黑土地矿区为例，开展了土壤重金属浓度监测和评估研究，以期为矿区土壤重金属浓度识别和治理提供数据支撑。

8.1　研究区概况

研究区位于吉林省伊通县，地处125°19′43.93″～125°28′4.26″E、43°13′15.11″～43°20′3.91″N，海拔262～446 m，属丘陵地带，多年平均气温5.5 ℃，年降水量约为652 mm，日照充足，属于中温带湿润季风气候区。研究区内分布有多处金、银、铜及铁等金属矿山，伊通河从东南至西北穿越整个研究区（图8-1）。

图 8-1　研究区遥感影像

8.2 研究方法

8.2.1 航空高光谱遥感影像

1. 影像获取及特征

2017年4月底至5月初，在物候和天气适宜且满足航空飞机载荷成像光谱仪飞行条件的情况下，利用HyMAP-C大型成像高光谱仪系统设备，采集高质量图谱合一的航空高光谱影像数据（图8-2）。工作谱段为0.46～2.47 μm，共135个波段，光谱分辨率为10～20 nm，影像空间分辨率为4.5 m。飞行试验期间正处于农田土地翻耕期（玉米秸秆、水稻秸秆均需统一翻耕播种），地表覆盖新翻耕的裸土较多，没有植被影响，地表覆盖较为单一。

图 8-2 研究区高光谱影像块

2. 几何校正

利用高精度位置姿态数据、偏心矢量及DEM等数据对航空机载平台姿态变化带来的高光谱影像畸变进行几何粗校正，具体措施为利用摄影测量学中的共线方程原理逆向构建出像元级的大地坐标（马伟波等，2017）。在此基础上，继续与更高空分辨率的遥感影像进行配准，完成高光谱数据的几何精校正。

3. 辐射定标

辐射定标包括光谱定标和能量定标。其中，光谱定标通过单色仪校准光谱波长的准确性，能量定标则通过标准光源校准探测镜头的能量准确度。获得辐射定标参数后，对原始影像进行线性校正即可得到镜头入瞳处能量辐射值，此时，经过大气辐射传输模型MODTRAN4，结合成像时的各种气象参数、地形地貌参数及传感器位置姿态参数等，完成模式传输过程的模拟，得到大气校正参数，最终完成逐条带的辐射定标。最后，采用基于地理参考匹配的影像拼接方法得到研究区内反射率影像数据。

4. 土壤信息提取

由于4.5 m空间分辨率的影像存在混合像元的问题，因此可选择全约束最小二乘法混合像元分解方法提取土壤信息。该算法假设每种地物的丰度范围为0～1，分解过程中将土壤丰度值＞0.65的像元判定为土壤地物，经过掩模处理得到研究区土壤面积为67.62 km^2，主要分布在公路、河流的两侧。

8.2.2 土壤重金属样本数据

1. 土壤采样

航空飞行同步采集黑土地地表土壤样本。在每个采样点中心位置及其上、下、左、右四角共5处各采集一部分地表5 cm厚度的土壤样本，混合后装进密封袋，采样的样本物理质量应不小于2 kg。采样过程中选择RTK（real time kinematic）基准站—移动站方式实时获取采样点高精度坐标（图8-3）。最终在研究区内共采集95个土壤样本，集中分布在2个金矿矿区，周围分布有农田和少量的植被。

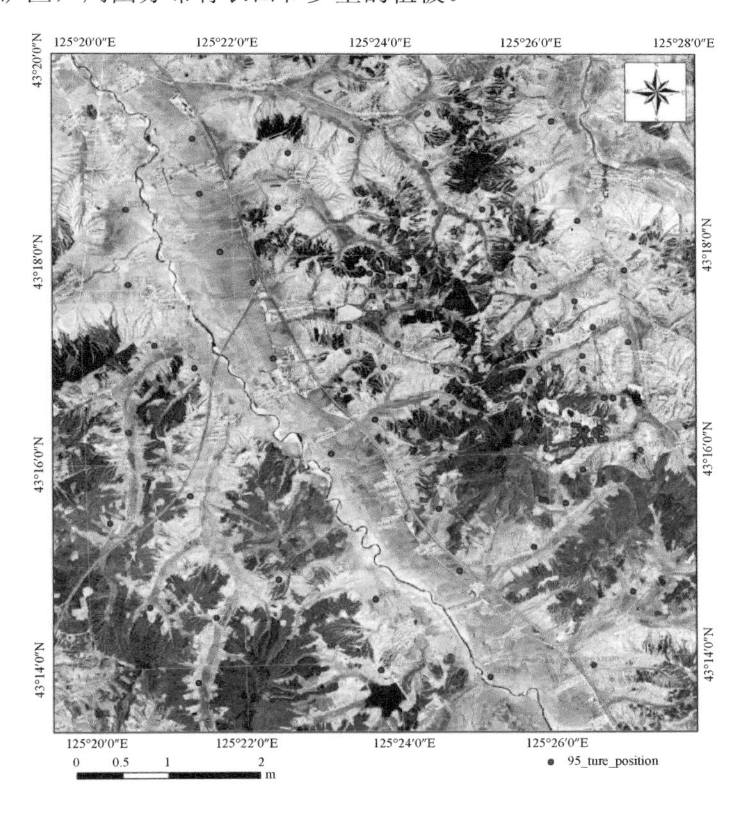

图 8-3 土壤采样点分布

2. 重金属基本信息统计

根据土壤样本获取4种重金属浓度数值，对其做基本的统计分析。从表8-1可以看出，类金属As（因其化学性质和环境行为与重金属相似，本书将其归为重金属研究范畴）的最大值远超最小值，差距是两个数量级。但浓度很高值的样本数量较少（图8-4），大部分样本的浓度值是非常低的；从整个样本集角度观察，样本出现了不平衡。重金属As和Cr的变异系数统计结果极高，说明样本集变异程度很高，研究区存在高浓度聚集区，

表 8-1　重金属数据基本信息统计　　单位：mg/kg

统计量	As	Cr	Pb	Zn
均值	42.00	399.43	15.30	51.83
标准差（Std）	67.45	864.10	4.00	10.75
最小值	6.35	36.04	9.04	38.48
1/4 分位数	9.08	59.18	12.92	45.08
1/2 分位数	15.58	90.12	14.30	49.67
3/4 分位数	40.55	256.95	16.90	56.42
最大值	419.96	4 617.56	36.79	117.18
变异系数（*C.V.*）	1.61	2.16	0.26	0.21

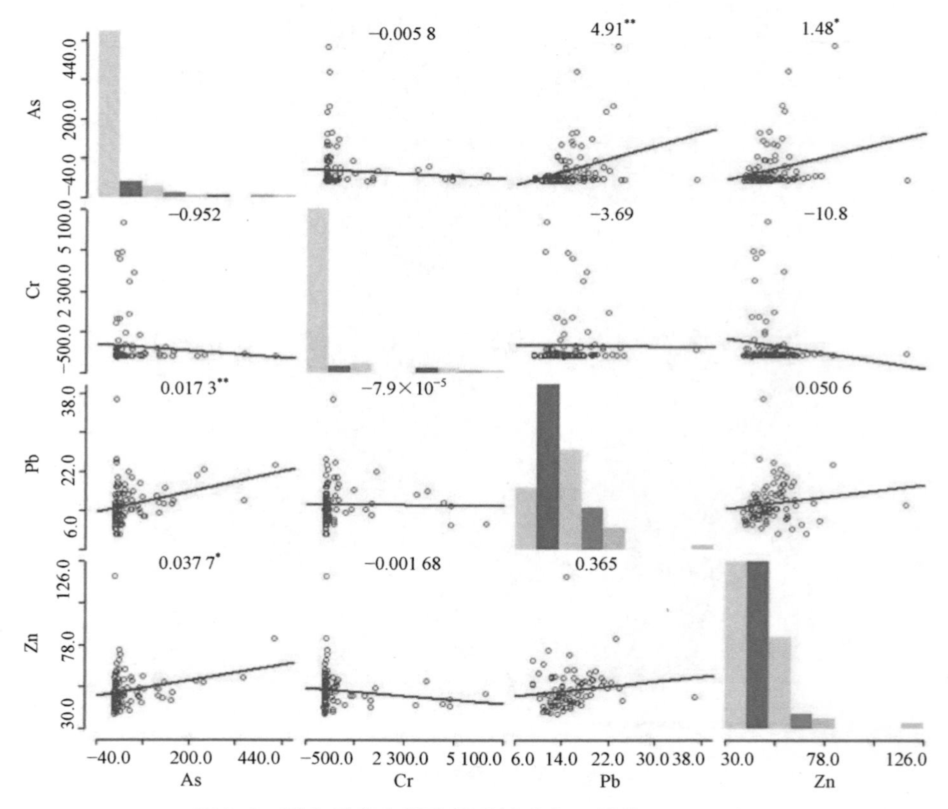

图 8-4　重金属直方图及相关性分布（单位：mg/kg）

注：散点图上方数字表示散点图线性拟合的斜率，* $P<0.05$ 或** $P<0.01$ 表示拟合显著性。

尤其重金属 As 的极差较大，说明这些高浓度聚集区是由人为活动带入的可能极高。从表 8-1 中的 *C.V.* 统计结果来看，4 种重金属均已超过 0.15，但 Pb 和 Zn 的变异系数相对较小，说明重金属 Pb 和 Zn 在空间分布上较为随机、均匀，受人为活动影响的程度较小。重金属 As 和 Cr 明显出现了样本不平衡的问题。

3. 重金属直方图分布及相关性分析

重金属之间的相关性分析能够给重金属的物理分布解释提供一定的参考，即重金属的物理存在可能有伴生状况，若重金属之间存在较强的伴生或相关关系，其中光谱特性极其脆弱的重金属的浓度可以借助其他重金属的反演结果来间接估算。

如图8-4所示，左上角到右下角线上是每种重金属的频率分布直方图，而左上角到右下角线两侧是相关性度量，左下、右上的结果呈对称分布。从频率分布直方图可以看出，重金属As和Cr存在非常显著的高杠杆值，而且在总体样本中的占比很高；Pb和Zn虽然也存在高杠杆值，但在样本总体中占比极少。

高杠杆值的产生基本可以判别为这些分布在农田中的采样点距离工矿企业的厂区较近，可能是受到了其在地表、地下的废水、废气、废渣的影响，这些点的浓度值极高。而这些高杠杆值点所代表的光谱属性则是本章的重点研究对象。

相关性分析则主要观察拟合直线的斜率是否接近1，越接近1说明两个重金属之间的相关性越高。通过对图8-4的观察可以得到，4种重金属之间没有非常强的相关性。

图8-4只能给出总体判断，但表8-2可以给出重金属之间的准确相关性数值。由表8-2可知，Pb、Zn与As之间有一定相关性，分别为0.291 0和0.236 2，而其他重金属之间的相关性较低。这说明Pb、Zn与As的物理存在有一定的简单线性关系，但这种关系非常微弱，而其他重金属之间并没有线性关系，这也体现了其物理存在之间没有线性关系。

表 8-2　共 4 种重金属 Pearson 相关性

	As	Cr	Pb	Zn
As	1	−0.074 3	0.291 0	0.236 2
Cr	−0.074 3	1	−0.017 0	−0.134 7
Pb	0.291 0	−0.017 0	1	0.135 9
Zn	0.236 2	−0.134 7	0.135 9	1

4. 重金属的空间异质性分析

之前的很多重金属反演估算研究区都比较小且聚集，而本章的研究区面积超过了100 km^2。研究区面积越大，土壤重金属的空间异质性越趋于复杂。

由表8-3可知，重金属As的莫兰 I 指数为0.2。其为正值，说明重金属As的浓度分布存在空间正相关性和空间聚集的特征，即重金属As浓度偏高区域的相邻区域浓度偏高的可能较大，重金属As浓度偏低区域的相邻区域浓度偏低的可能较大；其＜0.7，说明这种空间模式并不非常强烈。同时，As的z得分极高，p值接近于0，说明这种模式的置信度非常高。

表 8-3 土壤重金属全局莫兰 I 指数统计

重金属	莫兰 I	z 得分	p 值
As	0.203 566	5.309 994	0.0
Cr	−0.065 185	−1.324 242	0.185 423
Pb	0.009 512	0.481 35	0.630 268
Zn	−0.007 986	0.065 641	0.947 664

其他3种重金属的莫兰I数值较小，p值均大于0.1（远低于置信度）且z得分较低，说明重金属Cr、Pb和Zn的空间聚集模式极其微弱，且空间随机模式非常显著，尤以重金属Pb和Zn的空间随机度最强。此时可以简单判断，重金属As的聚集区是因为采矿活动，而其他3种重金属则为自然本底值。可见，空间异质性的分析与前文变异系数的分析基本吻合。

8.2.3 分析方法

在获取了高光谱遥感影像数据，以及地面采样得到土壤样本后，采用多种特征分析方法对获取的高光谱数据进行筛选，进而得到具有代表性的重金属光谱特征，然后利用一系列建模方法，结合实验室获取的土壤浓度值构建土壤重金属浓度反演模型，并采用相关系数对模型的有效性进行评价。整个过程涉及以下方法：

1. 特征选择方法

竞争适应性重新加权抽样（competitive adaptive reweighted sampling，CARS）的具体过程是，循环N次，每次以自适应加权采样技术保留偏最小二乘（partial least squares，PLS）模型的系数中绝对值比较大的光谱波长，同时删除回归系数光谱波长很小的变量，从而分析得到很多波长变量子集，然后对每个波长变量子集通过PLS方法以蒙特卡洛交叉验证手段进行建模，并通过交叉验证中模型的均方根误差值选择模型最优的光谱波长变量子集。

2. 经典建模算法

（1）偏最小二乘法

PLS是一种经典的统计方法，其建模能力强于一般的多元线性回归方法（Haaland et al.，2002）。PLS模型试图将自变量X投影映射到一种新的学习空间中，从而解释Y空间中最大的多维方差方向。偏最小二乘回归方法在处理的矩阵有更多自变量时，即当X值之间可能存在多重共线性时表现优异。相比之下，标准回归方法在这些情况下可能会失败。

（2）k最近邻

k最近邻（k-nearest neighbors algorithm，k-NN）算法是一种非参数算法。它的基本原理是，首先存储输入的训练样本数据，并不做任何训练学习，只是合理高效地存储记忆训练样本数据（包括X和Y）；然后，度量输入的测试样本数据（只含有X）与之前存储的训练样本数据之间的距离关系，并依据这种距离关系估算新样本数据的因变量值（估算Y），即根据测试数据与训练数据的相似性估算测试数据的因变量值（Samet，1990）。

（3）支持向量机

支持向量机（support vector machine，SVM）是一种浅层神经网络（Cortes et al.，1995）。本章主要将SVM应用在回归问题中。在学习样本数据集（x_n，t_n）中，回归问题的优化函数是误差平方和：

$$\frac{1}{2}\sum_{n=1}^{N}\{y_n-t_n\}^2+\frac{\lambda}{2}\|w\|^2 \tag{8-1}$$

在SVM回归中，与分类类似，是为了训练得到超平面$y=w^{\mathrm{T}}x+b$，针对新的样本则作为预测值$y_i=w^{\mathrm{T}}x_i+b$。选择部分样本点为支持向量，支持向量可能只占样本集的很少一部分，即稀疏解。只依据少量样本或数据且基于$\varepsilon-$insensitive函数作为优化目标。

（4）决策森林

决策森林是一大类集成学习方法的总称。基于决策树的决策森林算法对噪声数据不敏感、泛化性能高、不同决策树基学习器之间有差异性，这些优势使决策森林类算法在模式识别的分类和回归等有监督问题的研究中应用广泛。近年来，决策森林类算法发展迅速，涌现出很多优秀的代表。按照学习方式方法一般可将其分为3类，即bagging［随机森林、旋转森林（Rodriguez et al.，2006）、极限随机树（Geurts et al.，2006）］类决策森林、boosting（adaboost、GBDT、XGBoost）类决策树森林和基于多变量决策树（也称斜决策树）的决策森林［Oblique Random Forests（Menze et al.，2011）］。

3．基于 Stacking 集成策略的建模方法

从数据挖掘角度分析反演研究的特点可以概括为两个问题：①高维特征空间；②学习样本量小、预测样本量大易导致模型过拟合泛化能力低。面对第一个问题，可以通过有效的特征分析方法来解决，面对第二个问题则需要提升预测模型的泛化能力。而提升模型预测能力和模型泛化能力，最具代表性的策略就是采用集成学习方法（Breiman，1996）。

基于Stacking集成策略的集成模型（以下简称Stacking模型）与其他简单平均和加权平均类似，在Stacking中采用多层结构将多个模型聚合（图8-5）。在Stacking中构建多个

学习器，并将其统称为第0层基学习器（Level 0），以后各层逐次增加。在训练调参Level 0后，将这一层的输出作为新的“特征”，重新训练一个新的学习器，称为第1层基学习器（Level 1），如果Level 1是最后一层，则此层的学习器称为元学习器。简言之，Stacking就是将已有学习器的输出作为新的特征，再训练一个学习器以进一步优化性能，如此迭代下去。在这里，选择Level 0和Level 1构成Stacking架构，其中Level 0为*k*-NN、SVM、随机森林、极限随机树和XGBoost；Level 1选择极限随机树（马伟波，2018）。

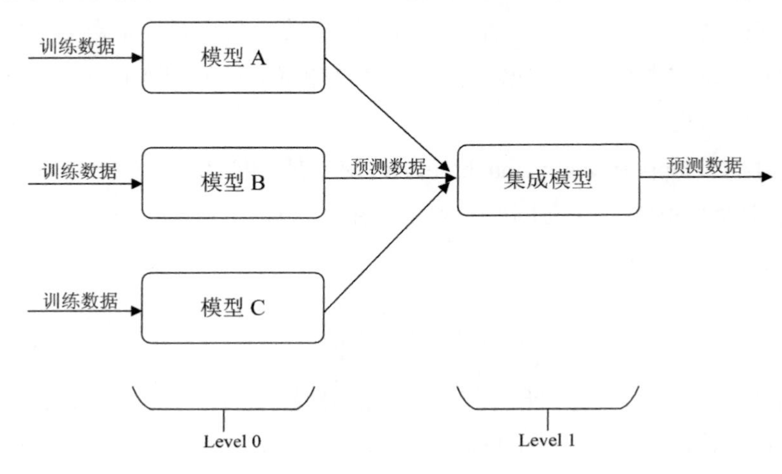

图 8-5 Stacking 集成基本原理

（1）Stacking学习方法基本架构

Stacking集成学习策略并不像bagging集成学习策略一样，要求基学习器是差异性较大的弱学习器，因此Stacking的基学习器选择可以是强弱学习能力搭配的方式，或强强学习器搭配的方式。本章提出的基于Stacking的架构模式是基于决策森林方法（随机森林、极限随机树和XGBoost方法）、支持向量机和经典的*k*-NN方法，4种强学习器搭配1种弱学习器，共5种基学习器组成Level 0；强学习器极限随机树方法组成Level 1。

（2）Stacking学习方法特性分析

决策森林学习器下，随机森林和极限随机树二者在决策树独立性和差异性构建策略上差异较大。往往极限随机树表现较随机森林更为稳定，且预测精度较高。而基于boosting学习策略的XGBoost方法是近年来对GBDT方法优化的杰出代表，XGBoost具体有很多层面的优化，如算法被设计并行实现支持大规模级数据的运算，可并行的近似直方图算法使其更高效地生成候选的分割点及损失函数优化等。这种方法在很多的数据挖掘竞赛中被广泛采纳，而且均有很好的表现，但这种方法特别容易过拟合。SVM的学习策略基于最大间隔假设之上，经过了多年的发展理论推导，非常扎实，而且在各行各业均有很多成功的应用案例。k-NN作为一种非参数学习策略方法，基于非常朴素的相似性假设。为了简便绘图，将3种以决策树为子学习器的方法（随机森林、极限随机树和XGBoost）统一以决策森林为代表，但实现过程中与k-NN和SVM独立性相同，即5种方法独立运行、互不影响（图8-6）。

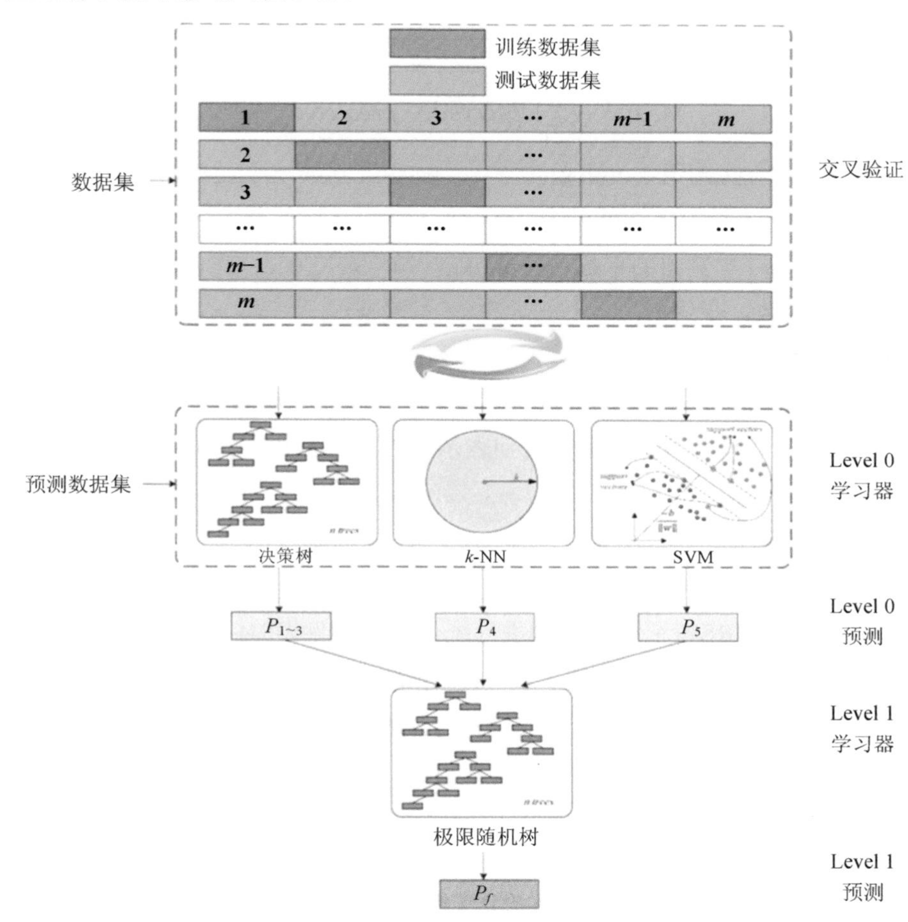

图 8-6　基于 Stacking 的集成方法流程

（3）模型评价

关于反演模型的拟合能力和泛化能力评价，对训练数据集和预测数据集的评价指标分别采用决定系数（coefficient of determination，用R^2表示）、均方根误差（root of mean squared error，RMSE）和平均绝对误差（mean absolute deviation，MAE）衡量。其公式如下：

$$R^2 = 1 - \frac{\sum_{i=1}^{N}\left(observed_i - predicted_i\right)^2}{\sum_{i=1}^{N}\left(observed_i - \overline{observed}\right)^2} \tag{8-2}$$

$$\mathrm{RMSE} = \sqrt{\frac{\sum_{i=1}^{N}\left(observed_i - predicted_i\right)^2}{N}} \tag{8-3}$$

$$\mathrm{MAE} = \frac{1}{N}\sum_{i=1}^{N}\left|observed_i - predicted_i\right| \tag{8-4}$$

式中，*observed* —— 实测值，mg/kg；

predicted —— 预测值，mg/kg；

$\overline{observed}$ —— 实测值的平均值，mg/kg；

N —— 样本数，量纲一。

模型中3个评价指标的训练数据集和预测数据集分别在右下角末尾添加字母C和P作为区别（分别取自calibration和prediction单词首字母），即训练数据集评价分别表示为 R_C^2 、RMSE_C 、 MAE_C ，而预测数据集评价分别表示为 R_P^2 、 RMSE_P 、 MAE_P 。

8.3 CARS 选择光谱特征

对4种重金属的CARS特征选择结果进行统计，结果见表8-4。后期的重金属光谱有效性验证总结分析及反演建模均是基于表8-4的光谱特征开展的。简单统计发现，CARS特征选择后的变量集个数在14～16个，其中重金属As、Zn相关特征波段各有14个，重金属Pb的特征波段有15个，重金属Cr的特征波段有16个。这些波段分别占总光谱波段（124个）的11%～13%，这样就极大地减少了后期建模的计算量。

表 8-4 CARS 方法选择特征波段统计

重金属	中心波长/μm	总计
As	1.136 7、1.449 6、1.660 9、1.693 6、1.981 1、2.059、2.135 8、2.195、2.210 7、2.226、2.4、2.414、2.428 2、2.441 7	14
Cr	0.480 4、0.574 3、0.626 5、0.665 4、1.077 1、1.268 5、1.514 4、1.564、1.580 3、1.981 1、2.090 3、2.120 7、2.150 6、2.210 7、2.357 4、2.4	16
Pb	0.507 5、0.547 9、0.574 3、0.665 4、0.892 6、0.971 2、1.107、1.530 9、1.788 8、2.059、2.105 4、2.226、2.284 8、2.328 5、2.357 4	15
Zn	0.466 6、0.507 5、0.587 6、0.742 1、0.779 6、0.879 8、1.136 7、1.498 5、1.530 9、1.773 3、2.059、2.090 3、2.150 6、2.210 7	14

8.4 高光谱影像重金属浓度反演建模

经统计，基于CARS选择的特征波段采用Stacking建模方法的各项评价指标在所有重金属的反演精度评估中都是最优的（表8-5）。具体来说，对于重金属As，决策森林类模型都表现较差，其中ExtraTrees模型预测数据集的 R_P^2 才达到0.21，随机森林（RF）和XGBoost的 R_P^2 均不高于0.1，但是其训练数据集精度异常高。这说明基于CARS特征选择的重金属As的特征在决策森林类反演模型中出现严重的过拟合现象，而SVM反演模型表现较好，预测数据集精度的各项评价指标都要优于决策森林类模型。此时再观察Stacking模型，其在预测数据集精度评价中 R_P^2 达到0.73，$RMSE_P$ 达到37.09，而 MAE_P 则为23.70，其 R_P^2 是重金属As所有其他反演模型中最高的，而 $RMSE_P$ 和 MAE_P 是重金属As所有其他反演模型中最低的。与SVM模型的训练数据集相比，3项评价指标中2种模型相互各有优势，但Stacking模型在预测数据集上的各项评价指标要优于SVM模型，这说明Stacking模型的抗过拟合能力较强。因此，从整体表现分析来看，Stacking模型的性能和预测能力更优。

表 8-5　基于 CARS 特征选择数据的 Stacking 模型评价统计

金属	方法	R_C^2	$RMSE_C$	MAE_C	R_P^2	$RMSE_P$	MAE_P
As	PLS	0.73	37.20	58.24	0.63	43.01	57.86
	SVM	0.90	23.30	10.68	0.64	42.57	27.78
	ExtraTrees	0.90	30.52	20.17	0.21	63.10	39.01
	RF	0.97	25.67	15.16	0.10	68.35	40.38
	XGBoost	1.00	4.62	1.22	0.08	73.76	46.03
	k-NN	1.00	0.00	0.00	0.24	62.82	34.93
	Stacking	0.91	22.35	12.73	0.73	37.09	23.70
Cr	PLS	0.41	24.11	29.17	0.21	26.27	28.68
	SVM	0.83	13.41	5.03	0.61	16.68	11.74
	ExtraTrees	1.00	0.63	0.41	0.60	17.29	12.80
	RF	0.95	11.24	8.45	0.46	20.08	16.56
	XGBoost	1.00	0.03	0.01	0.40	21.00	16.85
	k-NN	1.00	0.00	0.00	0.38	21.11	15.78
	Stacking	0.68	18.97	13.85	0.63	16.47	12.76
Pb	PLS	0.54	2.24	3.23	0.17	3.20	3.23
	SVM	0.99	0.30	0.15	0.56	2.24	1.64

金属	方法	R_C^2	$RMSE_C$	MAE_C	R_P^2	$RMSE_P$	MAE_P
Pb	ExtraTrees	1.00	0.12	0.07	0.55	2.34	1.67
	RF	0.97	0.98	0.74	0.52	2.45	1.81
	XGBoost	1.00	0.00	0.00	0.54	2.27	1.72
	k-NN	1.00	0.00	0.00	0.41	2.61	1.73
	Stacking	0.65	2.03	1.52	0.60	2.17	1.53
Zn	PLS	0.41	5.98	7.34	0.14	6.97	6.95
	SVM	1.00	0.10	0.10	0.70	4.38	3.34
	ExtraTrees	1.00	0.12	0.08	0.66	4.34	3.15
	RF	0.96	2.49	1.95	0.47	5.35	4.06
	XGBoost	1.00	0.00	0.00	0.48	5.10	3.83
	k-NN	1.00	0.00	0.00	0.26	4.24	3.20
	Stacking	0.71	4.34	3.25	0.71	4.03	3.03

对于重金属Cr，其光谱线性相关分析效果较差，因此限制了各种反演模型的精度，但是在CARS这种经过多次线性组合而得到的变量组合中是有效的。具体表现为，决策森林类方法的模型与SVM模型均在预测数据集上有不错的表现。与重金属As类似，SVM表现最优，ExtraTrees次之；同样地，ExtraTrees模型出现过拟合现象而SVM模型有一定的抗过拟合能力。与Stacking模型的总体分析相比，SVM模型在训练数据集存在一定的过拟合，而Stacking模型无论是在训练数据集上还是预测数据集上的表现都比较平稳，没有出现统计指标的极具落差。所以，综合对比训练数据集和预测数据集上的模型表现，Stacking模型在抗过拟合能力和预测能力方面具有优势。

重金属Pb的反演结果与重金属As和Cr略有不同。决策森林类方法的反演模型在训练数据集上表现优异，但在预测数据集上的评估结果稍差，此时在训练数据集上的经典方法都出现了过拟合现象，SVM模型也没有例外。而Stacking模型的优势在此时体现出来，其在训练数据集上并没有出现过拟合现象。与重金属As和Cr类似，Stacking模型在训练数据集和预测数据上总体表现平稳。Stacking模型在训练数据集上的 R_C^2 为0.65，$RMSE_C$ 为2.03，MAE_C为1.52；在预测数据集上的 R_P^2 为0.60，$RMSE_P$为2.17，MAE_P为1.53。因此，综合对比训练数据集和预测数据集上的模型表现，Stacking模型的表现在抗过拟合能力和预测能力上均较强。

对于重金属Zn，其各项分析的过程和结果与重金属Pb类似，不再赘述。

通过以上分析可以发现，在CARS特征分析有效的情况下，土壤重金属成像光谱反演模型中，Stacking模型的预测能力普遍较强，且通过综合训练数据集和预测数据集的精度评价指标得到其抗过拟合的能力出众。

将表8-5中4种重金属反演结果中Stacking模型的结果绘制成散点图，如图8-7所示。

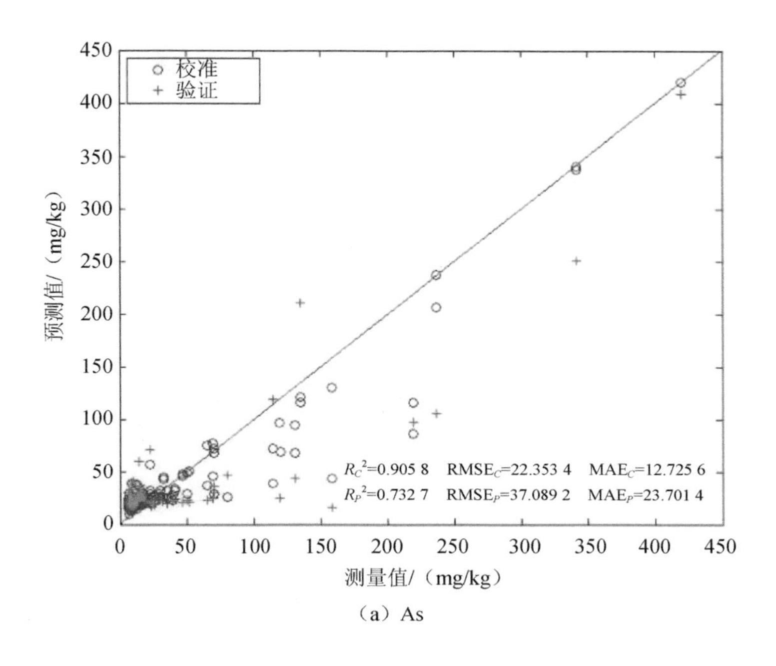

（a）As

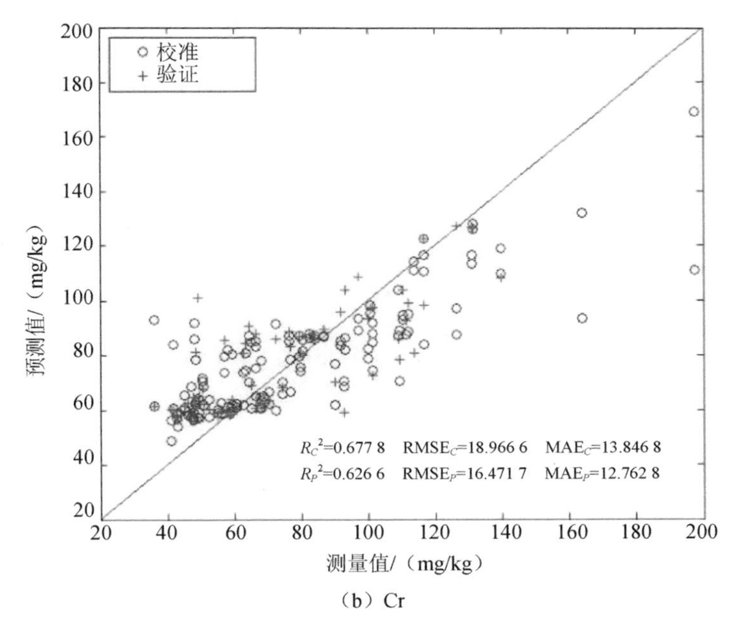

（b）Cr

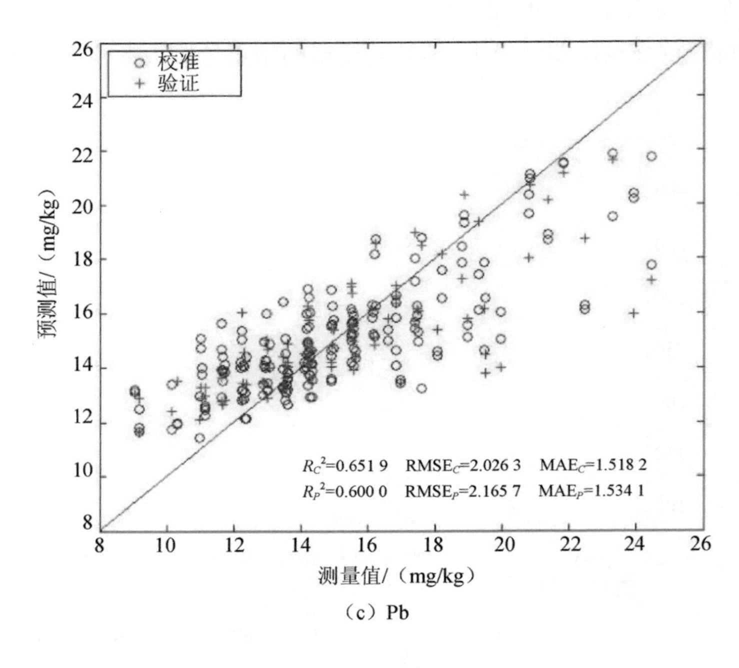

（c）Pb

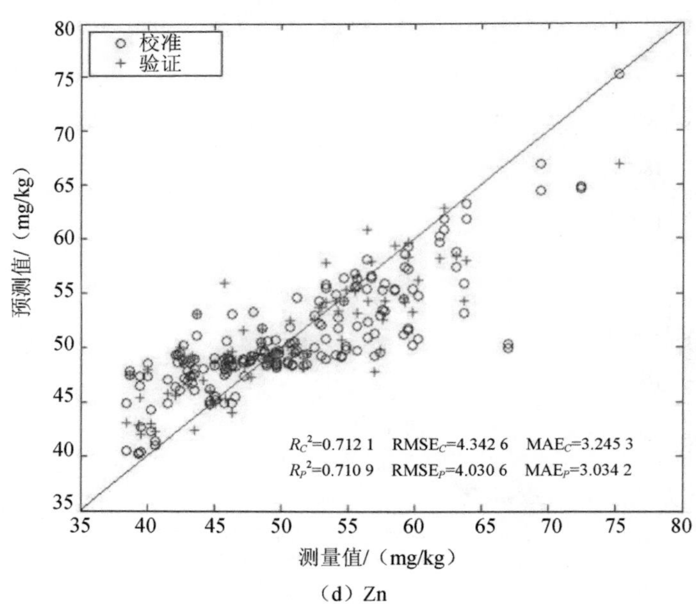

（d）Zn

图 8-7 基于 CARS 方法特征选择的 Stacking 模型反演散点

散点图中蓝色圆圈并没有像第4章的传统模型那样完全集中在1∶1线上，而是分布在1∶1附近，而且红色十字也分布在1∶1线两侧，这说明Stacking模型的抗过拟合能力要强于基于传统方法的模型。对比发现，在模型不稳定性方面，CARS特征的Stacking模型中，对低重金属浓度值预测偏高的改善不是非常显著，但是对于高浓度值预测偏低的问题有一定改善，这说明Stacking模型的稳定较高。

8.5 土壤重金属光谱特征

根据前文的结果与结论，CARS特征选择的有效性、简洁性被证明。因此，在其基础上分析重金属光谱特征时，首先将所有特征展绘在样本集平均光谱线上，以更加形象具体地分析其光谱特征。

根据图8-8可知，重金属As的特征光谱主要分布在1 μm以后，而且在2～2.4 μm部分波长处分布密集。其他重金属特征光谱波段的分布则比较分散，除在2～2.4 μm存在较多的特征波段外，在0.4～0.75 μm光谱平滑上升的可见光波段还存在一些特征波段。此处体现出金属的光谱特性。As并非严格意义上的重金属，而是一种类金属元素，能够与其化合物一同运用在农药、除草剂中，因此其光谱特性与其他金属存在区别。而Cr、Pb和Zn是严格意义上的重金属。根据光谱化学分析，越靠近紫外波长，土壤重金属元素的光谱特性越显著（Fearn et al.，2009），因此可以解释在0.4～0.75 μm处3种重金属（Cr、Pb、Zn）都存在波峰特征波段，而类金属As没有光谱特征的现象。这个特点尤以重金属Zn最为明显。

经过对CARS方法选择的4种重金属的特征波长取交集（表8-6），可以进一步以具体数值总结4种重金属之间的光谱特征共性，即2.0～2.3 μm光谱波长附近对多种重金属是特征波段，具有比较普遍的代表性，另外在0.5 μm波长附近也存在部分共同特征。

表 8-6　CARS 特征波长取交集

	As	Cr	Pb	Zn
As				
Cr	1.981 1，2.210 7，2.400 0			
Pb	2.059 0，2.226 0	0.574 3，0.665 4，2.357 4		
Zn	1.136 7，2.059 0，2.210 7	2.090 3，2.150 5，2.210 7	0.507 5，1.530 9，2.059 0	

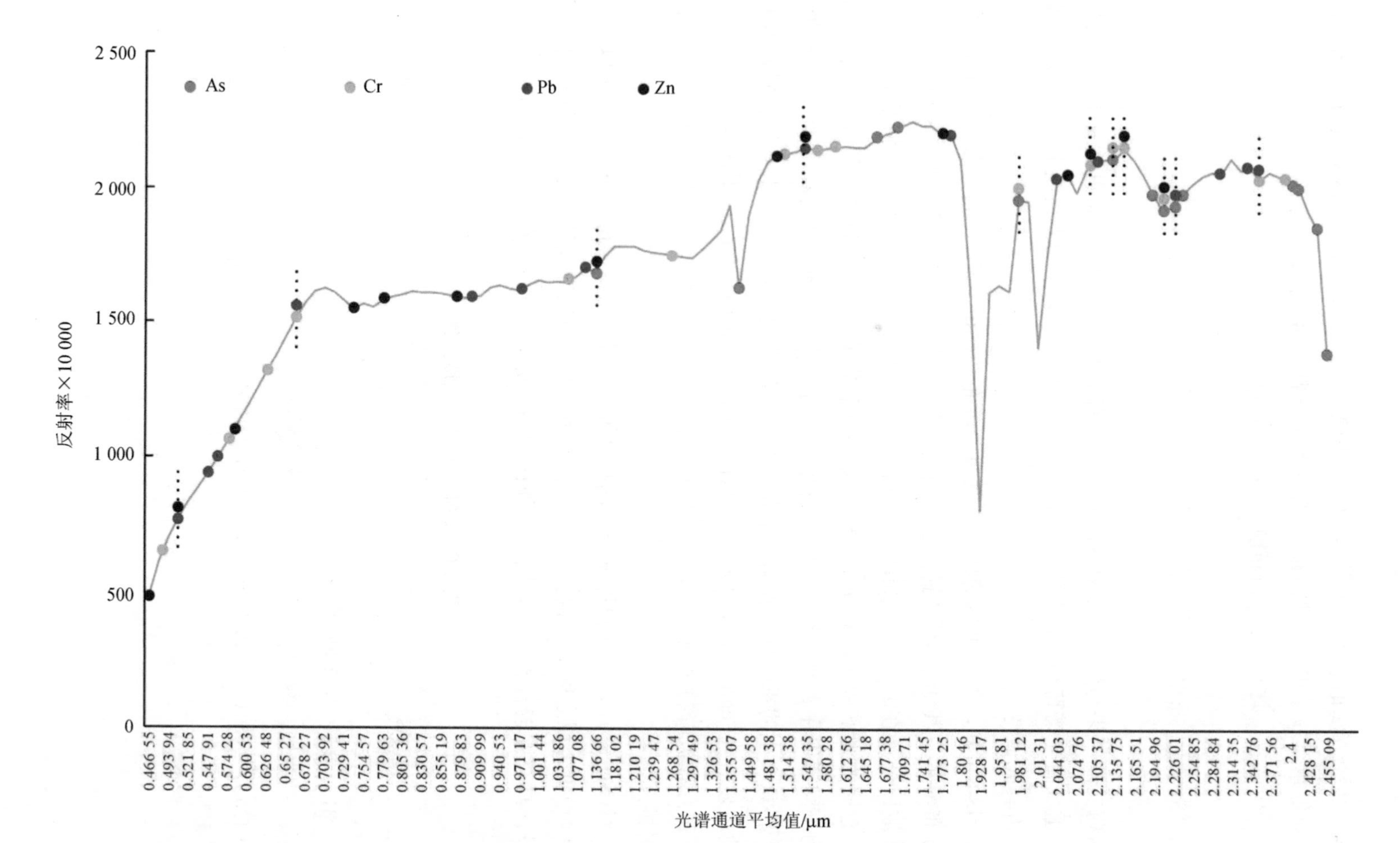

图 8-8 基于 CARS 选择的 4 种重金属光谱特征标注

8.6 重金属浓度空间制图

以基于CARS方法对4种重金属的特征选择结果为例，构建影像特征并将其输入Stacking模型中，对整个研究区4种重金属进行反演估算，以进一步分析重金属的空间分布态势。

图8-9为研究区内重金属As的Stacking模型估算结果。为便于分析解释，将重点关注区域和估算浓度值较高的区域用红色圆圈标记并以字母A～G注明序号。A、B区域是本章前期主要调研区域（金矿），通过观察可知，A、B区域局部地区重金属As浓度较高。A区域是一座正在加速开采的金矿矿区，尾矿和采矿生产并无强有力的环保措施，因此A区域内的金矿矿区对周围环境的影响范围较大。B区域曾是金矿，后对采洗矿活动造

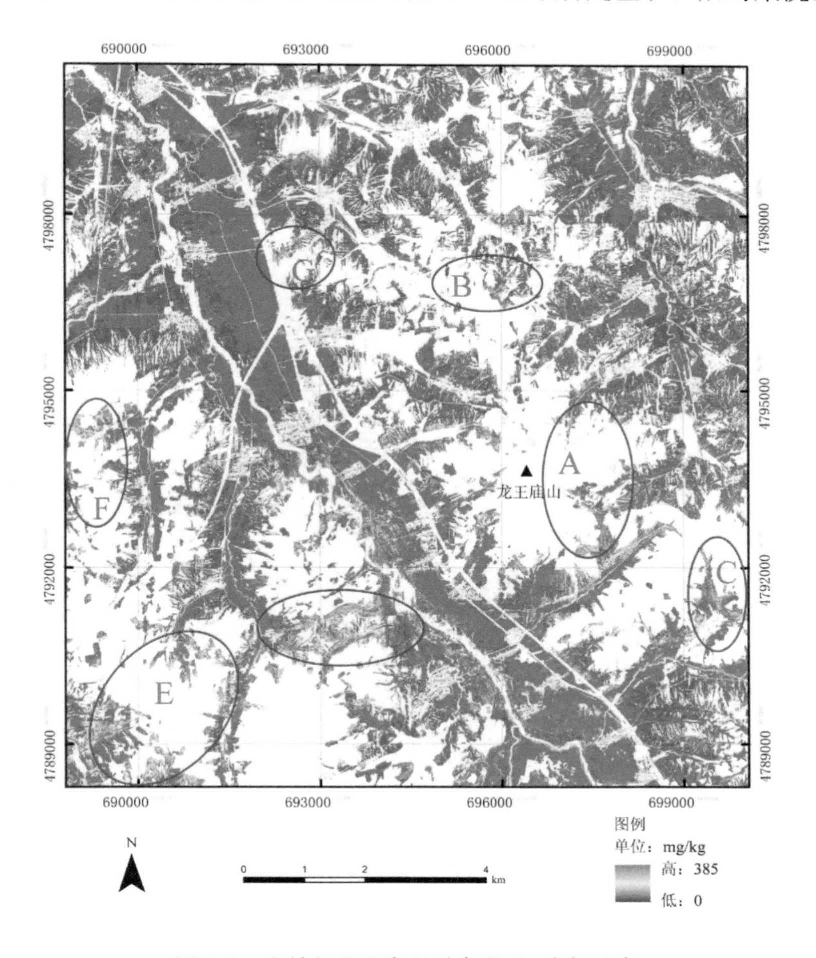

图 8-9　吉林伊通研究区重金属 As 空间分布

成的尾矿及周围环境做了部分复垦和修复工作，因此该区域的重金属As污染扩散范围并没有A区域那么大。C区域浓度偏高，但并未在前期的调研范围内。该区域在整个研究区的边界，而在研究区域外的东侧相邻区域发现存在一处矿区，这个矿区极有可能是影响C区域重金属As浓度值偏高的主要因素。同样，在F区域西侧也有矿区存在。E区域重金属As浓度较高可能是因为靠近居民生活区，各种废弃物也有可能造成重金属的浓度值偏高。D区域是一个小型的丘陵（或者山包），其部分区域被开垦种植农作物，区域内并未发现非常显著的人类活动，推测该区域的重金属浓度偏高可能是因为在历史上是矿区，或者地质环境中重金属As的浓度偏高。G区域在公路附近，周围是农田，区域内部分地区重金属As浓度突然偏高可能是由于区域内存在选矿厂。

从图8-9中还能发现在河流沉淀区两侧，从上游至下游均不同程度有重金属As的存在。具体分为两个部分：一个是伊通河自西北向东南穿过整个研究区域；另一个是东北角有河道。区域A～G的实际地貌情况及河流沉淀区可以根据图8-10进行对照分析判断。

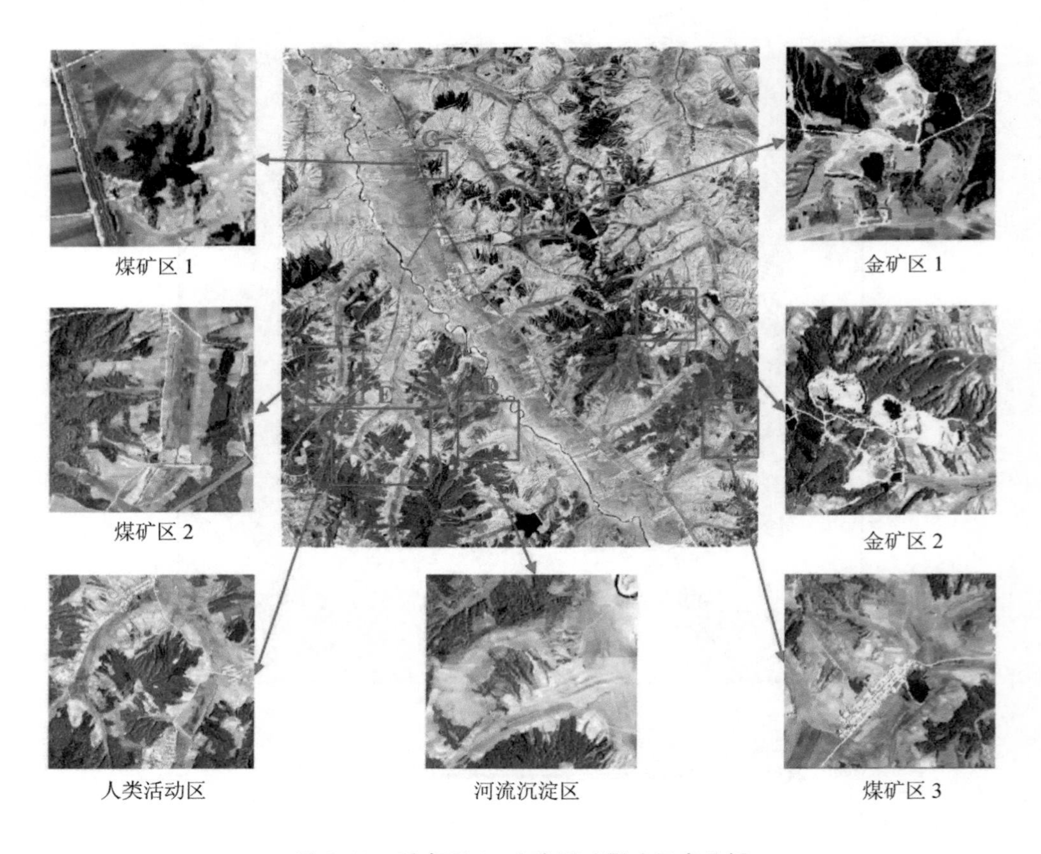

图 8-10　重金属 As 人为活动影响因素分析

从前文的相关性分析结果可知，重金属As和Cr并不存在线性关系。而前文对重金属As估算结果的解释与对重金属Cr估算结果的解释很难重合，且由于重金属Cr去除的异常样本比较多，使模型对可能是高浓度区域像元的预测可能偏低。从模型评价统计来看，模型对Cr的拟合能力虽强于传统方法，但是拟合能力还有提升空间。从图8-11可知，重金属Cr在矿区附近有浓度异常，在前文提到的河道两侧沉淀区有异常，其他区域基本是正常的表现（可以理解为Cr的空间本底分布）。

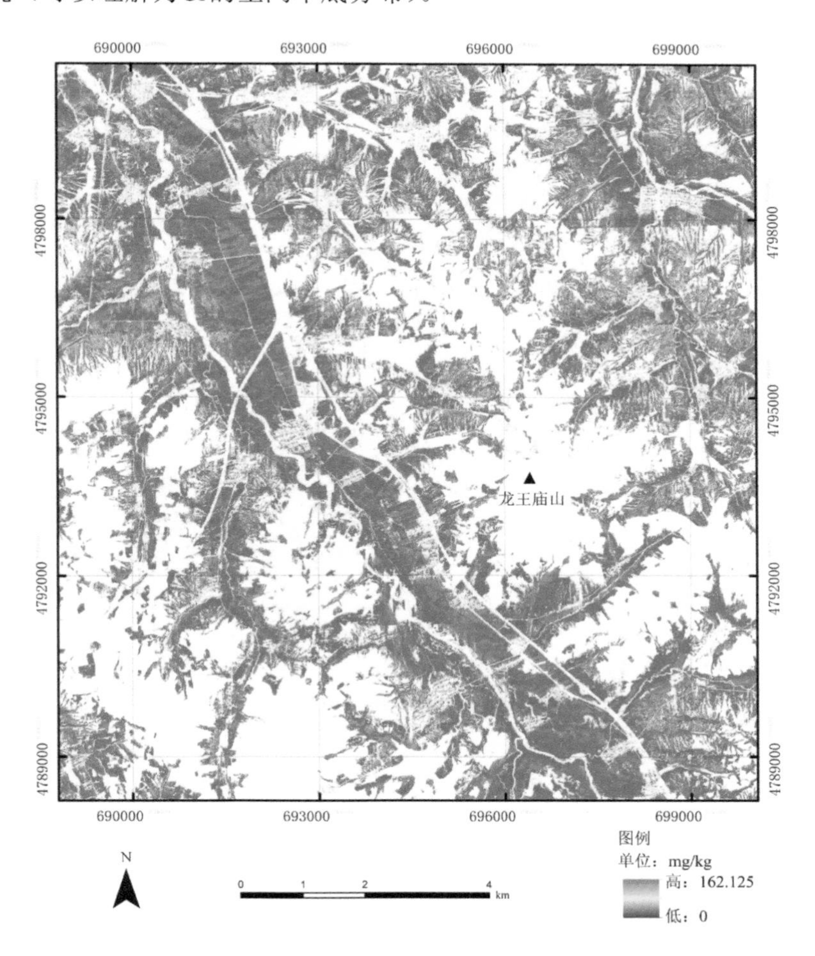

图 8-11 吉林伊通研究区重金属 Cr 空间分布

重金属Pb整体上并未超标，不过局部区域有部分地区背景浓度值偏高。如图8-12中红色椭圆标注的范围，其西侧的伊通河东侧是公路。因此，可以理解为估算结果为重金属Pb在研究区域内的本底或背景分布。根据前文对伊通县的介绍，截至2010年年底，伊通县已发现的金、银、铜、铁等30余种矿的产地有200余处。这说明当地的地质构造非常复杂，在一个很小的范围内密集分布着多种金属类型的矿产区。因此，当地的地质环境对于 Pb 的估算结果具有一定的解释力。

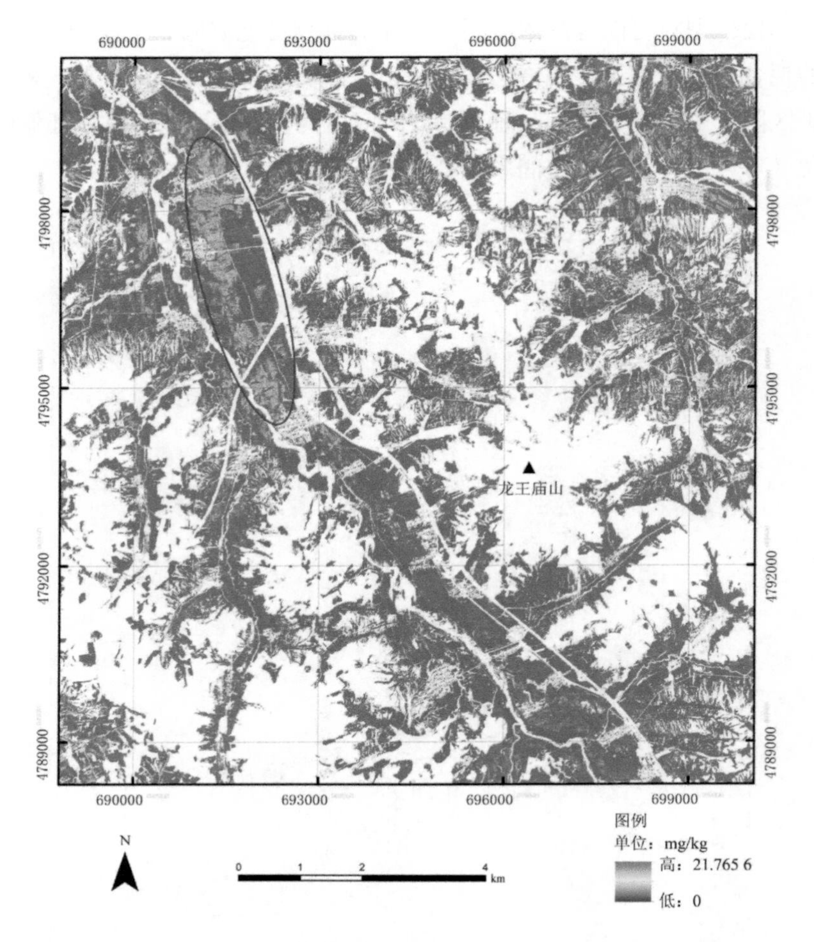

图 8-12　吉林伊通研究区重金属 Pb 空间分布

重金属Zn总体并未超标，只存在极个别像元位置处的估算浓度偏高，而且在图8-13中并未出现区域性的偏高浓度值分布。对于重金属Pb和Zn的估算基本反映了该地区土壤重金属的本底自然分布，即随机属性。对于浓度超标的重金属As和Cr，根据上述估算结果和实地分析验证，高光谱遥感估算的重金属空间异质性及空间分布趋势与实际验证结果基本吻合。

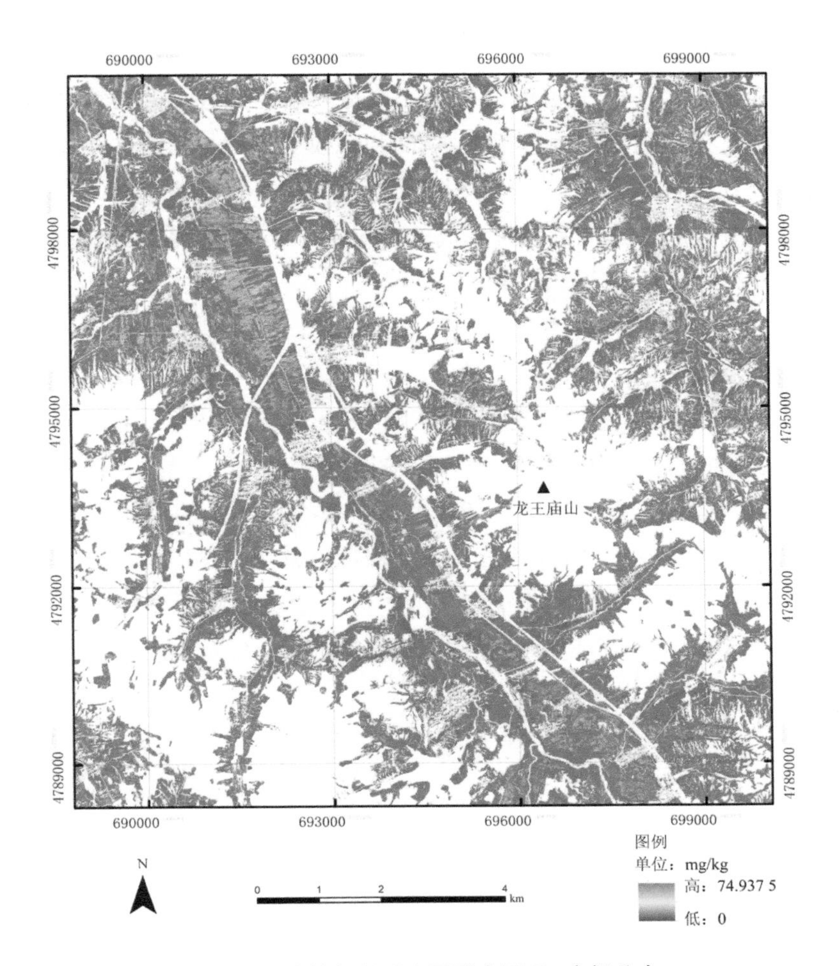

图 8-13 吉林伊通研究区重金属 Zn 空间分布

8.7 结论与展望

8.7.1 结论

本章通过CARS特征选择方法对4种土壤重金属（As、Cr、Pb、Zn）进行特征光谱选择，并验证光谱选择的有效性。验证结果证明：CARS方法对4种重金属均能够选择出有效的光谱特征。

4种重金属的光谱特征存在共性，即2.0～2.3 μm光谱波长范围内存在多种重金属的特征波段，具有普遍的代表性。当然，除光谱特征的共性外，每一种重金属均有与其他重金属不同的光谱特征。

本章提出的Stacking模型能在一定程度上克服传统方法存在的过拟合和模型不稳定的问题。对比所有模型的精度评价指标，Stacking模型无论是稳定性还是抗过拟合能力均优于基于传统方法的模型，它在一定程度上能够克服不平衡数据和小样本集数据带来的问题，而且在重金属As空间异质性较高的情况下，Stacking模型反演估算的重金属浓度分布与实际分布趋势基本一致，其可信度较高。

8.7.2 展望

本章通过研发 Stacking 模型实现了 139 km^2 矿区重金属估算，对区域尺度土壤重金属高效监测具有重要的促进作用，克服了传统采样、空间插值导致关键土壤重金属信息丢失的本质缺陷，同时为探究连续空间尺度矿区重金属污染的空间驱动开辟了新的方向。后期可结合土壤受体属性对重金属扩散、吸附、富集等作用，在高光谱遥感土壤重金属定量反演的基础上，构建连续空间尺度矿区土壤重金属污染来源识别综合解析模型，以实现空间尺度矿区重金属驱动过程解析，为矿区土壤重金属精准修复提供重要的科技支撑。

第三篇

生态环境协同治理

Part III　Synergistic Governance of Ecology and Environment

第 9 章　涉矿生态环境问题监管

中央生态环境保护督察是解决突出生态环境问题和改善生态环境质量的重要手段。2015年12月31日至2016年2月4日，中央生态环境保护督察试点在河北省展开，大约用两年的时间实现了对全国31个省（区、市）的全覆盖，2018年起又对20个省份进行了“回头看”。近年来，中央生态环境保护督察“回头看”陆续通报了内蒙古自治区霍林河矿区12家露天煤矿生态恢复治理严重滞后、河南省新乡和三门峡两市矿山环境治理缓慢等典型案例。《北京青年报》、央视财经《经济半小时》栏目等先后曝光了湖南省湘西花垣县数万吨重金属尾砂肆意堆放，毁掉了农田、污染了当地水源等问题。2018年《瞭望》新闻周刊反映，嘉陵江上游200余座尾矿库犹如悬着的“达摩克利斯之剑”，成为威胁流域水环境安全和人体健康的不定时“生态炸弹”，亟待强化矿山生态环境治理。长江经济带同京津冀协同发展、粤港澳大湾区建设、长三角一体化发展、黄河流域生态保护和高质量发展一样是国家战略。2016年1月5日和2018年4月26日，习近平总书记在推动长江经济带发展座谈会上指出：“推动长江经济带发展必须从中华民族长远利益考虑，把修复长江生态环境摆在压倒性位置，共抓大保护、不搞大开发。”“沿江‘化工围江’问题突出，特别是磷化工污染问题，从磷矿开采到磷化工企业加工直至化工废弃物生成，整个产业链条都成为长江污染隐忧。”本章以长江经济带为例，结合第一批中央生态环境保护督察反馈和媒体报道的典型涉矿问题，分析了长江经济带涉矿和涉保护地生态环境监管问题，识别了嘉陵江流域尾矿库生态风险。

9.1　长江经济带涉矿问题

9.1.1　研究区概况

长江经济带包括上海、江苏、浙江、安徽、江西、湖北、湖南、重庆、四川、云南、贵州11个省（市），面积约为205.3万km^2，人口为5.8亿人。长江经济带的耕地、页岩气、地热等资源条件优越，是我国水资源配置的战略水源地、重要能源战略基地、横贯东西的“黄金水道”和珍稀水生生物的天然宝库。从西往东，长江经济带横跨我国大陆地势3级阶梯和4个气候带，具有高原、山地、丘陵及平原等各种地貌，山、水、林、田、湖、草浑然一体，孕育了丰富的生物多样性。长江流域分布有560个自然保护区，总面积为33万km^2；581处森林公园，总面积为3.17万km^2；353个风景名胜区，占全国总数的52%。长江经济带现有矿山5.4万多座，铁、锰、铅、锌等金属矿多为小规模分散开采，大中型矿山仅占7%，低于全国平均水平的10%（表9-1）。传统开发利用方式严重破坏了矿山地质环境，截至2014年，累计损毁土地约5 000 km^2，固体废物存量达84亿t，年排放废水超过27亿m^3（姜月华等，2017）。

表 9-1 长江经济带 14 个大型矿产资源基地和矿山数量

序号	名称	保有资源储量	矿山数量/个
1	安徽铜陵、马鞍山铜铁资源基地	铜：96.4 万 t；铁：6.7 亿 t	90
2	鄂东南—江西九瑞铁铜矿基地	铜：331.4 万 t；铁：2.6 亿 t	90
3	湖北荆州—襄阳磷矿基地	磷：9.7 亿 t	164
4	湖南香花岭—骑田岭锡矿基地	锡：5.1 万 t	51
5	江西德兴铜金矿基地	铜：552 万 t；金：36.2 t	23
6	黔西南金矿基地	金：126 t	69
7	贵州翁福磷资源基地	磷：2.1 亿 t	19
8	云南昆阳磷资源基地	磷：5.4 亿 t	54
9	贵州遵义锰资源基地	锰：2 495 万 t	36
10	黔北铝土矿基地	铝土矿：4 889 万 t	16
11	云南会泽铅锌资源基地	锌矿：46.8 万 t	9
12	四川攀枝花钒钛磁铁矿基地	铁：19.9 亿 t	159
13	云南个旧锡资源基地	锡：27.5 万 t	11
14	云南兰坪铅锌银资源基地	铅矿：46.8 万 t；锌矿：640 万 t	17

9.1.2 数据来源

- 第一次中央生态环境保护督察反馈的涉矿问题和涉保护地问题来源于中央生态环境保护督察办公室网站（http：//dcb.mee.gov.cn/）；
- 新闻媒体报道的长江经济带典型涉矿生态环境问题来源于民建中央提案和《新京报》《瞭望》《第一财经日报》等相关网站；
- 长江经济带11个省（市）生态保护红线划定情况数据来源于各省（市）人民政府网站。

9.1.3 中央生态环境保护督察反馈

由表9-2可知，长江经济带11个省（市）中有8个省（市）发现了涉矿生态环境问题，包括安徽省、江西省、湖北省、湖南省、重庆市、四川省、云南省和贵州省。从矿种类型来看，涉及石英砂矿、稀土矿、磷矿、锡矿、石灰石矿和石煤矿，主要环节包括矿山开采、磷石膏堆放、尾矿库、历史遗留矿山、废渣露天堆存和恢复治理不到位等。有3个省份（湖南省、四川省、贵州省）出现保护地采矿生态破坏严重的问题；湖南省衡阳市及常宁市没有清理自然保护区内违规设置的采矿权、探矿权，以调整保护区范围代替整改；四川省攀枝花市擅自放宽攀钢集团所属矿业有限公司石灰石矿在自然保护区违法生产活动的整改时限；贵州省黔南州瓮安县江界河国家级风景名胜区内以治理地质灾害之名行开采磷矿之实。可以看出，长江经济带矿山生态环境问题存在以下特点：①种类多，涉及废渣、废水、保护地管理等；②数量多，湖南省、四川省等个别省份涉及多起；③分布广，中央生态环境保护督察反馈的涉矿问题遍及长江流域的上、中、下游地区。

表 9-2　长江经济带涉矿问题

序号	省份	时间	问题	类型
1	安徽省	2019年5月	• 滁州市凤阳县“头痛医头、脚痛医脚”，仅对第一轮督察期间群众投诉提到的武店镇周边的石英砂矿山开采、水泥企业、石灰窑和石料加工企业进行整治，对同在该区域的大量非法石英砂加工企业却视而不见	石英砂矿山开采
2	江西省	2018年6月	• 对赣州市稀土生态修复治理缓慢问题整改情况进行督察发现，综合治理规划造假，稀土矿山修复治理不严不实； • 赣州市矿管局、林业局在规划编制过程中弄虚作假、篡改数据，水土保持局敷衍塞责、编造调查报告	稀土矿山
3	湖北省	2018年7月	• 磷化工无序发展加重了长江总磷污染，一些磷化工企业生产废水偷排、超标排放，磷石膏渣场和尾矿库防洪、防渗设施不完善等环境问题十分突出	磷石膏渣场、尾矿库
4	湖南省	2018年7月	• 衡阳市及常宁市不但没有清理保护区内违规设置的采矿权、探矿权，反而刻意回避问题，为矿产开发“量身打造”整改方案，以调整保护区范围代替整改，以致保护区内矿山一直野蛮开发，生态破坏严重； • 娄底市锡矿山砷碱渣无害化处置中心于2017年8月正式停产后，锡矿山地区历史遗留的15万t砷碱渣及每年新产生的数千吨砷碱渣无法得到处置； • 石煤矿山生态破坏严重，益阳市宏安矿业有限公司排放高浓度含镉废水，造成了十分严重的生态破坏和环境污染，桃江东方矿业有限公司偷排石煤矿山废水，绝大多数已停产的石煤矿山生态环境恢复治理得不到落实	自然保护区、锡矿和石煤矿山

序号	省份	时间	问题	类型
5	重庆市	2018年4月	• 截至2015年，重庆市矿山占地面积达132.2 km^2，其中历史遗留矿山占地约为110 km^2，但矿山复垦率仅为4.6%	历史遗留矿山
6	四川省	2018年7月	• 攀枝花市擅自放宽攀钢集团所属矿业有限公司石灰石矿在自然保护区违法生产活动的整改时限，导致生态破坏严重； • 绵阳市安州区磷石膏堆场环境问题整改推进不力，磷石膏削减工作进展缓慢，部分磷石膏堆场“三防”措施不到位，对长江二级支流干河子水体造成严重污染； • 乐山市马边彝族自治县烟峰镇二坝村马边无穷矿业有限责任公司、马边中益矿业有限责任公司存在环境污染问题，破坏生态环境	自然保护区、石灰石矿、磷石膏堆场
7	云南省	2018年6月	• 云南红河州建水县监管缺失，数千吨废渣露天堆存，危险废物非法转移处置	废渣露天堆存
8	贵州省	2018年6月	• 黔南州瓮安县江界河国家级风景名胜区内，宏远磷矿采矿证2010年到期后，原省国土厅2016年又将其采矿证延期至2019年6月，以治理地质灾害之名，行开采磷矿之实，2017年12月以来已累计开采8.3万t，生态修复旧账未还、又添新账	风景名胜区、磷矿

由表9-3可知，长江经济带11个省（市）中均发现了涉及保护地的问题，包括饮用水水源保护区、湖滨湿地、长江岸线和重要湿地、海洋保护区、风景名胜区。上海市和浙江省主要是饮用水水源保护区内存在台浮吊船长期违法违规作业、排污口、违建别墅的现象；江苏省主要是围湖造地、占用长江岸线和重要湿地；安徽省和贵州省主要是自然保护区和风景名胜区存在排查清理不彻底、违建项目和动物栖息地“瘦身”等问题；江西省、湖北省、湖南省、重庆市和四川省主要是自然保护区存在违规建设项目、违法排污行为、非法码头、水电项目、矿产开发和风电项目、调规减少面积、未按要求整改到位和高尔夫球场违规侵占等问题。

表9-3 长江经济带涉保护地问题

序号	省份	时间	问题	类型
1	上海市	2018年8月	• 在饮用水水源保护方面，未按照相关法律法规的要求将闵行二水厂和奉贤三水厂取水口纳入一级保护区范围； • 黄浦江上游饮用水水源保护区仍然存在100余台浮吊船长期违法作业，部分浮吊船位于饮用水水源一级保护区内； • 黄浦江上游水源二级保护区仍有293家违法违规项目和176个排污口未完成清理整治	饮用水水源保护区

序号	省份	时间	问题	类型
2	江苏省	2018年6月	• 苏州市未按要求推进太湖湖滨湿地恢复与建设，仍在围湖造地、侵占湖滨湿地； • 泰州市宏大特种钢机械厂、春江特种水产养殖场等违规占用长江岸线问题均未纳入整治范围； • 扬州市广进船业公司位于长江重要湿地，应于2017年11月前取缔拆除，但直至“回头看”时仍未拆除到位	湖滨湿地、长江岸线和重要湿地
3	浙江省	2018年7月	• 杭州市桐庐县在富春江饮用水水源一级保护区内违规建有12幢别墅，但2013年以来多次排查中均未按要求上报，也未进行清理整治； • 嘉兴市不仅未对新塍塘饮用水水源保护区原有的5个商业地产项目进行清理，又于2014年违规审批占地面积达8 000 m^2的嘉德别墅项目，给饮用水水源保护带来隐患； • 杭州湾湿地海洋保护区违法围塘养殖问题突出，杭州湾新区管委会、慈溪市政府及有关部门对该区域违法养殖疏于监管、打击不力，严重破坏湿地生态环境	饮用水水源保护区、海洋保护区
4	安徽省	2019年5月	• 芜湖市及无为县对境内铜陵淡水豚国家级自然保护区排查清理不彻底，仅对第一轮督察指出的违建项目进行取缔，而对侵占保护区核心区、缓冲区约1 000亩的五洲农业生态园没有清理； • 未按要求严厉查处八公山风景名胜区违法风电项目，反而纵容放任其违法行为； • 安庆市对保护区缺乏监督管理，还违反《国务院办公厅关于做好自然保护区管理有关工作的通知》（国办发〔2010〕63号）要求，违规对安庆市江豚自然保护区进行调整，为开发建设让路，导致江豚栖息地不断“瘦身”	自然保护区、风景名胜区
5	江西省	2018年6月	• 九江河西水厂、宜春滩下水厂和宜春丰城等饮用水水源一级保护区及九岭山、九连山等国家级自然保护区内存在违规建设项目或违法排污行为； • 鄱阳湖流域，特别是鄱阳湖生态经济区内违法违规排污问题严重	自然保护区
6	湖北省	2018年7月	• 长江湖北宜昌中华鲟省级自然保护区内共有108个非法码头，其中61个位于核心区和缓冲区内，但宜昌市前期仅摸排上报19个； • 洪监高速三标段项目配套的临时砂石码头，位于长江新螺段白鳖豚国家级自然保护区核心区内，至“回头看”时仍未清理到位，汉江两岸部分非法砂石码头清理整治进度滞后	自然保护区
7	湖南省	2018年7月	• 张家界市在组织制订大鲵国家级自然保护区水电项目退出方案时原则性不强，延长水电站退出时限； • 2015年以来，衡阳常宁市为矿产开发和风电等项目多次申请调整大义山省级自然保护区边界	自然保护区
8	重庆市	2018年4月	• 全市7个国家级自然保护区中，只有2个管理机构纳入省级管理和预算； • 51个地方级自然保护区总体规划均未获主管部门审批，其中8个保护区在“十二五”期间通过调规减少面积6 300 hm^2	自然保护区

序号	省份	时间	问题	类型
9	四川省	2018年7月	• 宝顶沟、草坡、卧龙等国家级或省级自然保护区并未按要求整改到位，相关市（州）、县林业部门工作不实、审核不严，省级林业部门督促指导不力； • 宜宾市长江珍稀特有鱼类国家级自然保护区核心区、缓冲区内17艘餐饮趸船没有依法取缔到位，现场检查时5艘正在运营	自然保护区
10	云南省	2018年6月	• 云南省洱海流域无序开发，严重破坏生态环境； • 云南省丽江高尔夫球场违规侵占自然保护区	自然保护区
11	贵州省	2018年6月	• 遵义市播州、道真，黔东南州天柱、三穗等9个县（区）党委和政府对习近平生态文明思想学习不认真，个别县（区）甚至在自然保护区内违规审批，对保护区变相“瘦身”； • 大沙河国家级自然保护区是银杉、黑叶猴等珍稀濒危动植物的重点保护区域，生态地位十分重要。道真县违规将保护区 26 990 hm^2 的土地纳入生态旅游度假区建设规划范围，并经省旅游局审核同意； • 遵义市浩宏投资有限公司2013年擅自在湄江省级风景名胜区内动工建设旅游房地产项目，违规建设的茶海之星酒店位于二级保护区内，造成明显的生态破坏	自然保护区、风景名胜区

9.1.4 媒体报道

由表9-4可知，自2005年以来，新闻媒体报道的长江经济带9个典型涉矿生态环境问题，包括“锰三角”的剧毒水污染问题亟待解决（涉及贵州省、湖南省和重庆市）、云南省金沙江水质严重污染、贵州省赤水河流域环境污染违法案件、甘肃省和陕西省尾矿库污染嘉陵江、湖北省石料厂扬尘等，其中“锰三角”被报道3次，金沙江流域涉矿问题被报道2次，嘉陵江流域尾矿库问题被报道2次。从矿种类型来看，涉及锰矿、金矿、铁矿、铜矿、煤矿、锑矿、铅锌矿和砂石矿，问题类型包括矿山开采生态破坏、采矿污染、选矿产生的废水、地质环境、尾矿库安全、粮食安全和人体健康、粉尘和扬尘等。从信息来源看，包括党和国家领导人批示、政协提案、新华社、《新京报》、《第一财经日报》、《北京青年报》微信公众号、《瞭望》、《法制日报》和群众举报等。

表 9-4 新闻媒体报道的长江经济带典型涉矿生态环境问题

序号	名称	时间	问题
1	“锰金三角”的剧毒水污染问题亟待解决	2005年	“锰三角”的污染一度引起党中央、国务院的高度重视。2005 年 8 月 6 日，胡锦涛总书记在中共中央政策研究室第 284 期简报上，就《“锰金三角”的剧毒水污染问题亟待解决》一文作出了“环保总局要深入调查研究，提出治理方案，协调三省（市）联合行动，共同治理”的重要批示。8 月 26 日，胡锦涛再次批示：“要明确职责，加强督察，务见实效。”2006 年，“锰三角”污染问题被国家环保总局、监察部列为当年首批挂牌督办案件
2	关于整治金沙江流域矿产资源开发的提案	2008年	金沙江两岸乱挖、滥采的情况严重，绝大部分矿山的矿渣、选矿厂的尾矿、废水等直接排入金沙江，对金沙江水质造成严重威胁。据调查，金沙江边皎平渡云南一侧有铁选矿厂 9 家、铜选矿厂 2 家，昭通地区金沙江边有铜矿达 50 多个（目前还未建选矿厂）；金沙江边皎平渡四川一侧有铁选矿厂 2 家，会东县金沙江边有 4 家大规模的铁选矿厂，会理县通安铁选矿厂多达 40 余家，金沙江边及汇水盆地的矿山、选矿厂数量无法统计
3	贵州“挂牌督办”赤水河流域环境污染违法案件	2013年	据贵州环保部门介绍，煤矿企业将含泥沙的污水、酸性废水大量排入赤水河中，严重污染水质，影响赤水河流域的用水安全。白酒企业排放的废水含有大量有机物，造成河水营养化，滋生大量藻类，鱼、虾等生物因缺氧死亡，赤水河的生态平衡遭到破坏
4	金沙江危机：采矿污染严重，尾矿坝存地质隐患	2015年	采矿污染，当地环保局回复“不会有排污现象”；地质隐患，尾矿坝形同应付检查的摆设；转型艰难，产业结构调整短期难见效益
5	甘肃“11·23 尾矿泄漏事故”直接经济损失超六千万	2016年	经调查组认定，此次事件是一起因企业尾矿库泄漏责任事故次生的重大突发环境事件，事件的直接原因是陇星锑业尾矿库排水井拱板破损脱落，导致尾矿及尾矿水泄漏进入太石河，造成太石河、西汉水、嘉陵江约 346 km 的河段锑浓度超标
6	湘西采矿遗毒调查：被污染的水土、稻米和铅中毒儿童	2017年	当地铅锌矿数量众多，矿石洗选加工后产生大量尾矿，污染水土、农产品和人体健康
7	嘉陵江污染调查：上游 200 余座尾矿库如“达摩克利斯之剑”	2018年	嘉陵江上游陕甘两地共有 200 余座尾矿库，主要分布于甘肃陇南市和陕西汉中市，以陇南市为例，目前共有 140 余座尾矿库，储存尾矿砂近 6 000 万 m^3
8	“锰金三角”环境污染整治仍有死角，应停产企业仍在生产　矿石废渣随意堆存	2019年	据媒体报道，位于“锰三角”的贵州省松桃自治县仍遗留千万吨锰渣。2017 年，中央环保督察组向贵州省反馈督察意见时曾指出，铜仁市 35 座锰渣库多数防渗措施不到位，松桃县 10 个渗漏渣场对松桃河水质造成污染

序号	名称	时间	问题
9	湖北枣阳：兴隆镇石料企业污染环境难治理破坏生态遭举报	2019年	据群众举报，竹林村几家石料厂在生产和道路运输过程中存在粉尘、扬尘和噪声污染，道路安全也存在问题，对生态环境破坏极大，已经严重影响群众的生产生活，希望媒体报道引起省、市相关领导关注，尽快解决企业污染问题，严惩违法企业

9.2 嘉陵江流域尾矿库生态风险

嘉陵江属于长江支流，发源于秦岭，流经陕西省、甘肃省、四川省、重庆市，全长1 114.6 km，流域面积为15.61万km^2，流域内海拔落差达5 km，西北部为高原山区，东北部为丘陵河谷，中南大部为四川盆地，重要支流包括西汉水、白龙江、白水河、渠江和涪江，年降水量约为913 mm，呈自东南向西北递减的趋势，多年平均气温为4.3～19.4℃（图9-1）。

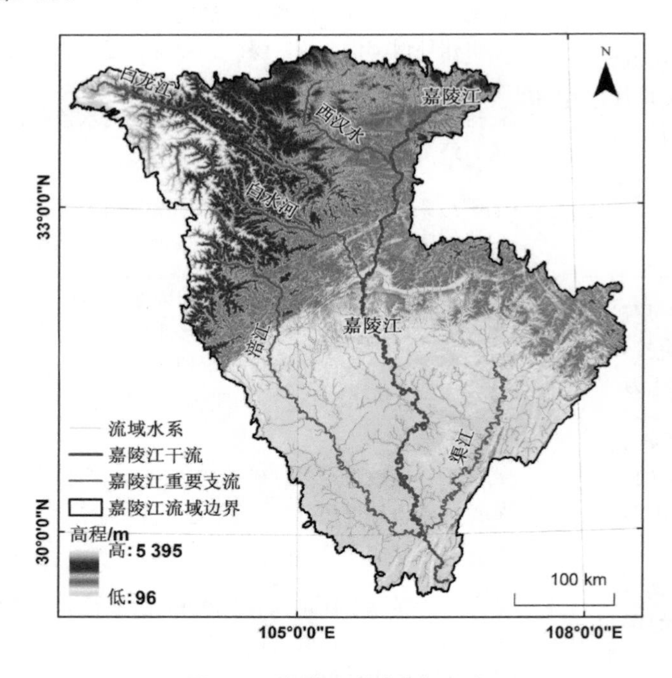

图 9-1　嘉陵江流域空间分布

嘉陵江上游横跨的西秦岭区域经济相对落后，但矿产丰富，是我国主要的铅锌矿产区之一。20世纪80年代前后，矿产资源开发建设了大量的尾矿库，而且设计和选址不科学，多为“河边、江边、路边”的“三边库”，或建于村庄上游成为“头顶库”，经多年运行，安全隐患较多，一旦泄漏很快会造成生态环境事件，特别是水污染。《瞭望》新闻周刊曾报道，嘉陵江上游200余座尾矿库犹如悬着的“达摩克利斯之剑”，成为威胁流域水环境安全和人体健康的不定时“生态炸弹”，尾矿库是目前嘉陵江流域最大的生态风险源。2017年4月，中央第七环境保护督察组给甘肃的反馈意见曾明确指出：“陇南市尾矿库环境风险较大。陇南市现有涉重金属尾矿库140座，存在安全和环境风险的110座，其中10座位于饮用水水源保护区或涵养区，8座位于河流滩地，环境风险隐患突出。”在小尺度上，尾矿库带来的生态破坏和污染问题可通过地面调查和定位观测跟踪评估（武强，2003；徐友宁等，2008）；在大尺度上，尤其是流域尺度上，尾矿库存在上下游、左右岸的地质安全和生态环境风险双重隐患。因此，掌握尾矿库分布及其与重要生态空间的关系对尾矿库生态环境监管至关重要。本节以嘉陵江流域为研究区，利用多光谱遥感影像，采用人机交互的方式识别尾矿库分布，以期为流域尾矿库生态风险防控提供决策支持。

9.2.1 研究方法

1. 数据来源

研究数据主要来源于嘉陵江流域土地利用、地形数据（SRTM DEM）和水系数据（表9-5）。以水系分布为基础数据，结合地方生态环境部门提供的尾矿库排查信息，对谷歌地球的历史影像进行目视解译（局部地区分辨率为10 m），从而获取尾矿库的空间分布数据。在此过程中，结合SRTM DEM数据，计算流域内的坡度和坡向信息。

表9-5 主要数据及其相关参数

数据名称	时间	空间分辨率/m	来源
土地利用产品	2018年	30	中国科学院资源环境科学数据中心（http：//www.resdc.cn）
SRTM DEM	2002年	90	https：//cgiarcsi.community/data/srtm-90m-digital-elevation-database-v4-1/
水系分布数据	2018年	—	OpenStreetMap（https：//www.openstreetmap.org/#map=7/25.849/117.224）

2. 分析方法

一是流域边界提取。在ArcGIS平台，利用水文学分析方法和地理学分析工具，对SRTM DEM 90 m数据进行填充洼地、流向分析、汇流量计算、分析河网结构、确定出水口等处理，最后结合嘉陵江干流、重要支流及流域水系数据获取流域边界矢量范围。

二是空间叠加。主要用于判断矿山开采区、尾矿库是否位于重要生态空间内。缓冲区分析是指在流域两侧设置一定距离范围用作缓冲区，在此基础上使用空间叠加分析的方法分析尾矿库与重要生态空间的距离，以判断对生态空间的影响。

9.2.2 尾矿库分布

1. 按行政区划分

根据图9-2和表9-6，截至2018年，嘉陵江流域共计有矿产资源开采区380处，总面积达71.93 km^2，主要分布在甘肃省和四川省，其中甘肃省开采区的数量、面积占比分别为

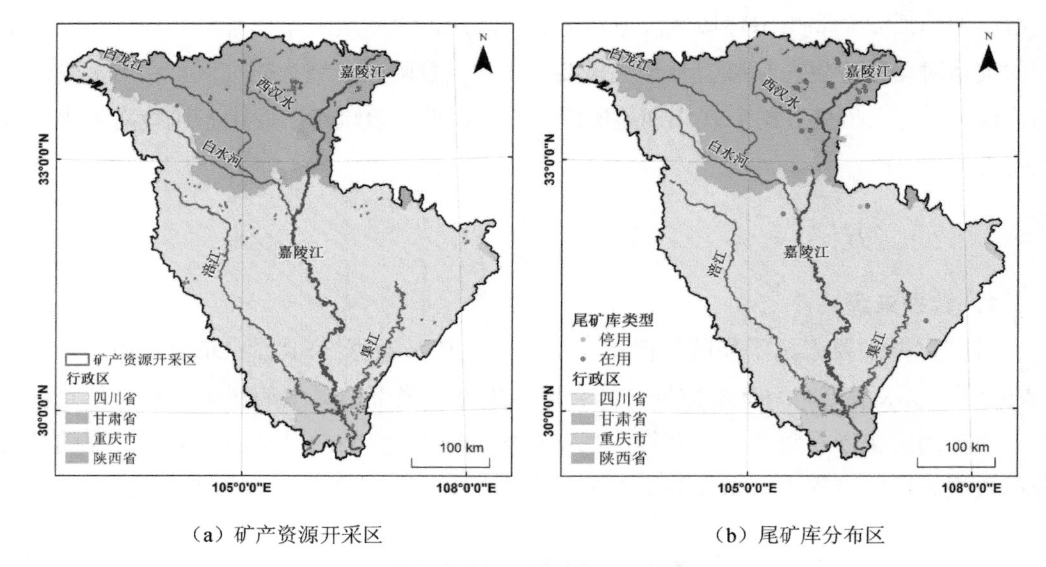

（a）矿产资源开采区　　（b）尾矿库分布区

图 9-2　嘉陵江流域矿产资源开采区及尾矿库分布

表 9-6　嘉陵江流域矿产资源开采及尾矿库基本情况（2018 年）

数据项	重庆市	陕西省	四川省	甘肃省	流域总计
矿产资源开采区/座	103	21	127	129	380
矿产资源采矿区面积/km^2	15.67	3.25	35.05	17.96	71.93
尾矿库库容总量/万 m^3	750	4 539.37	990.72	11 234.73	17 514.82
尾矿库停用/废弃/关闭/座	2	31	2	94	129
尾矿库在用/座	2	19	3	36	60
尾矿库总计/座	4	50	5	130	189
尾矿库平均库容量/（万 m^3/座）	187.5	90.79	198.14	85.76	92.67

33.95%和24.97%，四川省分别为33.42%和48.73%。流域内尾矿库共189座，总库容量达16 839.76万m^3，集中分布在陕西省和甘肃省，其中甘肃省有尾矿库130座（68.78%），库容量达11 234.73万m^3（64.14%）；陕西省有尾矿库50座（26.46%），库容量达4 539.37万m^3（25.92%）。经计算，流域内尾矿库的平均库容量为92.67万m^3/座，其中重庆市（187.5万m^3/座）和四川省（198.14万m^3/座）均表现出双倍于平均值的水平，而陕西省（90.79万m^3/座）和甘肃省（86.42万m^3/座）位于均值附近。

2．按海拔划分

嘉陵江流域尾矿库分布在海拔 212～2 109 m，平均海拔为 1 272.49 m。海拔 1 000 m 以上分布了 169 座尾矿库，数量占流域尾矿库总数的 89.42%，库容量占流域总库容量的 87.23%（表 9-7）。其中，在用尾矿库 52 座，停用尾矿库 117 座。值得注意的是，在 1 600 m 以上的高海拔地区，仍分布着 32 座尾矿库，其库容总量达到了 7 305.23 万 m^3，其中在用尾矿库 10 座，库容 6 851.55 万 m^3，占嘉陵江流域尾矿库库容总体比例的 40.69%。可见，嘉陵江流域内高海拔地区尾矿库的生态风险也较大。

表 9-7 嘉陵江流域尾矿库海拔梯度特征

海拔区间/m	在用尾矿库			停用/废弃/关闭尾矿库			库容量/万 m^3	库容占比/%
	数量/座	库容量/万 m^3	库容占比/%	数量/座	库容量/万 m^3	库容占比/%		
[96，500）	3	762.0	4.53	2	32.0	0.19	794.00	4.72
[500，1 000）	5	287.01	1.70	10	1 069.32	6.35	1 356.33	8.05
[1 000，1 200）	21	4 233.02	25.14	44	1 449.58	8.61	5 682.60	33.75
[1 200，1 600）	21	520.0	3.09	51	1 181.6	7.02	1 701.60	10.10
[1 600，5 395）	10	6 851.55	40.69	22	453.68	2.69	7 305.23	43.38
总计	60	12 653.58	75.14	129	4 186.18	24.85	16 839.76	100.00

3．按坡度划分

流域内尾矿库分布在[0，40°）坡度区间，其中在[0，5°）、[5°，10°）、[10°，15°）、[15°，20°）、[20°，40°）坡度区间，尾矿库的数量和库容量占比分别为9.52%和1.30%、16.40%和37.80%、21.16%和27.15%、17.46%和8.24%、35.45%和25.52%，即尾矿库的数量和库容量集中分布在不同的坡度区间。[5°，15°）坡度区间内，较少的尾矿库数量（37.57%）占据了较大比例的库容量（64.95%）；[15°，40°）坡度区间内，52.91%的尾矿库数量只占了33.76%的库容量（表9-8）。

表 9-8　嘉陵江流域尾矿库坡度梯度特征

海拔区间/（°）	在用尾矿库			停用/废弃/关闭尾矿库			库容量/万 m^3	库容占比/%
	数量/座	库容量/万 m^3	库容占比/%	数量/座	库容量/万 m^3	库容占比/%		
[0，5）	9	174.07	1.03	9	44.51	0.26	218.58	1.29
[5，10）	5	6 020.82	35.75	26	344.13	2.04	6 364.89	37.80
[10，15）	12	3 945.39	23.43	28	626.47	3.72	4 571.86	27.15
[15，20）	12	1 037.18	6.16	21	350.46	2.08	1 387.64	8.24
[20，40）	22	1 476.18	8.77	45	2 820.61	16.75	4 296.79	25.52
总计	60	12 653.64	75.14	129	4 186.18	24.85	16 839.76	100.00

当前流域内76.67%的在用尾矿库分布在[10°，40°）坡度区间，累计库容量达6 458.75万m^3），占流域总库容量的38.35%。但是在[5°，10°）坡度区间，流域内8.33%的在用尾矿库占据流域总库容的35.75%，是尾矿库开发强度最大的坡度区间，而在[20°，40°）坡度区间，停用尾矿库比例和库容比例较高。

9.2.3　与水系的距离

经缓冲区叠加分析（表9-9），嘉陵江流域内共有94座尾矿库位于水系2 km缓冲区范围内，占流域内总尾矿库数量和总库容量的49.74%和42.51%。其中，嘉陵江干流2 km缓冲区内有2座尾矿库，总库容量132.44万m^3；重要支流2 km缓冲区内有3座尾矿库，总库容量37.85万m^3；其他支流1.5 km缓冲区内有89座尾矿库，总库容量6 988.28万m^3，占流域总比例的39.90%。嘉陵江流域水系2 km缓冲区内停用尾矿库共计65座，在用尾矿库共计29座，其中在用尾矿库库容为5 278.21万m^3，占2 km缓冲区内尾矿库库容总比例的73.73%。

表 9-9　嘉陵江流域水系 2 km 缓冲区内尾矿库统计

河流	缓冲区距离/m	尾矿库数量/座			尾矿库库容量/万 m^3		
		停用	在用	总计	停用	在用	总计
嘉陵江干流	500	1		2	130		132.44
	1 000						
	1 500		1			2.44	
	2 000						
重要支流	500	1		3	21		37.85
	1 000						
	1 500						
	2 000	1	1		0.05	16.8	

河流	缓冲区距离/m	尾矿库数量/座			尾矿库库容量/万m^3		
		停用	在用	总计	停用	在用	总计
支流	100	5	2	89	1	22.44	6 988.28
	500	31	6		499.16	342.15	
	1 000	16	13		995.34	1 475.37	
	1 500	10	6		233.81	3 419.01	
总计*		65	29	94	1 880.36	5 278.21	7 158.57

注：*总计中去掉重复统计项。

9.2.4 与重要生态空间的关系

1. 国家级自然保护区

嘉陵江流域内共有18个国家级自然保护区，总面积为6 043.28 km^2，占流域总面积的3.87%；自然保护区内，缓冲区、实验区和核心区的面积占比分别为18.30%、28.90和52.80%（表9-10）。各行政区中，四川省内的保护区面积最大（3 387.17 km^2），占流域保护区总面积的56.05%，其次是甘肃省（2 290.5 km^2，37.90%）。

表 9-10 嘉陵江流域内国家级自然保护区基本情况 单位：km^2

编号	国家级保护区名称	所属行政区	缓冲区	实验区	核心区	总计	
1	白水江	甘肃省	275.79	658.58	894.98	1 829.35	2 290.5
2	尕海—则岔		—	60.82	—	60.82	
3	小陇山		66.46	95.00	107.65	269.11	
4	洮河		70.14	6.93	54.14	131.21	
5	青木川	陕西省	25.11	33.66	38.86	97.63	295.44
6	米仓山		0.90	0.52	2.07	3.48	
7	略阳珍稀水生动物		11.79	16.29	7.77	35.85	
8	紫柏山		46.67	63.21	48.60	158.48	
9	九寨沟	四川省	95.63	68.66	512.36	676.65	3 387.17
10	米仓山		41.50	102.93	89.25	233.68	
11	王朗		26.50	16.79	287.81	331.10	
12	若尔盖湿地		94.04	—	44.56	138.60	
13	花萼山		123.65	224.49	114.13	462.27	
14	唐家河		42.19	88.64	248.77	379.60	
15	雪宝顶		94.97	151.31	404.52	650.80	
16	小寨子沟		52.41	103.31	297.11	452.83	
17	诺水河珍稀水生动物		18.97	14.33	28.33	61.63	
18	缙云山	重庆市	19.26	40.77	10.14	70.17	70.17
19	总计		1 105.98	1 746.25	3 191.06	6 043.28	

通过叠加分析，2018年嘉陵江流域国家级自然保护区内存在4处矿产资源开采区，保护区3 km缓冲区内存在6处开采区，以上10处开采区总面积共计6.99 km^2（图9-3）。

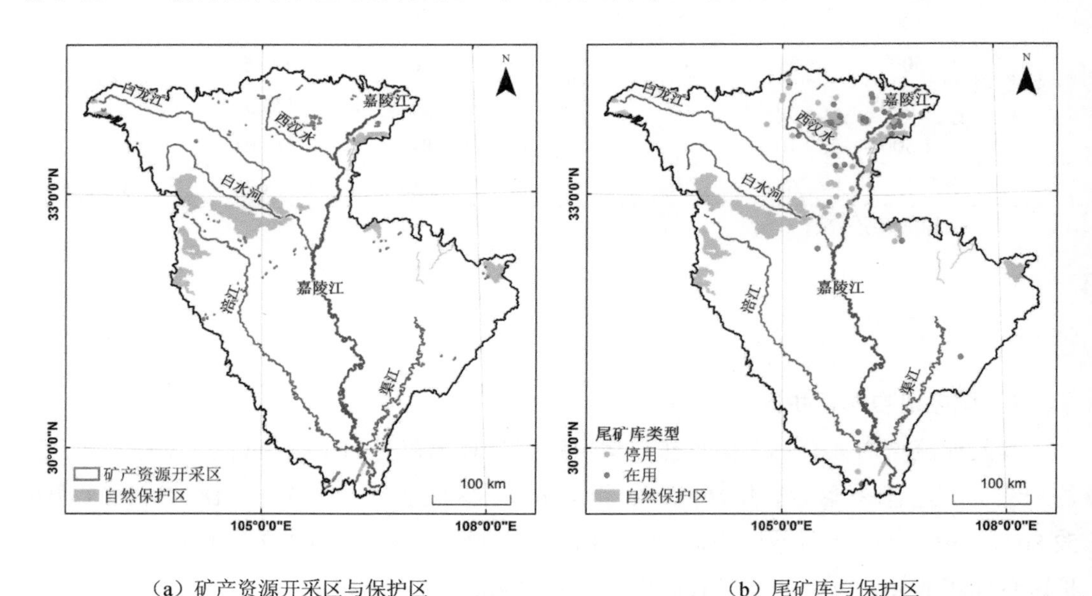

（a）矿产资源开采区与保护区　　（b）尾矿库与保护区

图 9-3　嘉陵江流域矿产开采区和尾矿库与自然保护区位置关系

嘉陵江流域国家级自然保护区内有4座尾矿库，分别位于陕西省（2座）和甘肃省（2座），总计库容量为1 088.8万m^3；保护区3 km缓冲区内有6座尾矿库，均位于陕西省境内，总计库容量为891.5万m^3（表9-11）。陕西省的尾矿库主要位于略阳珍稀水生动物自然保护区内或其缓冲区，甘肃省的尾矿库主要位于小陇山自然保护区内。目前，在用尾矿库库容量合计148.8万m^3，占保护区内总库容量的7.51%。

表 9-11　嘉陵江流域国家级自然保护区尾矿库信息

序号	名称	类型	总库容/万 m^3	归属地	经度	纬度	矿种	与保护区位置关系	相关保护区
1	某公司尾矿库	在用	0.8	陕西省凤县留凤关镇酒奠沟村杨家沟口西	106.54	33.72	铅、锌	在保护区内	紫柏坡自然保护区
2	黑鱼尾矿库	停用	940	陕西省略阳县兴州街道办大坝村	106.24	33.39	铁矿	在保护区内	略阳珍稀水生动物自然保护区

序号	名称	类型	总库容/万 m^3	归属地	经度	纬度	矿种	与保护区位置关系	相关保护区
3	桃园里沟尾渣堆场	在用	148	甘肃省嘉陵镇严坪村	106.29	33.66	金	在保护区内	小陇山自然保护区
4	桃园里沟尾矿库	停用			106.29	33.66		在保护区内	
5	古墓坑尾矿库	停用	31.8	陕西省略阳县兴州街道办大坝村	106.21	33.33	铁矿	1 000 m 缓冲区内	略阳珍稀水生动物自然保护区
6	陈家渠尾矿库	停用	18		106.21	33.33			
7	刘家沟尾矿库	停用	640	陕西省略阳县兴州街道办七里店村	106.18	33.30		3 000 m 缓冲区内	
8	青林沟尾矿库	停用	128	陕西省略阳县接官亭镇亮马台村	106.30	33.26			
9	木瓜岭尾矿库	停用	50		106.30	33.26			
10	火地沟尾矿库	停用	23.7	陕西省略阳县接官亭镇何家岩村	106.34	33.25			

2. 重点生态功能区

嘉陵江流域主要分布有2处重点生态功能区，分别为岷山—邛崃山—凉山生物多样性保护与水源涵养重要区、秦岭—大巴山（秦巴山地）生物多样性保护与水源涵养重要区，在流域内的面积分别为23 272.9 km^2和48 066.6 km^2，分别占嘉陵江流域总面积的14.92%和30.81%。

结合《四川省生态保护红线方案》，岷山、邛崃山和凉山多地被划入生态保护红线区，岷山—邛崃山—凉山生物多样性保护与水源涵养重要区位于四川盆地西北部边缘，其东北部位于嘉陵江流域区。功能区内的植被以常绿阔叶林、常绿与落叶阔叶混交林和亚高山常绿针叶林为主，是大熊猫、川金丝猴、羚牛等珍稀野生动物的主要分布区，是我国乃至世界生物多样性保护的重要区域，具有极其重要的生物多样性保护功能。保护区内的河流分属嘉陵江、涪江、沱江、岷江水系，是白龙江、岷江、沱江和涪江等河流的水源地。其中，邛崃山位于四川盆地西部，是“华西雨屏”的中心地带。

结合《陕西省生态保护红线划定方案（征求意见稿）》，秦巴山地生物多样性保护与水源涵养重要区地处我国亚热带与暖温带的过渡带，发育了以北亚热带为基带和以暖温带为基带的垂直自然带谱，是我国乃至东南亚地区暖温带与北亚热带地区生物多样性最丰富的地区之一，也是我国生物多样性重点保护区域；同时，该地区还是位于渭河南岸诸多支流的发源地和嘉陵江、汉江上游丹江水系的主要水源涵养区，是南水北调中线的水源地。位于嘉陵江流域的部分功能区主要分布在甘肃省东南部、陕西省西南部和四川省东北部边缘地区。

重点生态功能区内共计存在矿产资源开采位置186处，开采区面积总计34.11 km^2。其中，岷山—邛崃山—凉山生物多样性保护与水源涵养重要区有53处，开采区面积为19.38 km^2；秦巴山地生物多样性保护与水源涵养重要区有133处，开采区面积为14.73 km^2（图9-4）。

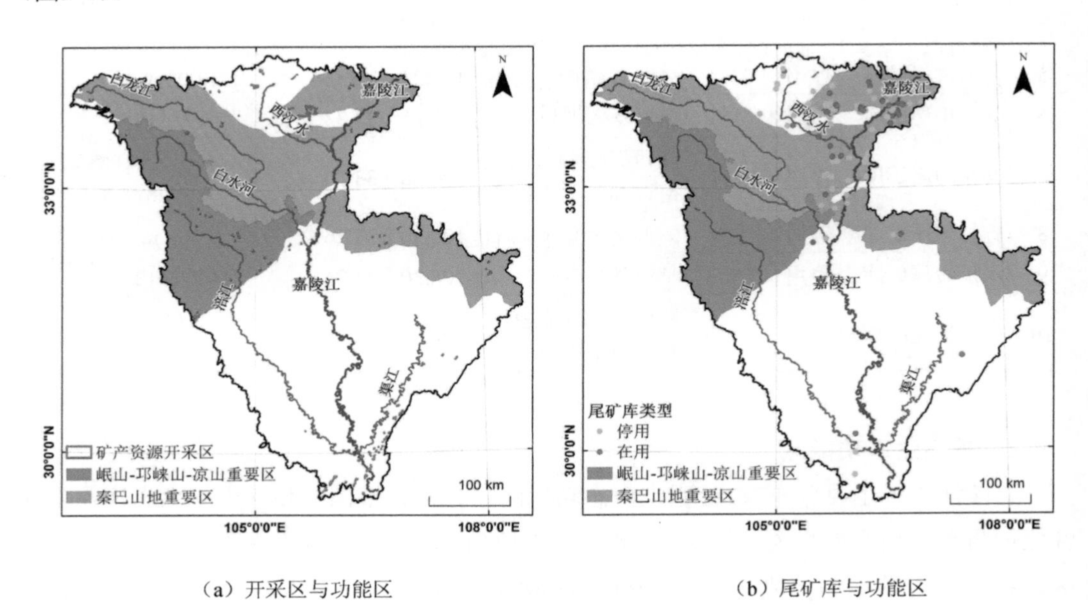

（a）开采区与功能区　　（b）尾矿库与功能区

图 9-4　嘉陵江流域矿产开采区和尾矿库与重点生态功能区的位置关系

重点生态功能区内共计存在尾矿库136座，全部位于秦巴山地生物多样性保护与水源涵养重要区，库容量总计13 034.82万m^3，占流域总库容的77.41%（表9-12）。其中，在用尾矿库43座，停用尾矿库93座，库容量分别为7 311.27万m^{3}和5 723.55万m^3。在用尾矿库中，陕西省和甘肃省分别占21座和22座，尾矿库库容分别为3 134.05万m^{3}和4 177.22万m^3。停用尾矿库中，甘肃省的数量是陕西省的2倍多，但库容量不及后者的1/4。

表 9-12　重点生态功能区内尾矿库信息统计（2018 年）

行政区	在用尾矿库			停用/废弃/关闭尾矿库			库容量/万 m^3	库容占比/%
	数量/座	库容量/万 m^3	库容占比/%	数量/座	库容量/万 m^3	库容占比/%		
陕西省	21	3 134.05	24.04	30	4 670.71	35.83	7 804.76	59.88
甘肃省	22	4 177.22	32.05	63	1 052.84	8.08	5 230.06	40.12
总计	43	7 311.27	56.09	93	5 723.55	43.91	13 034.82	100.00

9.3 讨论与结论

9.3.1 讨论

截至2018年8月，长江经济带11个省（市）的生态保护红线划定均已完成并经省级人民政府发布（表9-13），总面积为54.4万km²，各省（市）的面积介于2 082.69～148 000 km²，占陆海统筹面积的比例介于13.14%～30.90%（不包括上海），云南省和四川省生态保护红线的面积比例＞30%，其他依次为江西省（28.06%）＞浙江省（26.25%）＞贵州省（26.06%）＞湖北省（22.30%）＞湖南省（20.23%）＞安徽省（15.15%）＞江苏省（13.14%）＞上海市。

表 9-13 长江经济带各省（市）生态保护红线划定情况

序号	省（市）	文件名称	公布时间	生态保护红线		备注
				面积/km²	占本省（市）陆海统筹面积比例/%	
1	上海市	《关于发布上海市生态保护红线的通知》（沪府发〔2018〕30号）	2018年8月	2 082.69	—	陆域生态保护红线面积为89.11 km²，长江河口及海域面积为 1 993.58 km²，呈现“一片多点”的空间格局
2	江苏省	《关于印发江苏省国家级生态保护红线规划的通知》（苏政发〔2018〕74号）	2018年6月	18 150.34	13.14	陆域生态保护红线面积为8 474.27 km²，占陆域国土面积的 8.21%；海洋生态保护红线面积为9 676.07 km²，占管辖海域面积的 27.83%
3	浙江省	《关于发布浙江省生态保护红线的通知》（浙政发〔2018〕30号）	2018年7月	38 900	26.25	陆域生态保护红线面积为2.48万km²，占陆域国土面积的 23.82%；海洋生态保护红线面积为4.41万km²，占管辖海域面积的31.72%
4	安徽省	《关于发布安徽省生态保护红线的通知》（皖政秘〔2018〕120号）	2018年6月	21 233.32	15.15	生态保护红线包含三大类16个片区

序号	省（市）	文件名称	公布时间	生态保护红线		备注
				面积/km^2	占本省（市）陆海统筹面积比例/%	
5	江西省	《关于发布江西省生态保护红线的通知》（赣府发〔2018〕21号）	2018年6月	46 876	28.06	生态保护红线包括16个片区
6	湖北省	《关于发布湖北省生态保护红线的通知》（鄂政发〔2018〕30号）	2018年7月	41 500	22.30	生态保护红线总体呈“四屏三江一区”的基本格局
7	湖南省	《关于发布湖南省生态保护红线的通知》（湘政发〔2018〕20号）	2018年7月	42 800	20.23	生态保护红线的空间格局为“一湖三山四水”
8	重庆市	《关于发布重庆市生态保护红线的通知》（渝府发〔2018〕25号）	2018年7月	20 400	24.82	生态保护红线的空间格局呈“四屏三带多点”
9	四川省	《关于印发四川省生态保护红线方案的通知》（川府发〔2018〕24号）	2018年7月	148 000	30.45	生态保护红线分为五大类13个区块，空间分布格局呈“四轴九核”
10	云南省	《关于发布云南省生态保护红线的通知》（云政发〔2018〕32号）	2018年6月	118 400	30.90	生态保护红线的基本格局呈“三屏两带”
11	贵州省	《关于发布贵州省生态保护红线的通知》（黔府发〔2018〕16号）	2018年6月	45 901	26.06	生态保护红线分为五大类14个片区，呈现“一区三带多点”的空间格局

国务院机构改革前，我国保护地类型多、数量大，包括自然保护区、森林公园、风景名胜区、地质公园、湿地公园、海洋特别保护区（含海洋公园）、水利风景区、矿山公园、天然林保护区、种质资源保护区、沙漠公园、国家公园共12种（表9-14），各类保护地分属林业、环保、农业、国土、水利及海洋等不同部门和单位，由于缺乏系统性、整体性考虑，不同保护地在空间上存在着交叉重叠的现象，造成了保护地涉矿管理混乱复杂，完整的自然生态系统存在“五马分尸”的现象。

表 9-14 国务院机构改革前我国保护地的类型和管理部门

类型	功能定位	管理部门	政策法规
自然保护区	指对有代表性的自然生态系统、珍稀濒危野生动植物物种的天然集中分布区、有特殊意义的自然遗迹等保护对象所在的陆地、陆地水体或者海域依法划出一定面积予以特殊保护和管理的区域	国家环境保护行政主管部门负责全国自然保护区的综合管理，林业、农业、地质矿产、水利、海洋等有关行政主管部门在各自的职责范围内主管有关的自然保护区	《中华人民共和国自然保护区条例》（2011 年国务院令第 588 号）
森林公园	其主体功能是保护森林风景资源和生物多样性、普及生态文化知识、开展森林生态旅游	国家林业局主管国家级森林公园的监督管理工作	《国家级森林公园管理办法》（2011 年国家林业局令第 27 号）
风景名胜区	指具有观赏、文化或者科学价值，自然景观、人文景观比较集中，环境优美，可供人们游览或者进行科学、文化活动的区域	国务院建设主管部门负责全国风景名胜区的监督管理工作，国务院其他有关部门负责有关监督管理工作	《中华人民共和国风景名胜区条例》（2006 年国务院令第 474 号）
地质公园	地质遗迹是指在地球演化的漫长地质历史时期，由于各种内外动力地质作用，形成、发展并遗留下来的珍贵的、不可再生的地质自然遗产	国务院地质矿产行政主管部门在环境行政主管部门的协助下，对全国地质遗迹保护实施监督管理	《地质遗迹保护管理规定》（1995 年原地质矿产部第 21 号令）
湿地公园	指以保护湿地生态系统、合理利用湿地资源为目的，可供开展湿地保护、恢复、宣教、科研、监测、生态旅游等活动的特定区域	国家林业局依照国家有关规定组织实施建立国家湿地公园，并对其进行指导、监督和管理	《国家湿地公园管理办法（试行）》（林湿发〔2010〕1 号）
海洋特别保护区（含海洋公园）	指具有特殊地理条件、生态系统、生物与非生物资源及海洋开发利用特殊要求，需要采取有效的保护措施和科学的开发方式进行特殊管理的区域	国家海洋局负责全国海洋特别保护区的监督管理	《海洋特别保护区管理办法》（国海发〔2010〕21 号）
水利风景区	指以水域（水体）或水利工程为依托，具有一定规模和质量的风景资源与环境条件，可以开展观光、娱乐、休闲、度假或科学、文化、教育活动的区域	水利风景区管理机构在水行政主管部门和流域管理机构的统一领导下，负责水利风景区的建设、管理和保护工作	《水利风景区管理办法》（水综合〔2004〕143 号）

类型	功能定位	管理部门	政策法规
矿山公园	指以展示矿业遗迹景观为主体，体现矿业发展历史内涵，具备研究价值和教育功能，可供人们游览观赏、科学考察的特定空间地域	国土资源管理部门成立矿山公园领导小组，已通过评审的矿山公园要建立相应的管理机构，落实管理职能	《关于加强国家矿山公园建设的通知》（国土资厅发〔2006〕5号）
天然林保护区	主要职责是保护天然林及其生态环境	国家林业局重点工程建设领导小组统一研究和部署天然林资源保护工程实施中的重大事项	《天然林资源保护工程管理办法》（林天发〔2001〕180号）
种质资源保护区	包括林木种质资源保护、农作物种质资源保护、水产种质资源保护	国务院农业、林业主管部门应当建立种质资源库、种质资源保护区或者种质资源保护地；国家林业局负责全国林木种质资源的保护和管理工作；农业部主管全国水产种质资源保护区工作	《林木种质资源管理办法》（2007年国家林业局令第22号）；《农作物种质资源管理办法》（2003年农业部令第30号）；《水产种质资源保护区管理暂行办法》（2011年农业部令第1号）
沙漠公园	以保护荒漠生态系统为目的，合理利用沙区资源开展公众游憩、旅游休闲和科学、文化、宣教活动的特定区域	国家林业局依照国家有关规定对国家沙漠公园进行指导、监督和管理	《国家沙漠公园试点建设管理办法》（林沙发〔2013〕232号）
国家公园	指国家为了保护一个或多个典型生态系统的完整性，为生态旅游、科学研究和环境教育提供场所而划定的需要特殊保护、管理和利用的自然区域。我国已在北京、吉林、黑龙江、浙江、福建、湖北、湖南、云南、青海9省（市）开展国家公园体制试点	在试点区域的国家级自然保护区、风景名胜区、世界文化自然遗产、森林公园、地质公园等禁止开发区域，交叉重叠、多头管理的碎片化问题得到基本解决	发展改革委、中央编办、财政部、国土部、环保部等13个部门联合印发《建立国家公园体制试点方案》（2015）

生态保护红线划定遵循“生态功能决定论”，通过对比我国现有保护地体系的空缺情况及保护地分类管理中存在的问题，基于生态系统服务功能的重要性评估、生态敏感脆弱性评价等，系统整合现有各类保护地，通常包括具有重要水源涵养、生物多样性维护、水土保持、防风固沙、海岸生态稳定等功能的生态功能重要区域，以及水土流失、土地沙化、石漠化、盐渍化等生态环境敏感脆弱的区域。根据原环境保护部和国家发展改革委发布的《生态保护红线划定指南》（环办生态〔2017〕48号），国家级自然保护区是必须纳入生态保护红线划定的对象之一。结合全国生态环境十年变化（2000—2010年）

遥感调查评估数据，长江经济带11个省（市）共有145个国家级自然保护区，涉及133个矿点（图9-5）；从各省（市）的数量来看，云南省国家级自然保护区内的矿点最多（有58个，包括40个金属矿、3个非金属矿、15个能源矿），四川省国家级自然保护区内的矿点数量次之（有25个，包括22个金属矿、1个非金属矿、2个能源矿），其他依次为湖南省（15个）＞江西省（14个）＞安徽省、湖北省和重庆市（均为5个）＞浙江省（4个）＞贵州省（2个）＞上海市、江苏省（均为0个）。大量历史遗留矿山不仅造成大面积的土地损毁，而且矿业活动产生的“点—线—面”开发利用格局也会对野生动植物栖息地和迁徙廊道造成破坏，影响区域生态系统的完整性（鞠立新，2020）。2019年6月，中共中央办公厅、国务院办公厅印发《关于建立以国家公园为主体的自然保护地体系的指导意见》，明确提出要分类有序地解决历史遗留问题，依法清理整治矿业权，通过分类处置方式有序退出。绿色生态廊道建设是长江经济带自然保护地和生态保护红线修复的重要内容（姜月华等，2017；杨桂山等，2015）。因此，做好各类自然保护地和生态保护红线内矿业权的退出，严控各项设施建设及生产经营活动，积极实施生态保护红线生态修复工程，有效控制8类对生态功能不造成破坏的有限人类活动，是重要生态空间（自然保护地和生态保护红线）涉矿生态环境监管的重点和难点。

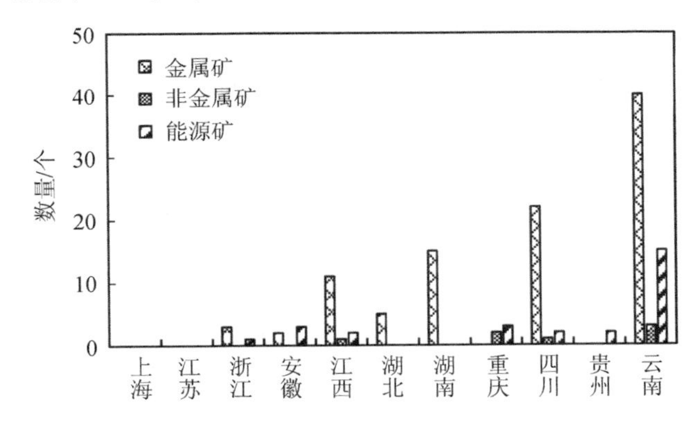

图 9-5　长江经济带国家级自然保护区内的矿点在各省（市）的数量

结合嘉陵江流域尾矿库生态风险管控需求，经空间分析发现，尾矿库集中分布在流域的上游汇水区及下游入江口河段，不论是数量还是库容量均集中在高海拔、中等坡度的区域。以上多维空间重叠的现象容易使尾矿库的生态环境问题变得复杂多样，如在流域上游地区，多种尾矿库的聚集容易造成交叉污染并波及下游地区，而海拔和坡度的增加使这些尾矿库区存在崩塌的风险，再结合强降雨，还会导致泥石流等地质灾害的发生。位于重点生态功能区内的尾矿库在开采过程中会直接影响当地的生态环境，需要严格执行相关清退工作，控制开采方式，执行“边开采、边保护”的策略，而对于已经停用的尾矿库，需要采取相应的生态修复措施，避免形成二次破坏，在修复过程中要尊重当地的生态规律，以自然恢复为主、人工修复为辅。

9.3.2 结论

一是长江经济带有8个省（市）发现涉矿生态环境问题，涉及石英砂矿、稀土矿、磷矿、锡矿、石灰石矿和石煤矿；有3个省份出现了因保护地采矿而产生的生态严重破坏的问题，涉及自然保护区内违规设置的采矿权、探矿权和违法生产，以及国家级风景名胜区内以治理地质灾害之名开采磷矿等问题。11个省（市）中均发现了涉保护地违规管理问题，包括饮用水水源保护区、湖滨湿地、长江岸线和重要湿地、海洋保护区、风景名胜区。

二是嘉陵江上游（甘肃省、陕西省）的尾矿库数量（180座）和库容总量（15 774.1万m^3）分别占流域整体的95.24%和90.06%；下游（四川省、重庆市）尾矿库数量分布较少（4.76%），但库容量高（9.94%），流域上下游的尾矿库数量和库容量差异较大。在用尾矿库和停用尾矿库的数量、库容量分别为60座、4 186.18万m^3和129座、12 653.58万m^3，45.37%的尾矿库分布在流域水系的2 km缓冲区内，其中30.14%为在用尾矿库，库容量占2 km缓冲区内总库容量的73.73%。在1 600 m以上的高海拔地区分布着10座在用尾矿库，库容为6 851.55万m^3，占嘉陵江流域尾矿库库容总量的40.69%。在[5°，15°）坡度区间内的在用尾矿库数量和库容较高，且超过20°坡度区间分布了22座在用尾矿库，暗示存在着较大的滑坡和地质灾害风险。

三是嘉陵江流域国家级自然保护区内存在4处矿产资源开采区，保护区3 km缓冲区内存在6处开采区，这10处开采区的总面积共计6.99 km^2，总库容量为1 980.3万m^3，其中在用尾矿库库容量占比为7.51%，大部分为已经停用的尾矿库，存在大量的矿区生态修复问题。嘉陵江流域内重点生态功能区共存在尾矿库136座，全部分布在秦巴山地生物多样性保护与水源涵养重要区。在用、停用尾矿库的数量和库容量占比分别为31.62%和56.09%和68.38%和43.91%。

四是做好重要生态空间（包括自然保护地和生态保护红线）内矿业权的退出工作，严控各项设施建设及生产经营活动，积极实施生态保护修复工程、生态环境协同治理工程，是生态空间内涉矿生态环境监管的重点和难点。

第 10 章　生态修复与污染治理对策

多年来，矿山生态修复“被动应对多，主动作为少”，其根本原因不仅是生态环境投入少，生态修复阶段划分和目标不明确也是其重要原因（李海东等，2015b；Stevens et al.，2017；白中科等，2018）。矿区生态修复主要围绕矿山地质环境治理、土地复垦/植被恢复、水土流失治理等，大多停留在“以视觉治理为主，污染物防控则属于事后补救型”的景观型修复阶段，没能实现从末端治理向过程和源头延伸的全生态环境要素修复。生态环境的不可分割性和关联要素的多元性，决定了矿区生态环境治理必须坚持协同控制的系统思维。协同治理作为一种新型治理模式，在生态环境保护、公共教育、社会危机管理等公共领域频频出现，引起科研工作者、政策制定者和实施者的广泛关注（付永光，2020）。生态环境是典型的公共产品，生态环境保护与修复是一个典型的公共管理问题（廖小明，2020；李海生等，2021）。本章结合协同治理理论，分析了传统单一要素环境治理和矿区生态修复存在的问题，提出了协同治理对策。

10.1　传统单一要素环境治理

10.1.1　地质环境治理

根据《矿山地质环境保护与恢复治理方案编制规范》《矿山生态环境保护与恢复治理技术规范（试行）》和2016年12月国土资源部发布的《矿山地质环境保护与土地复垦方案编制指南》等相关规范和指南，矿山地质环境治理侧重于防灾减灾和地质灾害治理，对于生态恢复与重建涉及较少，主要包括排土/岩场、尾矿库、污染场地、矸石场、沉陷区、采空区等地质环境治理，如削坡、护坡、支挡、场地平整、排水、集蓄水6类工程（表10-1）。

表 10-1　矿山地质环境治理工程措施

序号	工程名称		结构材料	适用范围
1	削坡工程			不稳定边坡、危岩体
2	护坡工程	砌体护坡	砖、石、预制件	易受水力侵蚀的缓坡
		格构护坡	砖、石、预制件、混凝土、钢筋混凝土	易受水力侵蚀的边坡
		石笼护坡	石笼、块石	易受山洪侵蚀的边坡
		喷锚护坡	锚杆、喷射混凝土	裂隙和节理发育的边坡
		注浆护坡	水泥、砂浆	崩塌堆积体和松动岩体
		植被护坡	挂网绿化、植生带、喷混植生	利于植被生长的土质边坡
3	支挡工程	重力挡墙	砖、石、混凝土	不稳定边坡、小型滑坡
		加筋挡墙	土、石、合成材料	沟谷和边坡脚支挡、地裂缝防治
		抗滑桩	钢筋混凝土	非塑流滑坡
		预应力锚索	锚杆、锚索	滑坡、不稳定边坡、危岩体
4	场地平整工程			露天采坑、坑凹地形和固体废弃矿渣堆
5	排水工程	排水沟、地下涵洞（管）	砖石、混凝土、钢筋混凝土	地下水和地表水的疏导、排泄和利用
6	集蓄水工程	集水池（井）、蓄水池（井）	砖石、混凝土、钢筋混凝土	地下水和地表水的疏导、贮存和利用

10.1.2　土地复垦/植被恢复

根据《土地复垦质量控制标准》（TD/T 1036—2013）、《土地复垦方案编制规程　第1部分：通则》（TD/T 1031.1—2011）、《土地复垦方案编制规程　第2部分：露天煤矿》（TD/T 1031.2—2011）和《土地复垦方案编制规程　第3部分：井工煤矿》（TD/T 1031.3—2011）等相关标准和规程，土地复垦多以露天开采和地下开采造成的土地损毁为主（表10-2）。损毁土地在实施工程措施、生物措施和管理措施后，在地形、土壤质量、配套设施和生产力水平方面应达到基本要求，优先复垦为耕地，土地复垦后严格按照《土地利用现状分类》（GB/T 21010—2017）进行划分。

表 10-2 土地损毁类型

一级分类		二级分类		三级分类	
代码	名称	代码	名称	代码	名称
1	生产建设活动损毁	11	土地挖损	111	露天采场
				112	取土场
				113	其他
		12	土地塌陷	121	季节性塌陷地
				122	季节性积水塌陷地
				123	非积水性塌陷地
		13	土地压占	131	排土场
				132	废石场
				133	矸石山
				134	尾矿库
				135	赤泥堆
				136	建筑物、构筑物压占土地
				137	其他
		14	其他	141	污染土地
				142	其他
2	自然灾害损毁	21	水毁土地		
		22	其他		

10.1.3 水土流失治理

根据《北方土石山区水土流失综合治理技术标准》(SL 665—2014)、《南方红壤丘陵区水土流失综合治理技术标准》(SL 657—2014)、《水土流失重点防治区划分导则》(SL 717—2015)、《水土流失危险程度分级标准》(SL 718—2015)和《水土流失综合治理技术规范》(DB33/T 2166—2018)等相关技术标准和规范,水土流失治理以小流域为单元,按照"坡上、坡中、坡下"分区布设防治措施,形成水土流失综合防治措施体系。坡上以生态修复为主,坡中以综合治理为主,坡下以生态保护为主。水土流失治理坚持生态优先,在治理过程中践行"山水林田湖草是生命共同体"的理念和基于自然的解决方案。人为活动严重破坏了矿区地表的土壤特性,极易发生水土流失灾害。矿区范围则因开采规模而大小不一,基于地域分异规律及景观相似性原则,矿区水土流失治理的技术标准和规范的适用性较差。现有的水土流失治理体系是分地域而划分的(侧重自然层面),由人为活动(采矿等)造成的典型区水土流失治理没有直接相关的技术规范。

10.1.4 生态空间管控

生态空间是指具有自然属性、以提供生态服务或生态产品为主体功能的国土空间，包括森林、草原、湿地、河流、湖泊、滩涂、岸线、海洋、荒地、荒漠、戈壁、冰川、高山冻原、无居民海岛等。自然保护地和生态保护红线区都属于重要生态空间。《中华人民共和国自然保护区条例》（2017年）第二十六条指出，“禁止在自然保护区内进行砍伐、放牧、狩猎、捕捞、采药、开垦、烧荒、开矿、采石、挖沙等活动；但是，法律、行政法规另有规定的除外。”第三十五条指出，“违反本条例规定，在自然保护区进行砍伐、放牧、狩猎、捕捞、采药、开垦、烧荒、开矿、采石、挖沙等活动的单位和个人，除可以依照有关法律、行政法规规定给予处罚的以外，由县级以上人民政府有关自然保护区行政主管部门或者其授权的自然保护区管理机构没收违法所得，责令停止违法行为，限期恢复原状或者采取其他补救措施；对自然保护区造成破坏的，可以处以300元以上1万元以下的罚款。”

从现行的重要生态空间管控要求可以看出，《中华人民共和国自然保护区条例》（2017年）明确禁止在自然保护区内的非法采矿等行为并有相应的处罚措施，但非法采矿往往受到巨额经济利益的诱惑，而该条例的处罚金额过低，因而导致保护区内非法采矿的受罚成本过低。中共中央办公厅、国务院办公厅印发的《关于建立以国家公园为主体的自然保护地体系的指导意见》（2019年）明确提出，要分类有序解决历史遗留问题，依法清理整治矿业权，通过分类处置方式有序退出。中共中央办公厅、国务院办公厅印发的《关于在国土空间规划中统筹划定落实三条控制线的指导意见》（2019）中关于“按照生态功能划定生态保护红线”的部分指出，生态保护红线内，自然保护地核心保护区原则上禁止人为活动，其他区域严格禁止开发性、生产性建设活动，在符合现行法律法规前提下，除国家重大战略项目外，仅允许对生态功能不造成破坏的有限人为活动：①零星的原住民在不扩大现有建设用地和耕地规模的前提下，修缮生产生活设施，保留生活必需的少量种植、放牧、捕捞、养殖；②因国家重大能源资源安全需要开展的战略性能源资源勘查，公益性自然资源调查和地质勘查；③自然资源、生态环境监测和执法包括水文水资源监测及涉水违法事件的查处等，灾害防治和应急抢险活动；④经依法批准进行的非破坏性科学研究观测、标本采集；⑤经依法批准的考古调查发掘和文物保护活动；⑥不破坏生态功能的适度参观旅游和相关的必要公共设施建设；⑦必须且无法避让、符合县级以上国土空间规划的线性基础设施建设、防洪和供水设施的建设与运行维护；⑧重要生态修复工程。关于“协调边界矛盾”的部分指出，目前已划入自然保护地核心保护区的永久基本农田、镇村、矿业权逐步有序退出。

《关于加强生态保护监管工作的意见》（环生态〔2020〕73号）中对于“加强生态破坏问题监督和查处力度”要求，通过非现场监管、大数据监管、无人机监管等应用技术，强化对破坏湿地、林地、草地、自然岸线和近岸海域等的开矿、修路、筑坝、建设、围填海、采砂和炸礁行为的监督；强化对湿地生态环境保护、荒漠化防治、岸线保护修复和水产养殖环境保护的监督；坚决杜绝生态修复工程实施过程中的形式主义；强化生态保护综合执法与相关执法队伍的协同联动，形成执法合力，重点开展海洋生态保护、土地和矿产资源开发生态保护、流域水生态保护执法；加强自然保护地生态环境综合行政执法，严肃查处自然保护地内开矿、筑坝、修路、建设等破坏生态环境的违法违规行为；建立信息共享机制，完善案件移送标准和程序，及时将生态破坏问题线索移交有关主管部门，及时办理其他部门移交的问题线索。

10.2 生态修复存在的问题

10.2.1 政策与标准的可操作性有待增强

2006年，财政部、国土资源部、国家环保总局贯彻落实《国务院关于全面整顿和规范矿产资源开发秩序的通知》（国发〔2005〕28号）有关要求，制定与印发了《关于逐步建立矿山环境治理和生态恢复责任机制的指导意见》（财建〔2006〕215号），明确了三部委的矿山环境治理和生态恢复责任机制、目标及要求、矿山环境治理恢复保证金、矿区环境治理和生态恢复规划、工作机制等。2013年，环境保护部结合财建〔2006〕215号文件编制与发布了《矿山生态环境保护与恢复治理技术规范（试行）》（以下简称《技术规范》）、《矿山生态环境保护与恢复治理方案（规划）编制规范（试行）》（HJ 652—2013）（以下简称《编制规范》）和《矿山环境监察指南（试行）》等。2014年，新修订的《环境保护法》指出，开发利用自然资源，应当合理开发，保护生物多样性，保障生态安全，依法制定有关生态保护和恢复治理方案并予以实施。自2014年以来，生态环境部南京环境科学研究所一方面选择江西、湖北、江苏、内蒙古、西藏、山西、新疆、青海等省（区）开展了《技术规范》和《编制规范》实施情况调研，结果显示大多数省（区）级环保部门没有强制实施，但山西省做了大量工作，先后以山西省人民政府转发或环境保护厅（局）文件的形式发布了《山西省市、县煤炭开采生态环境恢复治理规划编制导则》、《山西省矿山生态环境保护与综合治理方案编制导则》（试行）（晋环发〔2007〕603号）、《山西省矿山生态环境保护与恢复治理工程竣工验收管理办法》（晋政办发〔2014〕71号）等；另一方面，选择黑色金属、有色金属、贵重金属、稀土金属、石灰石、萤石、石棉、高岭土等19个不同类型的矿山企业进行了调研，结果显示《技术规范》的有关要求不同程度地体现于3个文件中（《环境影响评价评价报告》《地质环境恢复治理方案或土地复垦方案》《水土保持方案》），但没有单独编制矿山生态环境保护与恢复治理方案（规划）。

自2006年印发财建〔2006〕215号文件至2017年财政部、国土资源部、环境保护部印发《关于取消矿山地质环境治理恢复保证金　建立矿山地质环境恢复基金的指导意见的通知》（财建〔2017〕638号）的11年之间，矿产资源开发方面的生态环境恢复治理的行政法规和技术标准数量偏少，与中央环境保护督察和新闻媒体报道的矿山生态环境问题的严峻形势不相适应。机构改革前，矿山生产与生态修复存在部门条块分割、职责模糊的问题。自2018年以来，自然资源部发布了《非金属矿行业绿色矿山建设规范》（DZ/T 0312—2018）等9项行业标准（2018年第18号），从矿区环境、资源开发方式、资源综合利用、节能减排、科技创新与数字化矿山、企业管理与企业形象6个方面对绿色矿山建设作出规范要求，在一定程度上弥补了矿山生态环境保护与恢复治理监管技术政策的缺乏，虽然在矿区生态环境协同治理监管方面的针对性不强，但在新的技术政策发布前仍是矿产资源开发生态环境监管的重要依据。2022年4月18日，自然资源部对《矿山生态修复技术规范　第1部分：通则》等6项推荐性行业标准报批稿进行公示，共包括《矿山生态修复技术规范　第1部分：通则》（报批稿）、《矿山生态修复技术规范　第2部分：煤炭矿山》（报批稿）、《矿山生态修复技术规范　第4部分：建材矿山》（报批稿）、《矿山生态修复技术规范　第5部分：化工矿山》（报批稿）、《矿山生态修复技术规范　第6部分：稀土矿山》（报批稿）、《矿山生态修复技术规范　第7部分：油气矿山》（报批稿），这些行业标准将弥补矿区生态修复技术政策缺乏的现状，为矿区生态环境治理与监管提供技术依据。相关政策与标准见表10-3。

表 10-3　矿产资源开发的相关生态环境政策和标准

年份	名称	发布部门
1999	《国土资源部关于加强矿山生态环境保护工作的通知》（国土资发〔1999〕36 号）	国土资源部
2005	《国务院关于全面整顿和规范矿产资源开发秩序的通知》（国发〔2005〕28 号）	国务院
2005	《矿山生态环境保护与污染防治技术政策》（环发〔2005〕109 号）	国家环保总局
2005	《煤矿矸石山灾害防范与治理工作指导意见》（安监总煤矿字〔2005〕162 号）	国家安全生产监督管理总局

年份	名称	发布部门
2006	《关于逐步建立矿山环境治理和生态恢复责任机制的指导意见》（财建〔2006〕215号）	财政部、国土资源部、国家环保总局
2009	《矿山地质环境保护规定》（国土资源部令　第44号）	国土资源部
2009	《矿山地质环境保护与治理恢复方案编制规范》（DZ/T 223—2009）	国土资源部
2010	《关于贯彻落实全国矿产资源规划发展绿色矿业建设绿色矿山工作的指导意见》（国土资发〔2010〕119号）	国土资源部
2011	《矿山地质环境保护与恢复治理方案编制规范》（DZ/T 0223—2011）	国土资源部
2011	《环境影响评价技术导则　煤炭采选工程》（HJ 619—2011）	环境保护部
2011	《关于加强稀土矿山生态保护与治理恢复的意见》（环发〔2011〕48号）	环境保护部
2011	《土地复垦条例》（国务院令　第592号）	国务院
2012	《土地复垦条例实施办法》（国土资源部令　第56号）	国土资源部
2012	《矿山生态环境保护与恢复治理方案编制导则》（环办〔2012〕154号）	环境保护部
2013	《矿山生态环境保护与恢复治理技术规范（试行）》（HJ 651—2013）	环境保护部
2013	《矿山生态环境保护与恢复治理方案（规划）编制规范（试行）》（HJ 652—2013）	环境保护部
2013	《矿山环境监察指南（试行）》（环办〔2013〕14号）	环境保护部
2013	《矿山地质环境恢复治理专项资金管理办法》（财建〔2013〕80号）	财政部、国土资源部
2013	《土地复垦质量控制标准》（TD/T 1036—2013）	国土资源部
2014	《地质环境监测管理办法》（国土资源部令　第59号）	国土资源部
2015	《生态环境损害赔偿制度改革试点方案》（中办发〔2015〕57号）	中共中央办公厅、国务院办公厅
2015	《尾矿库环境风险评估技术导则（试行）》（HJ 740—2015）	环境保护部
2015	《尾矿库环境应急预案编制指南》（环办〔2015〕48号）	环境保护部
2015	《矿山地质环境监测技术规程》（DZ/T 0287—2015）	国土资源部
2016	《关于加强矿山地质环境恢复和综合治理的指导意见》（国土资发〔2016〕63号）	国土资源部等五部委
2016	《关于推进山水林田湖生态保护修复工作的通知》（财建〔2016〕725号）	财政部、国土资源部、环境保护部
2016	《国务院关于印发“十三五”生态环境保护规划的通知》（国发〔2016〕65号）	国务院
2016	《矿山土地复垦基础信息调查规程》（TD/T 1049—2016）	国土资源部
2017	《关于加快建设绿色矿山的实施意见》（国土资规〔2017〕4号）	国土资源部、财政部、环境保护部等六部委

年份	名称	发布部门
2017	《财政部　国土资源部　环境保护部关于取消矿山环境治理恢复保证金建立矿山地质环境治理恢复基金的指导意见》（财建〔2017〕638 号）	财政部、国土资源部、环境保护部
2018	《非金属矿行业绿色矿山建设规范》（DZ/T 0312—2018）	自然资源部
2018	《化工行业绿色矿山建设规范》（DZ/T 0313—2018）	自然资源部
2018	《黄金行业绿色矿山建设规范》（DZ/T 0314—2018）	自然资源部
2018	《煤炭行业绿色矿山建设规范》（DZ/T 0315—2018）	自然资源部
2018	《砂石行业绿色矿山建设规范》（DZ/T 0316—2018）	自然资源部
2018	《陆上石油天然气开采业绿色矿山建设规范》（DZ/T 0317—2018）	自然资源部
2018	《水泥灰岩绿色矿山建设规范》（DZ/T 0318—2018）	自然资源部
2018	《冶金行业绿色矿山建设规范》（DZ/T 0319—2018）	自然资源部
2018	《有色金属行业绿色矿山建设规范》（DZ/T 0320—2018）	自然资源部
2019	《自然资源部关于探索利用市场化方式推进矿山生态修复的意见》（自然资规〔2019〕6 号）	自然资源部
2019	《自然资源部办公厅关于开展长江经济带废弃露天矿山生态修复工作的通知》（自然资办发〔2019〕33 号）	自然资源部
2019	《矿产资源节约和综合利用先进适用技术目录（2019 年版）》	自然资源部
2019	《矿产资源规划编制实施办法（2019 年修正）》（自然资源部令　第 5 号）	自然资源部
2019	《矿山地质环境保护规定（2019 年修正）》（自然资源部令　第 5 号）	自然资源部
2020	《自然资源部关于完善矿业权管理有关事项的通知》（征求意见稿）（2020 年第 25 号）	自然资源部
2020	《绿色矿山评价指标》和《绿色矿山遴选第三方评估工作要求》（自然资矿保函〔2020〕28 号）	自然资源部
2020	《山水林田湖草生态保护修复工程指南（试行）》（自然资办发〔2020〕38 号）	自然资源部办公厅、财政部办公厅、生态环境部办公厅
2020	《关于促进砂石行业健康有序发展的指导意见》（发改价格〔2020〕473 号）	国家发展改革委等 15 个部门和单位
2020	《全国重要生态系统保护和修复重大工程总体规划（2021—2035 年）》（发改农经〔2020〕837 号）	国家发展改革委、自然资源部
2020	《关于开展省级国土空间生态修复规划编制工作的通知》（自然资办发〔2020〕45 号）	自然资源部办公厅
2020	《自然资源部关于含钾岩石等矿产资源合理开发利用“三率”最低指标要求（试行）的公告》（2020 年公告第 4 号）	自然资源部
2020	《国家发展改革委关于下达长江经济带绿色发展专项 2020 年尾矿库污染治理项目中央预算内投资计划的通知》（发改投资〔2020〕1088 号）	国家发展改革委

年份	名称	发布部门
2021	《加强长江经济带尾矿库污染防治实施方案》（环办固体〔2021〕4 号）	生态环境部办公厅
2021	《国务院办公厅关于科学绿化的指导意见》（国办发〔2021〕19 号）	国务院办公厅
2021	《智能矿山建设规范》（DZ/T 0376—2021）	自然资源部
2021	《国务院办公厅关于鼓励和支持社会资本参与生态保护修复的意见》（国办发〔2021〕40 号）	国务院办公厅
2021	《矿山生态修复技术规范　第 1 部分：通则》《矿山生态修复技术规范　第 2 部分：煤炭矿山》《矿山生态修复技术规范　第 3 部分：金属矿山》《矿山生态修复技术规范　第 4 部分：建材矿山》《矿山生态修复技术规范　第 5 部分：化工矿山》《矿山生态修复技术规范　第 6 部分：稀土矿山》《矿山生态修复技术规范　第 7 部分：油气矿山》（征求意见稿）	自然资源部办公厅
2021	《尾矿库环境监管分类分级技术规程（试行）》（环办固体函〔2021〕613 号）	生态环境部办公厅
2021	《关于支持开展历史遗留废弃矿山生态修复示范工程的通知》（财办资环〔2021〕65 号）	财政部办公厅、自然资源部办公厅
2022	《矿山生态修复技术规范　第 1 部分：通则》（报批稿）、《矿山生态修复技术规范　第 2 部分：煤炭矿山》（报批稿）、《矿山生态修复技术规范　第 4 部分：建材矿山》（报批稿）、《矿山生态修复技术规范　第 5 部分：化工矿山》（报批稿）、《矿山生态修复技术规范　第 6 部分：稀土矿山》（报批稿）、《矿山生态修复技术规范　第 7 部分：油气矿山》（报批稿）	自然资源部

矿山地质环境是生态环境的重要组成部分，矿区生态环境治理工作不仅包括地质环境治理、土地复垦，还要针对矿业活动产生的“点—线—面”开发利用格局对重要生态空间实施区域生态修复，积极打造自然保护地/生态保护红线（面）+生态廊道（线）+矿山生态环境修复（点）的新模式。推进矿区生态修复，重要的是突出自然保护地、生态保护红线等重要生态空间及居民生活区的废弃矿山治理，以基于自然的解决方案理念减少生态环境投入。同时，《国务院办公厅关于鼓励和支持社会资本参与生态保护修复的意见》（国办发〔2021〕40号）将有力促进人工良性干预措施的实施，为地方政府或矿山企业开展生态环境保护与恢复治理提供新的资金来源。

10.2.2　生态修复目标和阶段划分不明确

传统的生态修复是指对已退化、损害或彻底破坏的生态系统进行恢复的过程，其修复对象为生态系统结构和功能、生态系统服务（Martin，2017）。生态修复理论包括群落演替理论、生态系统稳定性理论、群落构建理论、生态位理论等（Jordan et al.，1987；

Wainwright et al.，2018），生态修复技术包括土壤修复技术、植物修复技术、景观修复技术、再野生化技术等（Aronson et al.，1996；Lorimer et al.，2015；Datar，2015）。生态修复理论和实践走在世界前列的是欧洲、北美、新西兰和澳大利亚，其中欧洲偏重矿山环境修复，北美侧重森林和水体修复，而新西兰和澳大利亚侧重于草原的生态修复（付战勇等，2019）。我国由于生态环境投入少、生态修复理念、技术和工艺相对落后等问题，矿区生态环境治理主要围绕地质环境治理、次生灾害防治、土地复垦/植被恢复等，在水体、大气和土壤环境修复方面的针对性不强。从人地耦合系统思想和空间要素关系的角度来看，生态修复可划分为3个演进阶段，即协调布局、系统治理、人地和谐，生态修复既需要夯实第一阶段的生态空间地域，又需要铺陈第三阶段的社会-生态要素耦合（傅伯杰，2021）。因此，矿区生态修复目标的科学制定不仅要包括地质环境治理、土地复垦/植被恢复、水土流失治理，还要考虑已经被破坏或者退化的生态系统功能的整体提升，强调与区域经济社会系统的匹配性和可持续性修复。

10.2.3 存在生态修复形式主义

矿山生态修复是国家发展改革委、自然资源部联合印发的《全国重要生态系统保护和修复重大工程总体规划（2021—2035年）》（发改农经〔2020〕837号）的主攻方向和重点工程之一，而“坚决杜绝生态修复工程实施过程中的形式主义”是生态环境部发布的《关于加强生态保护监管工作的意见》的原则要求。矿山生态修复大多强调复绿，基本没有考虑对生态系统结构（垂直结构、水平结构和物种多样性）、过程和主导生态功能（水土保持功能、生物多样性维护功能）的有效修复（李海东等，2019；Jia et al.，2020）。生态修复监管标准的缺乏是生态形式主义存在的原因之一。生态修复需要分类识别生态系统退化驱动机制，统筹生态修复标准体系（Borgström et al.，2016；白中科等，2020）。因此，亟待基于协同控制理论（胡涛等，2012；田玉麒，2017），加强对矿区生态修复与环境污染协同治理技术政策和监管标准制定的研究。

10.2.4 与环境污染的协同控制不足

从类型来看，矿山生态环境破坏包括景观型破坏（对地表覆盖的影响）、环境质量型破坏（对水体、大气和土壤的影响）和生物型破坏（对生物群落的严重破坏甚至摧毁）。地貌重塑、土壤重构、植被重建、景观重现、生物多样性重组与保护的“五元共轭论”的提出，为全面认识矿区生态修复阶段指明了方向（白中科等，2018）。然而，在具体实践和实际操作层面，不明确的矿山生态修复目标（Budiharta et al.，2016）、不健全的监管体制和不利的自然条件在一定程度上阻碍了基于自然的解决方案的实施（United

Nations，2019）、人工修复投入-产出效益（Lorite et al.，2021）和区域生态功能修复（Li et al.，2016；Fischer et al.，2021）。协同治理视角下矿区生态修复需要解决以下问题：一是要处理好景观型破坏、环境质量型破坏和生物型破坏的关系，协同实施地质环境和水、土、气、生态等综合治理，做好矿区生态修复关键指标的定性和定量判别；二是要处理好“挖矿挣钱”和“修复掏钱”的关系，科学界定矿区生态修复目标，打通“绿水青山就是金山银山”转化通道，实现区域生态功能提升和经济社会可持续发展。

10.3 协同治理对策

10.3.1 科学制定矿区生态修复目标

一是实施生态修复与环境污染协同治理。以生态功能修复和可持续发展为目标，实施好国土空间生态修复和山水田林湖草一体化保护与修复工程，突出矿区生态环境协同治理。

二是基于“绿水青山就是金山银山”理念，科学划分生态修复阶段——矿山地质环境治理→土地复垦/植被恢复→生物多样性重建→区域生态功能修复，因地制宜，实现国土空间生态修复、生态功能提升与区域经济社会可持续发展的相协调。

三是构建矿区生态环境分类体系。矿区综合体包括自然资源子系统、生态环境子系统和社会经济子系统，结合矿界范围、生态破坏区和环境污染直接影响区的生态环境特点，构建矿区生态环境问题和监管分类体系，重点实施自然保护地、生态保护红线区、重点生态功能区等涉矿生态环境调查评估与监管。

10.3.2 建立生态修复与环境污染协同治理机制

1. 评估协同

建立涵盖自然资源和生态环境全要素的矿区生态修复评估监管机制。一是强化源头设计，把矿区生态修复摆在突出位置，在思想认识上统一“一条心”，在组织协调上形成“一盘棋”，在实际行动中拧成“一股绳”。二是以区域主导生态功能为基础，从生态环境全要素的角度理顺部门之间的责权利关系，明确牵头部门和责任边界，统筹建立水、气、土壤、地质、生态等环境保护相关工作的行动机制，落实部门、地方政府和企业的责任。三是在生态环境保护督察中有针对性地纳入矿区生态修复成效评估专项内容，重点就矿山地质环境治理、土地复垦/植被恢复、水土保持、重金属治理等进行核查，坚决抑制和消除地方政府和部门在履行生态环保责任中长期普遍存在的各种“不规范”行为，补齐全面建成小康社会的生态环境短板。

2. 规划协同

制定重要生态空间矿区生态环境协同治理专项规划。一是克服矿山地质环境治理、土地复垦/植被恢复、污染防治等传统单一要素的治理模式，建立矿山生态修复目标管理技术体系，明确不同主导生态功能的矿区生态修复目标。二是基于水土保持、生物多样性保护、水源涵养等主导生态功能，研究提出重点生态功能区历史遗留矿山生态修复模式。三是严格落实最严格的"谁破坏、谁恢复"制度，恢复矿区生态系统结构和功能，实现生态产品供给能力稳定提升与区域经济社会系统的双耦合修复。

3. 区域协同

开展矿区和矿山一体化生态修复技术研发。一是根据生态修复目标的制定情况，以保护优先、自然恢复为原则，统筹设计好生态修复分区方案和空间管控要求，实现从治理技术到总体设计的过渡，构建与区域协同发展的生态安全格局。二是开展自然保护地/生态保护红线（面）+生态廊道（线）+矿山生态环境修复（点）新模式研发，包括矿区生态环境问题调查、主导生态功能诊断、生物多样性重建、生态廊道构建、区域生态功能提升等，实现地质环境治理—土地复垦/植被恢复—生物多样性重建—区域生态功能修复的过渡，提升矿区生态环境协同治理的科技支撑水平。

4. 标准协同

研究制定矿区生态修复和污染治理技术规范。区分金属矿山和非金属矿山，按矿种类型（黑色金属、有色金属、贵重金属、稀土金属、石灰石、萤石、石棉、高岭土等），结合开采方式的差异性，参考《生物多样性观测技术导则》（包括陆生维管植物等11项）、《土壤环境质量标准》（GB 15618—1995）（已修订为《土壤环境质量　农用地土壤污染风险管控标准（试行）》《土壤环境质量　建设用地土壤污染风险管控标准（试行）》）的形式进行标准细化，增强可操作性，制定并发布矿区生态修复国家标准，包括能反映矿种类型差异性且涵盖不同开采方式、不同自然条件下的生态修复目标的一系列生态修复标准。

10.3.3 严查涉矿生态破坏与环境污染问题

一是利用中央生态环境保护督察，强化矿区生态修复与污染治理"党政同责"和"一岗双责"要求，对出现的突发和重大矿山生态环境问题启动问责机制，落实最严格的生态环境保护制度和相关部门、地方政府及企业的责任。

二是制定矿区生态环境监管标准，就矿产资源开发引发的水环境污染、土壤环境污染、大气扬尘、地质环境治理、土地复垦/植被恢复、水土流失治理等问题进行核查，坚决抑制和消除地方政府及相关部门在履行矿区生态修复中的各种不规范行为。

三是基于“源头严防、过程严管、后果严惩”的监管思路，提高矿山生态环境保护与恢复治理监管执行力。突出重点，建立大型矿产资源基地、沿线露天矿山、尾矿库等生态环境敏感区矿山生态修复监管平台。按照标准化的要求，加强涉矿生态环境监管能力建设，建立高效和精准的矿山生态环境损害快速评估制度。

10.3.4 定期开展矿区生态修复成效评估

以自然保护地和生态保护红线监管为重点，从生态环境全要素（水环境、大气环境、土壤环境、地质环境、自然生态等）的角度，制定矿区生态修复成效评估技术规范。

以“山水林田湖草是生命共同体”理念为指导，突出整体性和系统性，明确矿区生态修复工程实施与部门、地方政府的管理权限，定期开展矿区生态修复成效评估，如大型矿产资源基地每一年、重点生态功能区矿山每五年开展一次，并建立与实施矿区生态安全预警机制。

10.3.5 完善矿区生态修复的激励机制

一是挖掘矿区生态环境治理的利用价值。研究国家有关产业政策，将国土空间生态修复与土地开发、产业发展、城市建设、乡村振兴有机结合。对因矿产资源开发而受损的国土空间，建立残留矿产资源的合理开发利用与区域生态修复的挂钩机制，将生态保护修复与残矿开发利用、接续产业发展统一规划部署，让修复主体优先获得资源开发利用权和修复后的土地使用权。

二是完善有关权益置换交易机制。通过占补平衡指标、增减挂钩指标、工矿废弃地复垦利用指标在一定范围内的流转交易，为耕地保护、国土空间格局调整优化、生态环境改善等的资金筹措开拓渠道。探索建立生态占补平衡制度，搭建集中统一的交易平台，完善指标市场交易机制。

三是改进生态保护补偿机制。研究制定矿区生态修复补偿标准，建立国土空间生态占用使用费征收制度和生态保护修复补偿基金制度。按照“谁占用（使用）、谁付费”“谁受益、谁付费”“谁破坏、谁补偿”的原则，征收相关费用或罚金，并以此为基础建立国土空间生态修复补偿国家基金。

四是夯实矿山企业生态修复的主体责任。出台相关政策鼓励矿山企业盘活存量土地资源，对生态修复后的国土空间进行综合开发利用，或进行相关权益的置换交易，创造生态修复后获得收益的途径。通过激励与约束并举的方式，夯实企业生态修复的主体责任。

参考文献

白中科，周伟，王金满，等. 再论矿区生态系统恢复重建[J]. 中国土地科学，2018，32（11）：1-9.

白中科，师学义，周伟，等. 人工如何支持引导生态系统自然修复[J]. 中国土地科学，2020，34（9）：1-9.

卞正富. 矿山生态学导论[M]. 北京：煤炭工业出版社，2015.

曹翠玲，于学胜，耿兵，等. 露天煤矿废弃地复垦技术及案例研究[J]. 西安科技大学学报，2013，33（1）：51-55.

曹宇，王嘉怡，李国煜. 国土空间生态修复：概念思辨与理论认知[J]. 中国土地科学，2019，33（7）：1-10.

陈斌，李海东，曹学章. 西藏高原典型生态系统退化及植被恢复技术综述[J]. 世界林业研究，2014，27（5）：18-23.

陈三雄. 广东大宝山矿区水土流失特征及重金属耐性植物筛选[D]. 南京：南京林业大学，2012.

崔克强，王学中，何友江，等. 锡林浩特露天煤矿排土场扬尘排放及污染[J]. 干旱区资源与环境，2017，31（6）：160-165.

崔要奎，赵开广，范闻捷，等. 机载 LiDAR 数据的农作物覆盖度及 LAI 反演[J]. 遥感学报，2011，15（6）：1276-1288.

党晋华，贾彩霞，徐涛. 山西省煤炭开采环境损失的经济核算[J]. 环境科学研究，2007，20（4）：155-160.

董哲仁. 河流生态恢复的目标[C]//河流生态修复技术研讨会. 2005.

段祝庚，赵旦，曾源，等. 基于遥感的区域尺度森林地上生物量估算研究[J]. 武汉大学学报（信息科学版），2015，40（10）：1400-1410.

方精云，沈泽昊，唐志尧，等. “中国山地植物物种多样性调查计划”及若干技术规范[J]. 生物多样性，2004（1）：5-9.

付薇. 矿区生态环境综合治理协同机制与对策研究[D]. 北京：中国地质大学（北京），2010.

付馨，赵艳玲，李建华，等. 高光谱遥感土壤重金属污染研究综述[J]. 中国矿业，2013，22（1）：65-68，82.

付永光. 矿区生态环境综合治理协同机制与对策[J]. 世界有色金属，2020（7）：199-200.

付战勇，马一丁，罗明，等. 生态保护与修复理论和技术国外研究进展[J]. 生态学报，2019，39（23）：

9008-9021.

傅伯杰，陈利顶，马克明，等. 景观生态学原理及应用[M]. 北京：科学出版社，2001.

傅伯杰. 国土空间生态修复亟待把握的几个要点[J]. 中国科学院院刊，2021，36（1）：64-69.

高世昌. 国土空间生态修复的理论与方法[J]. 中国土地，2018（12）：40-43.

高原，蓝登明，黄晓强，等. 白音诺尔铅锌矿尾矿库扬尘风积物对植被生长的影响[J]. 内蒙古农业大学学报（自然科学版），2016，37（4）：60-65.

高吉喜. 区域生态学[M]. 北京：科学出版社，2015.

高吉喜. 区域生态学核心理论探究[J]. 科学通报，2018，63：693-700.

郭冬艳，杨繁，高兵，等. 矿山生态修复助力碳中和的政策建议[J]. 中国国土资源经济，2021，34（10）：50-54.

郭伟，付瑞英，赵仁鑫. 内蒙古包头白云鄂博矿区及尾矿区周围土壤稀土污染现状和分布特征[J]. 环境科学，2013，34（5）：1895-1900.

郭蔚丽，石改新. 浅析栾川露采矿山地质环境保护与恢复治理[J]. 资源导刊，2014（5）：10-11.

郭向前，郝伟涛，李响. 基于机载 LIDAR 技术的研究及其展望[J]. 测绘与空间地理信息，2013，36（2）：69-72.

郭学飞，曹颖，焦润成，等. 土壤重金属污染高光谱遥感监测方法综述[J]. 城市地质，2020，15（3）：320-326.

韩亚，王卫星，李双，等. 基于三维激光扫描技术的矿山滑坡变形趋势评价方法[J]. 金属矿山，2014（8）：103-107.

何昉，夏兵，梁仕然. 景观水保学——城市水土保持的理论探索[J]. 风景园林，2013（5）：27-30.

何国金，张兆明，程博，等. 矿产资源开发区生态系统遥感动态监测与评估[M]. 北京：科学出版社，2016.

贺军亮，张淑媛，查勇，等. 高光谱遥感反演土壤重金属含量研究进展[J]. 遥感技术与应用，2015，30（3）：407-412.

赫尔曼·哈肯. 协同学：大自然构成的奥秘[M]. 上海：上海译文出版社，2005.

胡涛，田春秀，毛显强. 协同控制：回顾与展望[J]. 环境与可持续发展，2012（1）：25-29.

胡涛，田春秀，李丽平. 协同效应对中国气候变化的政策影响[J]. 环境保护，2004（9）：3.

胡振琪，赵艳玲. 矿山生态修复面临的主要问题及解决策略[J]. 中国煤炭，2021，47（9）：2-7.

黄思棉，张燕华. 国内协同治理理论文献综述[J]. 武汉冶金管理干部学院学报，2015，25（3）：3-6.

姜月华，林良俊，陈立德，等. 长江经济带资源环境条件与重大地质问题[J]. 中国地质，2017，44（6）：1045-1061.

蒋满元，唐玉斌. 矿业废弃地对环境的污染及其治理对策探讨[J]. 资源环境与发展，2006（2）：16-20.

鞠立新. 绿水青山重现　矿区变身景区[EB/OL]. （2020-09-29）.[2021-08-10]. http：//env. people. com. cn/n1/2020/0929/c1010-31879232. html.

康海成. 宝鸡市矿山水土流失特点与防治措施[J]. 中国水土保持，2013（7）：32-33.

雷冬梅，徐晓勇，段昌群. 矿区生态恢复与生态管理的理论及实证研究[M]. 北京：经济科学出版社，2012：11.

李丹. 基于地基扫描与机载成像激光雷达的森林参数反演研究[D]. 成都：西南林业大学，2012.

李博. 面向 21 世纪课程教材 生态学[M]. 北京：高等教育出版社，2000.

李海东，沈渭寿，白淑英，等. 西部矿区生态环境调查与评估[M]. 徐州：中国矿业大学出版社，2019.

李海东，高媛赟，燕守广. 生态保护红线区废弃矿山生态修复监管[J]. 生态与农村环境学报，2018，34（8）：673-677.

李海东，沈渭寿，司万童，等. 中国矿区土地退化因素调查：概念、类型与方法[J]. 生态与农村环境学报，2015b，31（4）：445-451.

李海生，王丽婧，张泽乾，等. 长江生态环境协同治理的理论思考与实践[J]. 环境工程技术学报，2021，11（3）：409-417.

李堂军. 矿区可持续发展动态分析与适应性对策[D]. 北京：中国矿业大学，2000.

李文银，王治国，蔡继清. 工矿区水土保持[M]. 北京：科学出版社，1996：1-3.

李现强. 基于三维激光扫描技术的矿区数据采集及其模型构建的应用研究[D]. 上海：华东理工大学，2013.

李小虎. 大型金属矿山环境污染及防治研究：以甘肃金川和白银为例[D]. 兰州：兰州大学，2007.

李智佩，徐友宁，郭莉，等. 陕北现代化煤炭开采区土地沙漠化影响及原因[J]. 地球科学与环境学报，2010，32（4）：398-403.

梁晓军. 基于多/高光谱遥感的内蒙古大营铀矿区蚀变信息提取[D]. 长春：吉林大学，2017.

廖小明. 协同治理视域下民族地区生态治理的路径选择[J]. 学术探索，2020（9）：50-56.

刘丽娟，庞勇，范文义，等. 机载 LiDAR 和高光谱融合实现温带天然林树种识别[J]. 遥感学报. 2013，17（3）：679-695.

刘强，崔希民，刘文龙，等. 三维激光扫描技术在煤矸石山复垦中的应用[J]. 测绘工程，2015，24（10）：67-70.

刘圣伟，甘甫平，王润生. 用卫星高光谱数据提取德兴铜矿区植被污染信息[J]. 国土资源遥感，2004，16（1）：6-10.

刘世梁，马克明，傅伯杰，等. 北京东灵山地区地形土壤因子与植物群落关系研究[J]. 植物生态学报，2003（4）：496-502.

刘彦平，罗晴，程和发. 高光谱遥感技术在土壤重金属含量测定领域的应用与发展[J]. 农业环境科学学报，2020，39（12）：2699-2709.
罗明，周妍，鞠正山，等. 粤北南岭典型矿山生态修复工程技术模式与效益预评估——基于广东省山水林田湖草生态保护修复试点框架[J]. 生态学报，2019，39（23）：8911-8919.
吕春娟，白中科，赵景逵. 矿区土壤侵蚀与水土保持研究进展[J]. 水土保持学报，2003，17（6）：85-88.
吕国屏. 基于地基激光雷达的矿山植被生态参数提取研究[D]. 南京：南京林业大学，2018.
马克平，黄建辉，于顺利，等. 北京东灵山地区植物群落多样性的研究Ⅱ.丰富度、均匀度和物种多样性指数[J]. 生态学报，1995（3）：268-277.
马丽. 走向决策统一：英国的协同政府改革[N]. 学习时报，2015-09-07（5）.
马伟波，丁建伟，谭琨. 定位定向系统数据的航空高光谱影像几何校正[J]. 测绘科学，2017，42（6）：130-136，201.
马伟波. 基于 HyMAP-C 航空高光谱影像土壤重金属浓度估算[D]. 北京：中国矿业大学，2018.
满其霞. 激光雷达和高光谱数据融合的城市土地利用分类方法研究[D]. 上海：华东师范大学，2015.
牛最荣，陈学林，黄维东，等. 阿尔金山东端北部区域生态环境修复模式研[J]. 冰川冻土，2019，41（2）：275-281.
潘少奇，田丰. 三维激光扫描提取 DEM 的地形及流域特征研究[J]. 水土保持研究，2009，16（6）：102-105，111.
彭建，李冰，董建权，等. 论国土空间生态修复基本逻辑[J]. 中国土地科学，2021（2020-5）：18-26.
彭涛，张振明，刘俊国，等. 基于生态服务功能的北京永定河生态修复目标研究[J]. 中国农学通报，2010（20）：6.
秦鹏，沈智慧，白喜庆，等. 神北矿区煤炭开发对土地沙漠化的影响评价[J]. 中国煤田地质，2007，19（2）：54-56.
邱宇洁. 渭北台塬区生态型土地整治项目探讨[J]. 农业与技术，2019，39（17）：88-90.
全国科学技术名词审定委员会. 资源科学技术名词[J]. 中国科技术语，2008，10（2）：3.
全国科学技术名词审定委员会. 《冶金学名词》（第二版）[M]. 北京：科学出版社，2019.
苏阳，祁元，王建华，等. 基于 LiDAR 数据的额济纳绿洲胡杨（*Populus euphratica*）河岸林植被覆盖分类与植被结构参数提取[J]. 中国沙漠，2017，37（4）：689-697.
田春秀，於俊杰，胡涛. 环境保护与低碳发展协同政策初探[J]. 环境与可持续发展，2012（1）：20-24.
田玉麒. 协同治理的运作逻辑与实践路径研究——基于中美案例的比较[D]. 长春：吉林大学，2017.
童庆禧，张兵，张立福. 中国高光谱遥感的前沿进展[J]. 遥感学报，2016，20（5）：689-707.
万伦来，王祎茉，任雪萍. 安徽省废弃矿区土地复垦的生态系统服务功能多情景模拟[J]. 资源科学，2014，36（11）：2299-2306.
王安. 基于地面 LiDAR 的冬小麦生长参数提取研究[D]. 南京：南京大学，2013.

王广成，闫旭骞. 矿区生态系统健康评价理论及其实证研究[M]. 北京：经济科学出版社，2006：11-12.
王洪蜀. 基于地基激光雷达数据的单木与阔叶林叶面积密度反演[D]. 成都：电子科技大学，2015.
王蕊，邢艳秋，孙小添，等. 机载大光斑激光雷达数据估测森林结构参数研究进展[J]. 遥感信息，2015，23（3）：3-9.
王晓安. 恢复生态学的理论和发展趋势[J]. 山西农经，2019（9）：21.
王鑫. 高光谱遥感图像的波段选择方法研究[D]. 哈尔滨：黑龙江大学，2021.
王永生，刘彦随. 中国乡村生态环境污染现状及重构策略[J]. 地理科学进展，2018，37（5）：710-717.
王玉浚. 矿区最优规划理论与方法[M]. 徐州：中国矿业大学出版社，1993：20-21.
文霄，刘迎云，关永兵，等. 尾矿及附近土壤重金属污染及空间分布[J]. 矿业工程，2012，10（6）：56-58.
吴次芳，肖武，曹宇，等. 国土空间生态修复[M]. 北京：地质出版社，2019.
吴钢，赵萌，王辰星. 山水林田湖草生态保护修复的理论支撑体系研究[J]. 生态学报，2019，39（23）：8685-8691.
吴建寨，赵桂慎，刘俊国，等. 生态修复目标导向的河流生态功能分区初探[J]. 环境科学学报，2011，31（9）：1843-1850.
吴强. 矿产资源开发环境代价及实证研究[D]. 北京：中国地质大学，2008.
武强. 我国矿山环境地质问题类型划分研究[J]. 水文地质工程地质，2003（5）：107-112.
武泉，张彩军，曾振，等. 山西同忻煤矿排矸场地质环境生态修复治[J]. 矿产勘查，2019，10（12）：3079-3080.
西施生态. 矿山生态修复的目标与方法[N/OL]. 西施生态.[2020-06-11]. http：//www. chxsst.com/article/ksstxfdmby. html.
谢高地，张彩霞，张雷明，等. 基于单位面积价值当量因子的生态系统服务价值化方法改进[J]. 自然资源学报，2015a，30（8）：1243-1254.
谢高地，张彩霞，张昌顺，等. 中国生态系统服务的价值[J]. 资源科学，2015b，37（9）：1740-1746.
谢凯，徐鑫，章磊. 淮南潘谢矿区沉陷积水区沉积物磷的赋存和迁移转化特征[J] 生态与农村环境学报，2015，31（2）：211-217.
徐海鹏，朱忠礼，莫多闻. 水土保持学科理论体系初探[J]. 水土保持研究，1999（4）：54-61.
徐嘉兴. 典型平原矿区土地生态演变及评价研究[D]. 徐州：中国矿业大学，2013.
徐友宁，李智佩，陈华清，等. 生态环境脆弱区煤炭资源开发诱发的环境地质问题——以陕西省神木县大柳塔煤矿区为例[J]. 地质通报，2008，4（8）：1344-1350.
徐友宁，徐冬寅，张江华，等. 矿产资源开发中矿山地质环境问题响应差异性研究[J]. 地球科学与环境学报，2011，33（1）：89-94.
杨博宇，白中科. 碳中和背景下煤矿区土地生态系统碳源/汇研究进展及其减排对策[J]. 中国矿业，

2021，30（5）：1-9.

杨桂山，徐昔保，李平星. 长江经济带绿色生态廊道建设研究[J]. 地理科学进展，2015，34（11）：24-35.

杨敏，林杰，顾哲衍，等. 基于 Landsat 8 OLI 多光谱影像数据和 BP 神经网络的叶面积指数反演[J]. 中国水土保持科学，2015，13（4）：86-93.

余平. 采矿环境地球化学研究[J]. 矿产与地质，2002，16（6）：360-363.

张兵. 高光谱图像处理与信息提取前沿[J]. 遥感学报，2016，20（5）：1062-1090.

张兵. 时空信息辅助下的高光谱数据挖掘[D]. 北京：中国科学院研究生院（遥感应用研究所），2002.

张贺. 露天矿边坡位移三维激光扫描监测技术研究[D]. 鞍山：辽宁科技大学，2015.

张金池，胡海波，林杰，等. 水土保持学[M]. 沈阳：辽宁大学出版社，2008.

张庆圆，孙德鸿，朱本璋，等. 三维激光扫描技术应用于沙丘监测的研究[J]. 测绘通报，2011（4）：32-34.

张文军. 三维激光扫描技术及其应用[J]. 测绘标准化，2016，32（2）：42-44.

张先明，王云璋，张耀阁. 金属矿工程水土保持准入条件[J]. 中国水土保持科学，2010，8（3）：83-87.

张耀阁，王云璋，张先明. 非金属矿工程水土保持准入条件[J]. 中国水土保持科学，2010，8（3）：88-92.

赵静，李静，柳钦火. 森林垂直结构参数遥感反演综述[J]. 遥感学报，2013，17（4）：697-716.

赵其国，骆永明. 论我国土壤保护宏观战略[J]. 中国科学院院刊，2015（4）：452-458.

周春梅，李沛，虞珏，等. 金属矿山地下开采引起地面塌陷的规律[J]. 武汉工程大学学报，2010，32（1）：61-63.

周连碧，王琮，代宏文. 矿山废弃地生态修复研究与实践[M]. 北京：中国环境科学出版社，2010.

邹长新，王燕，王文林，等. 山水林田湖草系统原理与生态保护修复研究[J]. 生态与农村环境学报，2018，34（11）：961-967.

Aronson J，LeFloc'h E. Vital landscape attributes：Missing tools for restoration ecology[J]. Restoration Ecology，1996，4（4）：377-387.

Bian Z F，Miao X X，Lei S G，et al. The challenges of reusing mining and mineral-processing wastes[J]. Science，2012，337：702-703.

Bigham J M，Schwertmann U，Pfab G. Influence of pH on mineral speciation in a bioreactor simulating acid mine drainage[J]. Applied Geochemistry，1996，11（6）：845-849.

Borgström S，Zachrisson A，Eckerberg K. Funding ecological restoration policy in practice-patterns of short-termism and regional biases[J]. Land Use Policy，2016，52：439-453.

Breiman L. Stacked regressions[J]. Machine Learning，1996，24（1）：49-64.

Buckingham W F，Sommer S E. Mineralogical characterization of rock surfaces formed by hydrothermal alteration and weathering：application to remote sensing[J]. Economic Geology，1983，78（4）：664-674.

Budiharta S，Meijaard E，Wells J A，et al. Enhancing feasibility：incorporating a socio-ecological systems framework into restoration planning[J]. Environmental Science & Policy，2016，64：83-92.

Choe E，Van der Meer F，Van Ruitenbeek F，et al. Mapping of heavy metal pollution in stream sediments using combined geochemistry，field spectroscopy，and hyperspectral remote sensing：a case study of the Rodalquilar mining area，SE Spain[J]. Remote Sensing of Environment，2008，112（7）：3222-3233.

Cortes C，Vapnik V. Support-Vector Networks.[J]. Machine Learning，1995，20（3）：273-297.

Costanza R，D'Arge R，De Groot R，et al. The value of the world's ecosystem services and natural capital[J]. Nature，1997，387（6630）：253-260.

Crowley J K，Williams D E，Hammarstrom J M，et al. Spectral reflectance properties（0.4-2.5μm）of secondary Fe-oxide，Fe-hydroxide，and Fe-sulphate-hydrate minerals associated with sulphide-bearing mine wastes[J]. Geochemistry：Exploration，Environment，Analysis，2003，3（3）：219-228.

Datar A S. Quantification of landform heterogeneity and its relationship with ecological patterns in broad-scale post-mine rehabilitation[D]. Brisbane：The University of Queensland，2015.

Duke E F. Near infrared spectra of muscovite，Tschermak substitution，and metamorphic reaction progress：Implications for remote sensing[J]. Geology，1994，22（7）：621-624.

Farifteh J，Nieuwenhuis W，García-Meléndez E. Mapping spatial variations of iron oxide by-product minerals from EO-1 Hyperion[J]. International Journal of Remote Sensing，2013，34（2）：682-699.

Fearn T，Riccioli C，Garrido-Varo A，et al. On the geometry of SNV and MSC[J]. Chemometrics & Intelligent Laboratory Systems，2009，96（1）：22-26.

Fischer J，Riechers M，Jacqueline Loos J，et al. Making the UN Decade on Ecosystem Restoration a Social-Ecological Endeavour[J]. Trends in Ecology & Evolution，2021，36（1）：20-28.

Geurts P，Ernst D，Wehenkel L. Extremely randomized trees[J]. Machine Learning，2006，63（1）：3-42.

Gomez C，Lagacherie P，Coulouma G. Continuum removal versus PLSR method for clay and calcium carbonate content estimation from laboratory and airborne hyperspectral measurements[J]. Geoderma，2008，148（2）：141-148.

Haaland D M，Thomas E V. Partial least-squares methods for spectral analyses. 1. Relation to other quantitative calibration methods and the extraction of qualitative information[J]. Analytical Chemistry，2002，60（11）：1193-1202.

Hiraishi T，Krug T，Tanabe K，et al. Supplementary methods and good practice guidance arising from the Kyoto Protocol[R]. Switzerland：the Intergovernmental Panel on Climate Change，2014.

Hosoi F，Omasa K. Voxel-Based 3-D modeling of individual trees for estimating leaf area density using high-resolution portable scanning lidar[J]. IEEE Transactions on Geoscience and Remote Sensing，2006，44（12）：3610-3618.

Hou H P, Ding Z Y, Zhang S L, et al. Spatial estimate of ecological and environmental damage in an underground coal mining area on the Loess Plateau：Implications for planning restoration interventions[J]. Journal of Cleaner Production, 2021, 287: 125061.

Im J, Jensen J R. Hyperspectral remote sensing of vegetation[J]. Geography Compass, 2008, 2（6）: 1943-1961.

Im J, Jensen J R, Coleman M, et al. Hyperspectral remote sensing analysis of short rotation woody crops grown with controlled nutrient and irrigation treatments[J]. Geocarto International, 2009, 24（4）: 293-312.

Im J, Jensen J R, Jensen R R, et al. Vegetation Cover analysis of hazardous waste sites in Utah and Arizona using hyperspectral remote sensing[J]. Remote Sensing, 2012, 4（2）: 327-353.

Jia P, Liang J L, Yang S X, et al. Plant diversity enhances the reclamation of degraded lands by stimulating plant-soil feedbacks[J]. Journal of Applied Ecology, 2020, 57（7）: 1258-1270.

Jonsson J. Phase Transformation and surface chemistry of secondary iron minerals formed from acid mine drainage[D]. Swedish: Ume University, 2003.

Jordan W R, Gilpin M E, Aber J D. Restoration ecology: A synthetic approach to ecological research[M]. Cambridge: Cambridge University Press, 1987.

Kemper T, Sommer S. Estimate of heavy metal contamination in soils after a mining accident using reflectance spectroscopy[J].Environmental Science & Technology, 2002, 36（12）: 2742-2747.

Kim J, Popescu S C, Lopez R R, et al. Vegetation mapping of No Name Key, Florida using lidar and multispectral remote sensing[J]. International Journal of Remote Sensing, 2020, 41（24）: 9469-9506.

Koetz B, Morsdorf F, Sun G, et al. Inversion of a lidar waveform model for forest biophysical parameter estimation[J]. IEEE Geoscience and Remote Sensing Letters, 2006, 3（1）: 49-53.

Kopacková V, Chevrel S, Bourguignon A. Spectroscopy as a tool for geochemical modeling[J]. Physica A: Statistical Mechanics and its Applications, 2011, 8181: 818106-3.

Lefsky M A, Cohen W B, Acker S A, et al. Lidar remote sensing of the canopy structure and biophysical properties of douglas-fir western hemlock forests[J]. Remote Sensing of Environment, 1999, 70（3）: 339-361.

Li Y, Jia Z J, Sun Q Y, et al. Ecological restoration alters microbial communities in mine tailings profiles[J]. Scientific Reports, 2016, 6（1）: 25193.

Lorimer J, Sandom C, Jepson P, et al. Rewilding: Science, Practice, and policy[J]. Annual Review of Environment and Resources, 2015, 40（1）: 39-62.

Lorite J, Ballesteros M, García-Robles H, et al. Economic evaluation of ecological restoration options in gypsum hm^2 bitats after mining[J]. Journal for Nature Conservation，2021，59：125935.

Maire G I，François C，Soudani K，et al. Calibration and validation of hyperspectral indices for the estimation of broadleaved forest leaf chlorophyll content，leaf mass per area，leaf area index and leaf canopy biomass[J]. Remote Sensing of Environment，2008，112（10）：3846-3864.

Martin D M. Ecological restoration should be redefined for the twenty-first century[J]. Restoration Ecology，2017，25（5）：668-673.

Menze B H，Kelm BM，Splitthoff DN，et al. On Oblique Random Forests[M]. Springer Berlin Heidelberg，2011：453-469.

Montero I C，Brimhall G H，Alpers C N，et al. Characterization of waste rock associated with acid drainage at the Penn Mine，California，by ground-based visible to short-wave infrared reflectance spectroscopy assisted by digital mapping[J]. Chemical Geology，2005，215（1/4）：453-472.

Myneni R B，Ross J，Ghassem A. A review on the theory of photon transport in leaf canopies[J]. Agricultural and Forest Meteorology，1989，45（1-2）：1-153.

Noomen M F. Hyperspectral reflectance of vegetation affected by underground hydrocarbon gas seepage[D]. Enschede：International Institute for Geo-information Science ＆ Earth Observation，2007：145.

Paniagua L，Bachmann M，Fischer C，et al. Monitoring mining rehabilitation development according to methods derived from imaging spectroscopy，case study in the Sotiel-Migollas Mine complex，Southern Spain[C]//Proceedings of 6th EA R SeL SIG IS Workshop Imaging Spectroscopy：Innovative Tool for Scientific and Commercial Environmental Applications. Tel Aviv，Israel：EARSeL，2009.

Quental L，Sousa A J，Marsh S，et al. Identification of materials related to acid mine drainage using multi-source spectra at S. Domingos Mine，southeast Portugal[J]. International Journal of Remote Sensing，2013，34（6）：1928-1948.

Riaza A，Ong C，Müller C A. Dehydration and oxidation of pyrite mud and potential acid mine drainage using hyperspectral DAIS 7915 data（Aznalcóllar，Spain）[C]//The International Archives of the Photogrammetry，Remote Sensing and Spatial Information Sciences，Volume 34，Part X X X，2006.

Riaza A，García-Meléndez E，Mueller A. Spectral identification of pyrite mud weathering products：a field and laboratory evaluation[J]. International Journal of Remote Sensing，2011，32（1）：185-208.

Rodriguez J J，Kuncheva L I，Alonso C J. Rotation Forest：A New Classifier Ensemble Method[J]. IEEE Transactions on Pattern Analysis & Machine Intelligence，2006，28（10）：1619-1630.

Samet H. The Design and Analysis of Spatial Data Structures[J]. Office of Scientific & Technical Information Technical Reports，1990，50255（4）：1211.

Stevens J，Dixon K. Is a science-policy nexus void leading to restoration failure in global mining？[J].

Environmental Science & Policy，2017，72：52-54.

Sun G，Ranson K J，Kimes D S，et al. Forest vertical structure from GLAS：an evaluation using LVIS and SRTM data[J]. Remote Sensing of Environment，2006，112（1）：107-117.

Swayze G A，Smith K S，Clark R N，et al. Using imaging spectroscopyto map acidic mine waste[J]. Environmental Science and Technology，2000，34（1）：47-54.

Takeda T，Oguma H，Sano T，et al. Estimating the plant area density of a Japanese larch（LarixkaempferiSarg.） plantation using a ground-based laser scanner[J]. Agricultural and Forest Meteorology，2007，148（3）：428-438.

Tilling A. K，O'Leary G. J，Ferwerda J. G，et al. Remote sensing of nitrogen and water stress in wheat[J]. Field Crops Research，2007，104（1）：77-85.

United Nations. Compendium of Contributions Nature-Based Solutions[G]. New York：United Nations，2019：142-147.

Van der Zande D，Jonckheere I，Stuckens J，et al. Sampling design of ground-based lidar measurements of forest canopy structure and its effect on shadowing[J]. Canadian Journal of Remote Sensing，2008，34（6）：526-538.

Wainwright C E，Staples T L，Charles L S，et al. Links between community ecology theory and ecological restoration on the rise[J]. Journal of Applied Ecology，2018，55（2）：570-581.

Wang F，Gao J，Zha Y. Hyperspectral sensing of heavy metals in soil and vegetation：feasibility and challenges[J]. ISPRS Journal of Photogrammetry & Remote Sensing，2018，136：73-84.

Wang Y，Fang H. Estimation of LAI with the LiDAR technology：a review[J]. Remote Sensing. 2020，12（20）：3457.

Wulder M. Optical remote-sensing techniques for the assessment of forest inventory and biophysical parameters[J]. Progress in Physical Geography，1998，22（4）：449-476.

Xu Z，Ruan H，Chen H. Comparison of stand characteristic parameters and biomass estimations from light detection and ranging and structure-from-motion point clouds[J]. Journal of Applied Remote Sensing，2020，14（2）：1-20.

Zabcic N，Rivard B，Ong C，et al. Using airborne hyperspectral data to characterize the surface pH and mineralogy of pyrite mine tailings[J]. International Journal of Applied Earth Observation and Geoinformation，2014，32：154-162.

Zabcic N. Derivation of pH-values based on mineral abundances over pyrite mining areas with airborne by hyperspectral data（hymap） of sotiel-migollas-mine complex[D]. Canada：University of Alberta，2008.

Zabcic N，Ong C，Müller A，et al. Mapping pH from Airborne Hyperspectral Data at the Sotiel－Migollas

Mine，Calanas，Spain[C]//Proceedings of 4th EARSeL Workshop on Imaging Spectroscopy. Warsaw，Poland：Universidad de Varsovia，2005：467-472.

Zande D V，Jonckheere I，Stuckens J，et al. Sampling design of ground-based lidar measurements of forest canopy structure and its effect on shadowing[J]. Canadian Journal of Remote Sensing，2008，34（6）：526-538.

Zhao Z Q，ISAM S，Bai Z K，et al. Soils Development in opencast coal mine spoils reclaimed for 1-13 years in the west-northern loess plateau of China[J].European Journal of Soil Biology，2013，55：40-46.

Zhao Z Q，Wang L H，Bai Z K，et al. Development of population structure and spatial distribution patterns of a restored forest during 17-year succession（1993-2010） in Pingshuo opencast mine spoil，China[J]. Springer International Publishing，2015，187（7）：431-443.